人工智能与
人类未来丛书

DeepSeek本地部署与应用开发

政府与企业级实战案例解析

康玮剑 杨杰斌 王宗跃 著

内 容 提 要

本书从 DeepSeek 的相关知识讲起，围绕其本地化部署、安全防护，结合 OpenWebUI、Dify 等工具展开深入讲解，并通过多个实战案例，让读者不仅系统学习 DeepSeek 本地化部署的专业知识，还对 AI 在企业场景中的应用有更为深入的理解。

本书分为 12 章，涵盖的主要内容有 DeepSeek 介绍，让读者初步认识 DeepSeek；阐述本地化部署的必要性；给出本地化部署的专业建议，并开展实操讲解；针对信创系统的实操和本地化部署安全防护展开论述；讲述 DeepSeek 在本地的应用实践，以及 OpenWebUI 和 Dify 的应用实践；最后，通过企业会议助手、企业招聘助手、AI 聊天机器人等实战案例，帮助读者进一步巩固知识。

本书内容深入浅出，案例丰富，实操性强，特别适合对 AI 本地化部署感兴趣的入门读者和进阶读者阅读，也适合 AI 开发工程师、企业数字化转型推动者等专业人士阅读。此外，本书还适合作为相关技术培训的教材使用。

图书在版编目(CIP)数据

DeepSeek本地部署与应用开发：政府与企业级实战案例解析 / 杨杰斌，康玮剑，王宗跃著. -- 北京：北京大学出版社，2025. 9. -- ISBN 978-7-301-36490-1

Ⅰ. TP18

中国国家版本馆CIP数据核字第2025V8J589号

书　　名　DeepSeek本地部署与应用开发：政府与企业级实战案例解析
DeepSeek BENDI BUSHU YU YINGYONG KAIFA：ZHENGFU YU QIYEJI SHIZHAN ANLI JIEXI
著作责任者　康玮剑　杨杰斌　王宗跃　著
责任编辑　刘　云　吴秀川
标准书号　ISBN 978-7-301-36490-1
出版发行　北京大学出版社
地　　址　北京市海淀区成府路205 号　100871
网　　址　http://www.pup.cn　　新浪微博：@ 北京大学出版社
电子邮箱　编辑部 pup7@pup.cn　总编室 zpup@pup.cn
电　　话　邮购部 010-62752015　发行部 010-62750672　编辑部 010-62570390
印 刷 者　河北博文科技印务有限公司
经 销 者　新华书店
880毫米×1230毫米　32开本　11.875印张　352千字
2025年9月第1版　2025年9月第1次印刷
印　　数　1-3000册
定　　价　79.00元

夯实智能基石
共筑人类未来

人工智能正在改变当今世界。从量子计算到基因编辑，从智慧城市到数字外交，人工智能不仅重塑着产业形态，还改变着人类文明的认知范式。在这场智能革命中，我们既要有仰望星空的战略眼光，也要具备脚踏实地的理论根基。北京大学出版社策划的“人工智能与人类未来”丛书，恰如及时春雨，无论是理论还是实践，都对这次社会变革有着深远影响。

该丛书最鲜明的特色在于其能“追本溯源”。当业界普遍沉迷于模型调参的即时效益时，《人工智能大模型数学基础》等基础著作系统梳理了线性代数、概率统计、微积分等人工智能相关的计算脉络，将卷积核的本质解构为张量空间变换，将损失函数还原为变分法的最优控制原理。这种将技术现象回归数学本质的阐释方式，不仅能让读者的认知框架更完整，还为未来的创新突破提供了可能。书中独创的“数学考古学”视角，能够带读者重走高斯、牛顿等先贤的思维轨迹，在微分流形中理解 Transformer 模型架构，在泛函空间里参悟大模型的涌现规律。

在实践维度，该丛书开创了“代码即理论”的创作范式。《人工智能大模型：动手训练大模型基础》等实战手册摒弃了概念堆砌，直接使用 PyTorch 框架下的 150 余个代码实例，将反向传播算法具象化为矩阵导数运算，使注意力机制可视化为概率图模型。在《DeepSeek源码深度解析》中，作者团队细致剖析了国产大模型的核心架构设计，从分布式训练中的参数同步策略，到混合专家系统的动态路由机制，每个技术细节都配有工业级代码实现。这种“庖丁解牛”式的技术解密，使读者既能把握技术全貌，又能掌握关键模块的实现精髓。

该丛书着眼于中国乃至全世界人类的未来。当全球算力竞赛进入白热化阶段，《Python 大模型优化策略：理论与实践》系统梳理了模型压缩、量化训练、稀疏计算等关键技术，为突破“算力围墙”提供了方法论支撑。《DeepSeek 图解：大模型是怎样构建的》则使用大量的可视化图表，将万亿参数模型的训练过程转化为可理解的动力学系统，这种知识传播方式极大地降低了技术准入门槛。这些创新不仅呼应了“十四五”规划中关于人工智能底层技术突破的战略部署，还为构建自主可控的技术生态提供了人才储备。

作为人工智能发展的见证者和参与者，笔者非常高兴看到该丛书的三重突破：在学术层面构建了贯通数学基础与技术前沿的知识体系；在产业层面铺设了从理论创新到工程实践的转化桥梁；在战略层面响应了新时代科技自立自强的国家需求。该丛书既可作为高校培养复合型人工智能人才的立体化教材，又可成为产业界克服人工智能技术瓶颈的参考宝典，此外，还可成为现代公民了解人工智能的必要书目。

站在智能时代的关键路口，我们比任何时候都更需要这种兼具理论深度与实践智慧的启蒙之作。愿该丛书能点燃更多探索者的智慧火花，共同绘制人工智能赋能人类文明的美好蓝图。

于　剑

北京交通大学人工智能研究院院长

交通数据分析与挖掘北京市重点实验室主任

中国人工智能学会副秘书长兼常务理事

中国计算机学会人工智能与模式识别专委会荣誉主任

前言

Foreword

◆ 技术前途

DeepSeek 作为一项具有重要价值的技术，在当下数字化和智能化的时代背景下，展现出了巨大的潜力和发展空间。一些传统的技术在处理复杂任务和满足特定安全需求时存在一定的局限性，而 DeepSeek 在功能和应用场景上都有着独特的优势。

随着数据安全和隐私保护的重要性日益凸显，DeepSeek 的本地化部署变得尤为关键。本地化部署不仅可以更好地保障数据的安全性和可控性，还能够根据企业或组织的特定需求进行定制化配置，提高工作效率和业务的灵活性。

近年来，随着相关技术的不断发展和完善，DeepSeek 不仅在本地部署方面具备强大的能力，还能与其他应用（如 Open WebUI、Dify 等）进行良好的结合，拓展出更多、更丰富的应用场景。这些应用实践如企业会议助手、企业招聘助手、AI 语音机器人等，可以满足企业在不同领域的需求，为企业的数字化转型和智能化升级提供有力支持。

◆ 笔者的使用体会

DeepSeek 技术操作相对容易上手，功能丰富且实用，拥有完善的技术生态和大量可借鉴的实践案例。它在本地化部署和应用实践中是一个理想的工具，能够轻松整合各种资源，处理复杂的数据和任务，而且部署和开发过程便捷高效。

在本地化部署的过程中，通过实际操作可以发现，按照合理的部署建议进行操作，能够顺利完成部署并保证系统的稳定运行。同时，对于信创系统的实操，进一步扩展了 DeepSeek 的应用范围，使其能够更好地适应不同的系统环境。

DeepSeek 在本地安全防护方面也有着出色的表现，能够有效保障数据和系统的安全，为企业和组织提供可靠的技术支持。

本书特色

◎ **从零开始：** 从DeepSeek本地化部署切入，逐步讲解操作过程，降低上手门槛。

◎ **内容新颖：** 书中的大部分工具采用官网的最新版本（截至本书撰写时）进行讲解。

◎ **经验总结：** 全面归纳和整理笔者多年的AI应用实践经验。

◎ **内容实用：** 结合大量的实战案例进行讲解，对每个案例的实现过程和关键点进行详细剖析，让读者能够学以致用。

适用对象

◎ 对 DeepSeek 技术感兴趣的初学者；

◎ 从事AI应用相关技术开发和实施的专业人员；

◎ 企业的技术管理人员和决策者；

◎ 希望了解大模型本地化部署和相关应用实践的人员；

◎ 院校相关专业学生及技术培训学员。

特别提醒

本书从写作到出版，需要一段时间，软件升级可能会有界面变化，读者在阅读本书时，可以根据书中的思路，举一反三地进行学习，不拘泥于细微的变化，掌握使用方法即可。

第1章 DeepSeek介绍

第2章 DeepSeek本地化部署必要性

第3章 DeepSeek本地化部署建议

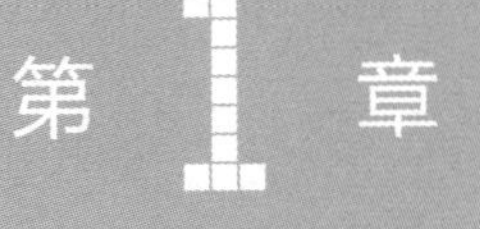

DeepSeek介绍

DeepSeek（深度求索）是诞生于杭州的AI领域现象级企业，其独特定位在于通过算法突破与开源生态建设，打造“低成本高性能”的大模型技术体系。截至2025年，该公司已构建涵盖语言模型、多模态模型、专业领域模型的完整产品矩阵，并成为首个登顶全球主流应用市场的中国AI产品。

1.1 DeepSeek 发展历程

DeepSeek团队是中国AI领域极具突破性的技术团队，其凭借独特的技术路线和创新精神，迅速在国际舞台上崭露头角。以下是DeepSeek的关键发展历程。

1.1.1 早期创立与初步探索（2023 年）

2023年7月17日：DeepSeek由量化投资领域领军企业幻方量化的联合创始人梁文锋创立，幻方量化积累了丰富的数据处理和算法研发经验，为DeepSeek的技术研发奠定了坚实的基础。

2023年11月2日：DeepSeek发布首个开源代码大模型DeepSeek-Coder（7B/33B），支持多种编程语言的代码生成、调试和数据分析任务。

2023年11月29日：DeepSeek推出通用大语言模型DeepSeek LLM（7B/67B），包括Base（预训练）和Chat（对话优化）版本。

1.1.2 技术迭代与性能提升（2024 年）

2024年2月5日：发布DeepSeek-Math，基于DeepSeek-Coder-v1.5 7B，专注于数学相关任务。

2024年3月11日：发布DeepSeek-VL，它是一个开源视觉语言模型，具有较高的视觉任务处理能力。

2024年5月7日：发布DeepSeek-V2，采用混合专家（Mixture of Experts，MoE）架构，实现了显著的性能提升。

2024年6月17日：发布DeepSeek-Coder-V2，提升了编码和数学推理能力，扩大了支持的编程语言数量。

2024年12月13日：发布DeepSeek-VL2，改进了视觉语言模型的多模态理解能力。

2024年12月26日：发布DeepSeek-V3模型，这是DeepSeek的一个重要里程碑。这个模型在知识类任务和生成速度上都有显著提升，为后续的突破奠定了基础。

1.1.3 技术突破与开源登顶（2025年）

2025年1月20日：发布DeepSeek-R1，采用强化学习技术提升模型推理能力，性能与OpenAI-o1正式版持平，并且宣布开源。开源意味着更多的开发者可以使用和改进这个模型，这瞬间引爆了整个AI圈。

2025年1月25日：AMD宣布将DeepSeek-V3模型集成至Instinct MI300X GPU，使DeepSeek模型在AMD的GPU上能够更高效地运行，为用户提供了更好的使用体验。

2025年1月26日：DeepSeek跻身美区App Store免费榜第6，超越Google Gemini和Microsoft Copilot等AI产品，这一成就标志着DeepSeek在国际市场上获得了广泛的认可。

2025年1月28日：DeepSeek官网遭遇大规模网络攻击，限制非+86手机号注册以保障服务稳定。

2025年1月31日：DeepSeek-R1模型登录NVIDIA NIM平台，并被亚马逊和微软接入，彰显了其国际影响力。

2025年2月5日：DeepSeek-R1、V3和Coder等系列模型上线国家超算互联网平台，为更多开发者提供服务。

2025年2月24日：DeepSeek启动“开源周”，分别开源了FlashMLA、DeepEP、DeepGEMM、DualPipe、EPLB、3FS等多个高精尖项目。

2025年2月：比亚迪、吉利、华为等20余家车企宣布与DeepSeek深度融合，提升智能座舱能力。

2025年2月：华为、小米、OPPO等手机厂商接入DeepSeek-R1，优化语音助手和AI功能，让手机变得更加智能。

2025年2月：微软、亚马逊等国际云服务商接入DeepSeek模型，这不仅推动了DeepSeek成为全球AI基础设施的选项之一，也表明DeepSeek的技术已经达到了国际领先水平。

1.2 DeepSeek产业革命

2025年初，DeepSeek不仅突破了技术圈层的限制，更深入社会大众，成为热议的高频词汇。根据AI产品榜统计，其日活用户在2月1日即突破3000万大关，并且在短短1个月内，DeepSeek的影响力渗透到各行各业。上百家A股上市公司、几乎所有大型互联网平台，以及北京、广东、江苏等多地的政务系统，纷纷接入DeepSeek，开启了AI赋能和产业革命的新时代。

1.2.1 芯片与算力厂商

DeepSeek的开放生态如同一块巨石投入湖中，激起了AI芯片与算力产业的层层涟漪，直接点燃了整个行业的创新热情。截至2025年3月，已有超过20家国内外厂商宣布完成与DeepSeek的适配，这一数字还在持续攀升。

在国产厂商阵营中，寒武纪、燧原科技、华为昇腾等10多家企业迅速响应，率先完成了DeepSeek全量模型的适配工作。南京智算中心基于寒武纪芯片部署的推理服务，通过一系列优化手段，成功将百万Tokens推理成本降至行业平均水平的1/5，这一成果不仅展示了寒武纪芯片的强大性能，也凸显了DeepSeek模型在成本控制方面的巨大潜力。

燧原科技的表现同样令人瞩目。该公司将DeepSeek-R1 671B原生模型的推理延时优化至12毫秒以内，这一优化成果使其在无锡太湖亿芯智算中心，能够轻松支撑日均20万次AIGC（人工智能生成内容）生成请求。如此高效的推理性能，为AIGC应用场景的落地提供了坚实的技术支撑。

在国际舞台上，美国芯片巨头Cerebras接入DeepSeek-R1后，其晶圆级芯片的订单量激增300%。这一现象不仅印证了DeepSeek技术路线的普适性，也表明全球市场对高性能AI芯片与先进模型适配的高度认可。

从市场数据看，DeepSeek带来的“算力平民化”效应正在重塑整个行业格局。2025年第一季度，国内AI芯片设计企业融资额同比激增240%，海光信息、沐曦等厂商的服务器芯片出货量环比增长超170%。这一增长趋势不仅反映了市场对AI芯片的旺盛需求，也体现了DeepSeek在推动技术创新与产业升级方面的强大动力。

在算力租赁市场，DeepSeek同样引发了巨大变革。中国电信股份有限公司杭州分公司云计算运营中心副经理王少龙发现，集团在北京、上海的“万卡池”迅速销售一空。这一现象的背后，是国内企业大量租用先进算力，部署DeepSeek大模型，以此训练自己的行业小模型。据不完全统计，自DeepSeek发布以来，国内算力租赁市场需求增长了近30%，众多算力厂商订单量激增。这一数据充分说明了DeepSeek在推动算力经济发展新模式中的关键作用。

1.2.2 互联网与云厂商

DeepSeek所引发的连锁反应持续发酵，互联网与云厂商领域正经历如同上游芯片与算力厂商那般翻天覆地的变化。

DeepSeek的开源策略促使云厂商加速转型。国内三大运营商云（天翼云、移动云、联通云）一马当先，率先完成全栈国产化部署，并推出了“开箱即用”的DeepSeek模型服务。腾讯云、阿里云等行业巨头，则构建了多层次的服务体系。以腾讯云为例，其上线了DeepSeek-R1/V3模型，支持“三分钟部署”，将云计算从传统的IaaS（基础设施即服务）升级为“AI-PaaS”（人工智能平台即服务），为用户提供了更加便捷、高效的AI服务体验。赛迪智库的数据表明，2025年第一季度，国内云厂商AI相关收入同比增长高达120%。

除了云厂商，互联网大厂也通过DeepSeek实现了“AI+场景”的快速落地，推动了国民级产品的AI进化。

◎ 微信搜索接入DeepSeek-R1满血版，支持深度语义解析。

◎ QQ浏览器整合DeepSeek模型，实现“秒级长文摘要”。

◎ 腾讯文档依托DeepSeek生成智能表格，办公效率提升了40%。

◎ 百度搜索业务全量接入DeepSeek，推出“AI+答案”新范式。

◎ 钉钉基于DeepSeek开发智能助理，会议纪要生成准确率达92%。

◎ 1688平台利用DeepSeek优化B端客服，响应速度提升60%。

DeepSeek的出现，为互联网与云厂商带来了新的发展机遇和挑战。在这场产业变革中，谁能够紧跟时代步伐，积极拥抱AI技术，谁就能在激烈的市场竞争中脱颖而出。

1.2.3 车企与手机厂商

DeepSeek掀起的技术革新浪潮向众多产业席卷而来，车企和手机厂商也迎来应用AI技术的大爆发。

先看车企，如今已迎来“DeepSeek上车潮”。国内有超过20家车企或品牌宣布与DeepSeek深度融合。近年来，各大汽车生产厂商都在积极开发智能驾驶系统，而DeepSeek的出现，带来了更强大的性能和更低的成本。以小鹏汽车为例，其最新XNGP 4.0系统基于DeepSeek重构感知与决策模块而建立，城区复杂场景的接管率下降40%，每公里计算功耗降低15%。更关键的是，开发周期从18个月缩短至6个月，彻底打破“算法研发拖累新车发布”的行业困局。

再看手机厂商，纷纷推出“掌上DeepSeek”。华为、荣耀、OPPO、vivo等先后宣布接入DeepSeek，并进行AI技术迭代。这使用户在使用手机语音交互、智能问答等功能时，能够得到更精准、更满意的答案。例如，华为Mate 70系列搭载的“盘古-DeepSeek”联合模型，能在离线状态下完成文档总结、行程规划等复杂任务，响应速度较云端方案提升50%。而荣耀Magic 6的AI助手YOYO，通过DeepSeek优化后，用户意图识别准确率从82%提升至97%，甚至能根据聊天记录自动生成节日祝福视频。

1.2.4 政府与政务服务

在 2024 年《政府工作报告》中，“人工智能+”行动被明确列为推动产业升级的核心战略。作为国产大模型的代表，DeepSeek 正以“深圳速度”为示范，在政务服务领域掀起一场从效率提升到治理模式重构的深刻变革。

2025 年 2 月 10 日，深圳完成 DeepSeek R1 满血版在政务云的部署。6 天后，全市政务系统全面启用该模型。在公文处理端，实现政策解读准确率超 95%，执法文书生成效率提升 30%。在民生服务端，12345 热线工单流转效率提高 60%，并通过 AI 挖掘数据规律，实现交通拥堵、企业欠薪等问题的提前预警。

不止深圳，全国已有超 12 个省区市将 DeepSeek 嵌入政务系统。

◎ **河南郑州：** 政府通过本地化部署 DeepSeek，构建“模型+数据+场景”三位一体的智能中枢，实现能耗降低 30%，数据利用效率显著提升。

◎ **山东临沂：** 政府将 DeepSeek 接入“沂蒙慧眼系统”，新增 AI 会话、企业画像生成等功能，使惠企政策触达效率提升 40%。

◎ **内蒙古阿拉善：** 政府通过本地化部署 DeepSeek，构建“三位一体”智慧政务体系，使牧民足不出户即可办理草原确权等复杂事项。

◎ **江西赣州：** 政府利用 DeepSeek+RAG（Retrieval-Augmented Generation，检索增强生成）技术开发的方言政务助手，成功解决老年人智能设备使用障碍，使线上办事覆盖率提升 40%。

◎ **湖北鄂州：** 政府利用 DeepSeek 试点“数字人客服”，通过虚拟形象交互将服务亲和力提升 50%。

随着 DeepSeek 在政务服务领域的广泛应用，这种技术普惠正在重塑区域发展格局，我们有理由相信，未来的政务服务将更加智能、高效、公平，为人民群众带来更多的福祉。

1.2.5 医疗与教育服务

DeepSeek 大模型正以飓风之势席卷各行各业，其影响力已深入医疗与教育这两大关乎人类发展的核心领域，为人类的健康与成长带来前所未有的变革。

在医疗领域，DeepSeek的应用正逐步改变传统的诊疗模式，为患者带来更高效、更精准的医疗服务。

◎ **国家儿童医学中心北京儿童医院：**基于DeepSeek构建的国内首个“AI儿科医生”已正式上岗，这个融合了300多位专家临床经验与数十年病历数据的智能系统，在与多学科专家联合会诊中，诊断建议吻合度高达98%。

◎ **上海瑞金医院：**基于DeepSeek技术发布了国内首个病理大模型——“瑞智病理大模型”（RuiPath），由瑞金医院与华为公司联合研发，能够实现病理切片的自动化分析，大幅提升诊断效率，精准识别肿瘤细胞并计算关键指标。

◎ **成都市第一人民医院：**本地化部署的DeepSeek可在高峰期支持百名医生同时调用AI助手，一键生成涵盖饮食、运动、用药的个性化建议，将医生从烦琐的文书工作中解放出来。

在教育领域，DeepSeek大模型的出现也为教育教学带来了全新的变革，开启了智慧教育的新纪元。

◎ **厦门双十中学：**DeepSeek 671B大模型的本地化部署开启了智慧教育的新篇章。教师通过AI生成的课堂行为画像，可实时调整教学策略，精准把握学生的学习状态和需求，实现因材施教。学生则拥有专属学习助理，根据知识图谱推荐个性化学习路径。数据显示，该校引入系统后，学生自主学习效率提升35%，知识点掌握周期缩短40%。

◎ **河南工业大学：**基于“满血版”DeepSeek-R1大模型构建的“AI+智慧教学”体系通过数字人助教实现跨校联合授课，利用智能分析系统将教师督导反馈周期从7天压缩至实时。

◎ **浙江大学：**基于DeepSeek V3和R1模型推出的深度融合智能体平台“浙大先生”，依托CARSI（教育网联邦认证与资源共享基础设施）资源共享平台，覆盖教学、科研及生活等全场景。该平台不仅服务于浙江大学师生，还向全国829所CARSI联盟高校开放，师生可通过校园账号免费登录使用。

未来，随着DeepSeek开源生态的完善，越来越多中小型机构将拥有以低成本接入AI的能力。医疗与教育的“智能化改造”不再局限于头部机构，而是向社区医院、乡村学校下沉，真正实现优质服务的普惠化。正如DeepSeek自身所言：“工具的进化不应替代人性，而是让专业能力更触手可及。”这场革命的核心，始终是技术与人性的共融。

1.3 DeepSeek爆火原因

DeepSeek的团队成员大多来自清华大学、北京大学、浙江大学等国内顶尖高校，整体呈现出“高学历、年轻、极具创新”的特点。这些成员凭借深厚的学术造诣、活跃的思维及对前沿技术敏锐的洞察力，为DeepSeek的技术突破与创新发展注入了源源不断的动力。

DeepSeek-V3以仅557万美元的训练成本，在自然语言理解、代码生成等任务中达到与Claude 3.7 Sonnet、GPT-4等国际顶尖模型相当的性能。DeepSeek-R1更以1/20的推理成本实现与OpenAI-o1系列对标的能力。

DeepSeek通过算法优化实现了计算资源需求大幅降低，它不仅为中国突破算力“卡脖子”困境提供了一条切实可行的路径，更凭借开源生态吸引了全球开发者的广泛参与。这种开放的合作模式促进了国产芯片的适配与产业协同发展，使DeepSeek在全球大模型竞争中脱颖而出，成为“以小博大”的创新标杆，为全球人工智能领域的发展提供了全新的思路与借鉴。

1.3.1 国际顶尖的推理能力

DeepSeek超强的推理能力是其爆火的核心驱动力。

在权威的Arena大模型排名中，DeepSeek-R1表现突出，位居全类别第三，在风格控制类模型中与OpenAI-o1并列第一。这一成绩表明，DeepSeek-R1不仅在通用推理能力上达到了国际领先水平，并且在特定任务领域同样表现出色。这些专业评测结果，为DeepSeek的顶尖推理能力提供了客观、有力的佐证。

数学推理是大模型面临的一大挑战。DeepSeek-R1-Lite 预览版模型在难度等级最高的美国数学竞赛（AIME）及全球编程竞赛平台Codeforces等评测中，性能超越了GPT-4o等模型。数学博士、奥赛金牌得主 Jasper 使用AIME 2025 中的题目对 DeepSeek-V3-0324 进行测试，该模型成功解决了难题，这进一步证明了 DeepSeek 在数学推理领域的深厚实力。

代码生成是大模型推理能力的重要应用场景。DeepSeek 在代码生成任务中表现卓越，其最新发布的 DeepSeek-V3 在代码能力上实现了重大突破，与 Claude 3.7 Sonnet 不相上下，甚至在部分场景中超越了 o1-pro和 GPT-4.5。网友实测表明，DeepSeek-V3-0324 能够轻松创建复杂网站，编写多达数百行的代码，且几乎不会出错。编码智能体 Cline 也基于DeepSeek-V3-0324 在编码任务上的出色表现，第一时间进行了更新。该模型还可以解锁 Claude 3.7 Sonnet 的多种玩法，在 Aider 多语言基准测试中，DeepSeek-V3-0324 拿下 55% 的成绩，成为仅次于Cloude 3.7 Sonnet的非推理类模型，展现出在多语言编程方面的强大实力。

综上所述，DeepSeek 凭借国际顶尖的推理能力，在大模型领域占据了一席之地。无论是在复杂的技术评测中，还是在实际的应用场景里，DeepSeek 都展现出了强大的实力和潜力。DeepSeek的爆火出圈本质上是其顶尖的推理能力得到认可。

1.3.2 超低的训练和推理成本

DeepSeek超低的训练和推理成本是其爆火的核心驱动力之一。

在人工智能发展的黄金时代，大模型的研发长期被“大数据+大算力+大模型”的思维定式所主导。OpenAI、Google等科技巨头通过构建庞大的算力基础设施和数据壁垒，建立了看似不可逾越的技术门槛。而DeepSeek的崛起彻底打破了这一范式，其核心突破点在于实现了超低的训练和推理成本，使高性能AI大模型不再只是少数科技巨头的专利。

1. 超低的训练成本

DeepSeek-V3模型的训练成本仅为557.6万美元（基于租赁278.8万

H800 GPU小时、每小时2美元计算），这一数字在行业内具有革命性意义。其他主流大模型训练成本如下。

◎ OpenAI的GPT-4训练成本超过1亿美元。

◎ Google的PaLM 2训练成本在5000万美元至1亿美元。

◎ Anthropic的Claude 3训练成本同样在数千万美元级别。

这种数量级的成本差异并非由于技术妥协，而是DeepSeek在模型架构、训练算法和数据效率方面实现的实质性突破。据行业分析，DeepSeek通过创新的稀疏注意力机制和动态计算分配策略，将训练效率提升了5～8倍，同时保持了模型性能的竞争力。

2. 超低的推理成本

在推理成本方面，DeepSeek的价格优势同样突出。

OpenAI-o1每百万输入词元收费15美元，输出词元收费60美元；

DeepSeek-R1每百万输入词元仅需0.55美元，输出词元为2.19美元。

这意味着企业使用DeepSeek的API成本仅为OpenAI的3%～5%。在国内市场，DeepSeek-V3的API 定价也极具竞争力，输入每百万Tokens缓存命中时仅需0.5元，缓存未命中时为2元，输出每百万Tokens为8元，并在特定时段提供错峰优惠，进一步降低了使用成本。

DeepSeek的成本优势正在重塑整个AI行业的经济模型。

◎ **降低行业准入门槛：**使更多研究机构和企业能够参与大模型研发。

◎ **加速商业化进程：**使AI应用在更多垂直领域实现盈利成为可能。

◎ **促进全球AI普及化：**减少了对尖端算力的绝对依赖，使技术发展更加多元。

DeepSeek的成功证明，在有限的资源条件下，通过算法创新和系统工程优化，完全可以开发出具有全球竞争力的大模型。这种“高效AI”范式将逐渐成为主流，推动AI技术从“军备竞赛”向“实用主义”转变。

1.3.3 开源策略普惠全世界

DeepSeek的开源策略是其爆火的核心驱动力之一。该策略将模型权重、训练框架及数据管道全部开源，并采用MIT（麻省理工学院）许可证，允许用户自由使用、修改和商业化。这一举措极大地降低了中小企业和个人开发者的使用成本，使他们能够以较低的成本进行模型微调和应用开发。

深度求索公司在2025年2月21日进一步宣布，将陆续开源5个代码库，涵盖训练、推理、通信等关键环节，毫无保留地全部分享。这些开源项目为开发者提供了强大的技术支撑，使他们能够快速上手并应用大模型技术。例如，FlashMLA是DeepSeek用于Hopper GPU的高效MLA解码内核，现已投入生产；DeepEP是首个用于MoE模型训练和推理的开源EP通信库，提供了高效且优化的全对全通信支持。

深度求索公司表示："作为开源社区的一员，我们相信，每一行分享的代码，都将汇聚成推动进步的力量。"

以往，大模型技术往往被大型科技公司和研究机构所垄断，中小企业和个人开发者难以触及，而DeepSeek的开源打破了这一壁垒，使全球范围内的开发者都能平等地获取到先进的技术资源，因此，吸引了大量技术爱好者的关注，形成了一个活跃的开发者社区。在这个社区中，开发者们可以分享经验、讨论问题、共同探索新的技术方向。开发者们可以基于DeepSeek的开源模型进行优化和改进，通过模型蒸馏、微调等技术手段，训练出更适应特定场景和需求的模型。这种技术共享的模式加速了AI技术的迭代和创新，使全球AI领域的研究者能够共同推动技术的进步。

1.4 小结

DeepSeek的技术突破正在引发一场深刻的产业普及化变革。这项由中国团队引领的创新实践表明：AI的未来不应是科技巨头的垄断高地，而应成为千万开发者自由探索的创新蓝海。

在技术革新带来的职场变革方面，确实存在对岗位替代与失业的普遍担忧。但历史的车轮滚滚向前，蒸汽机时代淘汰了马车夫，但催生了铁路工程师；汽车普及后，关键不是与汽车赛跑，而是应该考个驾照，成为最先学会驾驭技术的人。

当被问及“如何看待人机关系”时，DeepSeek给出了富有哲理的回应：“每次技术奇点的到来，都在重现普罗米修斯盗火与惧火的永恒命题。人机关系恰似这团神火，既能照亮文明前路，也需要智慧地驾驭。”这个比喻生动揭示了技术发展的双重性。

行业认知正在发生深刻转变：从将AI视为需要征服的高山，到理解AI更像是待探索的海洋。DeepSeek的实践启示我们，AI发展的真谛不在于登顶竞赛，而在于持续开拓更广阔的应用疆域。

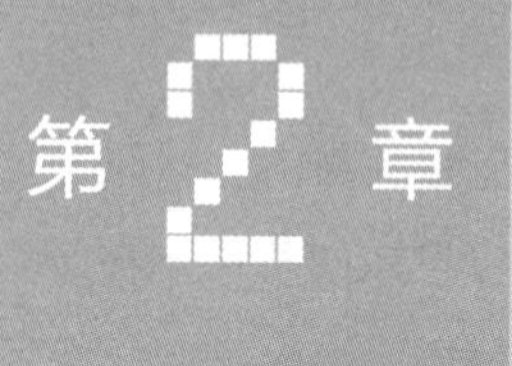

第2章 DeepSeek本地化部署必要性

本章讨论DeepSeek本地化部署的必要性，主要从关键数据安全可控和合法合规、稳定性与可靠性、低延时与实时性、模型微调与优化适配、边缘离线应用和长期使用成本等角度来讨论。

2.1 全方位对比矩阵

我们对DeepSeek本地化部署与使用公有云API调用，在关键维度上进行了全方位的对比，具体如表2.1所示。

表2.1　DeepSeek本地化部署与使用公有云API调用的关键维度对比

关键维度	评估指标	本地化部署	公有云API调用
数据安全与合规	数据控制范围	物理隔离，数据完全保留在本地	数据需要传输至第三方云平台
	合规适配能力	可定制安全策略满足特殊监管要求（如信息安全等级保护三级、HIPAA法案）	受限于云服务商通用合规方案
	审计追溯能力	完整日志记录和审计追踪	依赖云服务商提供的有限日志
稳定性与可靠性	服务可用性	自主设计冗余架构	受限于云服务SLA
	故障隔离	系统故障不影响其他业务组件	云服务区域性故障可能导致多客户业务中断
	性能一致性	资源独占保障稳定性能	可能受多租户资源争抢影响
低延时与实时性	网络延迟	局域网内毫秒级响应	公网传输百毫秒级延时（50～300毫秒）
	实时系统集成	支持与工业控制系统、交易系统深度集成	仅能通过API实现有限集成
模型微调与优化适配	模型微调	支持全参数训练和少量参数微调	通常仅支持prompt工程
	定向优化	可修改模型架构、开发定制插件	仅能使用预设功能
边缘离线应用	断网可用性	完全离线运行能力	必须保持网络连接
	边缘计算协同	支持与IoT设备直接交互	需通过网关中转

续表

关键维度	评估指标	本地化部署	公有云API调用
长期使用成本	初期投入成本	较高（需采购服务器、GPU等）	极低（按需付费）
	成本可控性	固定投资不受服务定价变动影响	面临API价格波动风险

该对比表明：

◎ DeepSeek本地化部署在数据安全可控与合法合规、低延时与实时性、边缘离线应用等方面具有不可替代的优势。

◎ DeepSeek本地化部署在模型微调与优化适配、稳定性与可靠性等方面具有领先优势。

◎ DeepSeek本地化部署在长期使用成本上具有一定优势，而公有云API调用的方式在灵活性和初期成本方面仍有其适用空间。

2.2 数据安全与合规

数据安全可控与合法合规是DeepSeek本地化部署最核心的驱动力。数据安全可控与合法合规不仅是政策红线，更是企业必须严格遵守的生存法则。

2.2.1 高度监管领域

在本地环境中部署DeepSeek，可以确保敏感数据完全隔离于外部网络，避免数据泄露的风险，满足数据不出域、分级保护等监管要求，便于内网审计与权限管控，适用于金融、医疗、政务和跨国经营等高度监管领域，这些领域对数据本地化有着刚性需求。

◎ **金融领域：**国家金融监督管理总局明确要求数据驻留，禁止敏感数据上云。

◎ **医疗领域：** HIPAA法案对患者数据的存储和处理有严格规定。

◎ **政务领域：** 信息安全等级保护至少二级，对数据存储和传输有严格规定。

◎ **跨国经营：** 需要满足各国法律法规，如《通用数据保护条例》（GDPR）、《加州消费者隐私法案》（CCPA）等对数据本地化存储的约束，避免数据跨境传输的法律风险。

2.2.2 经济损失案例

如果忽视数据安全可控与合法合规性问题，可能导致一些巨大的经济损失。以下是一些典型案例。

◎ **GDPR处罚：** 欧盟GDPR明确要求成员国企业必须确保用户数据存储于境内服务器，违者最高可处全球营收4%的罚款。例如，2022年某跨国车企因将欧洲车主数据传回北美总部分析，被开出2.8亿欧元的天价罚单。

◎ **数据安全法处罚：** 2021年《中华人民共和国数据安全法》实施后，国内已有数十家企业因数据跨境问题被处罚，最高单笔罚款达8亿元。

◎ **人工智能服务管理处罚：** 2023年颁布的《生成式人工智能服务管理暂行办法》明确规定：涉及个人信息处理的人工智能服务，应当实现数据本地化存储。例如，某跨境电商平台使用境外AI服务分析用户评论，因数据出境未申报被暂停服务3个月，直接损失超2亿元。

◎ **数据泄露成本：** IBM（国际商业机器公司）《2023年数据泄露成本报告》指出，全球平均单次数据泄露损失达445万美元，而医疗行业因数据敏感性损失金额高出平均值23%。

2.2.3 实际应用案例

DeepSeek本地化部署确保企业敏感数据完全在内部服务器处理，通过内网防火墙、数据加密、敏感词过滤等安全机制，实现输入输出全链路防护。具体的应用案例如下。

◎ 招商银行采用本地化DeepSeek处理客户风险评估，模型训练数据包含百万级客户资产信息，全程在深圳数据中心完成。

◎ 浙江省“政务大脑”项目要求所有AI处理环节在省政务云完成，切断与公共互联网的直接连接。

◎ 上海消防部门在部署DeepSeek时，明确要求火灾现场信息、人员数据等敏感信息“不出本地”，通过本地服务器存储与国密算法加密，确保数据全生命周期可控。

◎ 深圳市坪山区中心医院通过“数据不出院”方案，建立三级脱敏机制与动态权限管理系统，实现患者隐私的全流程保护。

◎ 深圳市龙岗区在政务外网部署DeepSeek-R1模型，满足等级保护2.0标准。

◎ 黑龙江测绘地理信息局通过本地化部署DeepSeek模型，将遥感数据与地理信息深度整合，支撑行业管理智能化。

这些案例表明，本地化部署不仅是技术选择，更是规避法律风险、响应监管要求的必由之路。

2.3 稳定性与可靠性

稳定性与可靠性同样是DeepSeek本地化部署的核心驱动力。在实际应用过程中，众多企业和用户都察觉到，过度依赖云端服务往往会引发一系列棘手问题，比如服务故障、服务繁忙及服务不稳定等。特别是在那些对业务稳定性、可靠性和连续性有着极高要求的场景下，这些问题的影响尤为显著。

正因如此，DeepSeek本地化部署成了提升AI系统稳定性和可靠性的关键选择。DeepSeek本地化部署最大的优势之一，便是能够完全规避网络传输所带来的不确定性。具体体现在以下几个方面。

◎ **云服务商故障：**像AWS、Azure等知名云服务商，偶尔也会出现区域性宕机的情况。以2024年为例，AWS发生了3次区域性故障，累计给全球企业造成了超过12亿美元的损失。

◎ **网络运营商问题：**如光缆断裂、域名劫持等网络运营商方面的问题也时有发生。这些突发情况极有可能导致网络中断、云端服务故障，进而使企业的业务陷入停摆状态。

◎ **避免云端拥堵：**在公共云服务的使用高峰期，AI推理任务可能需要排队等待处理。而采用本地部署的方式，企业可以确保资源独占，保障AI系统稳定运行，不会因云端拥堵而影响业务效率。

◎ **离线可用：**即便企业内网与互联网断开连接，DeepSeek本地化部署的AI系统仍能正常运行，从而保障关键业务不受影响，确保业务的连续性。

综上所述，DeepSeek本地化部署通过减少网络依赖、提升响应速度、增强业务连续性，为企业提供了比云端服务更稳定、更可靠的AI解决方案。

2.4 低延时与实时性

相较于稳定性与可靠性，低延时与实时性提出了更为严苛的要求。它们不仅要求系统具备高度的稳定性与连续性，更强调系统须具备快速响应与实时处理的能力。

2.4.1 实时性场景

对于一些对实时性有高要求的特殊应用场景（如下），低延时与实时性至关重要，这是直接推动DeepSeek本地化部署的重要驱动力之一。

◎ **交通调度领域：**实时的数据分析和智能决策，能够有效优化交通流量，大幅减少拥堵现象，显著提升交通安全水平。研究表明，即便是100毫秒的决策滞后，也可能成为引发交通堵塞甚至事故的潜在隐患。

◎ **医疗影像处理领域：**快速且准确的诊断结果，是患者治疗成功的关键。任何细微的延迟，都可能成为病情延误的导火线，威胁患者的生命健康。

◎ **金融高频交易领域：**金融交易对响应速度的要求更是达到了极致。

在这个以毫秒计胜负的战场上，100毫秒的延迟，便可能意味着千万级资金的损失。高频交易系统需要在极短的时间内完成交易决策和执行，任何延迟都可能导致交易机会的丧失。

2.4.2 本地化部署优势

这些场景揭示了AI服务的核心痛点——响应速度直接决定业务生死线。那么，如何降低AI系统的延时，提高AI系统的实时性呢？毫无疑问选择DeepSeek本地化部署是解决办法，它具有如下优势。

◎ **无网络延迟：** 数据无须上传至云端，推理过程在本地完成，减少传输时间，响应速度更快。

◎ **优化计算资源：** 企业可以根据业务需求优化硬件配置（如GPU加速），构建专有计算集群，进一步提升计算推理速度。

综上所述，DeepSeek本地化部署通过减少网络延时和提高计算推理速度，显著提升了AI系统的低延时与实时性能。

2.5 模型微调与优化适配

云端通用的大模型，虽然具备强大的通用能力，但在面对特定行业和领域的精细化需求时，往往显得力不从心。要满足垂直领域的特定需求，对通用大模型进行深度定制、模型微调和优化适配就显得尤为重要，这是间接推动DeepSeek本地化部署的重要驱动力。

2.5.1 DeepSeek优势

DeepSeek作为一款开源且功能强大的AI模型，在支持微调与优化方面具有显著优势，主要体现在以下几个方面。

◎ **高效参数微调：** 采用LoRA（Low-Rank Adaptation）技术，仅需调整0.1%的权重参数即可完成领域适配，训练成本降低90%以上。

◎ **动态训练框架：**集成Hugging Face Transformers与PEFT（Parameter-Efficient Fine-Tuning）库，支持参数高效微调、提示学习等多种模式。

◎ **定向知识注入：**通过私有环境指令精调并构建动态检索机制，实现行业专属知识库的深度融合。

◎ **全流程监控：**通过Weights & Biases实时追踪loss曲线与训练指标，运用LangChain构建自动化评估流水线。

2.5.2 实际应用案例

此类实际案例（如下）不胜枚举，表明DeepSeek本地化部署正在重塑企业AI应用范式。

◎ 国泰君安证券在本地部署DeepSeek-R1后，针对金融合规问答场景进行微调，通过LoRA微调技术调整少量模型参数（如注意力层的q_proj、v_proj），就使模型在金融术语理解、监管政策匹配等方面的表现显著提升。

◎ 昆山市第一人民医院在本地部署DeepSeek后，结合院内电子病历数据，通过LoRA微调技术调整模型少量参数，使其在诊断建议、医学知识检索等任务上的准确率提升30%。

◎ 上海消防救援局在本地部署 DeepSeek-R1后，融合历史火灾数据、气象信息的知识图谱，构建本地知识库，实现RAG检索增强。该系统可实时分析火势蔓延趋势，为救援指挥提供最优调度方案，将应急响应时间缩短 50%。

◎ 柳州职业技术大学在本地部署 DeepSeek-R1后，通过智能工作流调度技术，将DeepSeek与智慧校园平台深度融合。师生可通过“匠匠在线”AI助手实现公告查询、教学大纲生成等功能。

综上所述，通过模型深度定制、领域知识融合微调与持续优化适配机制，企业得以打造真正贴合业务需求的智能系统。当技术部署从“开箱即用”转向“深度共生”，AI将不再是外挂工具，而是成为驱动业务创新的核心引擎。

2.6 边缘离线应用

在无网络或弱网络连接的环境中，越来越多的边缘计算终端需要集成DeepSeek强大的AI推理能力，DeepSeek本地化部署成为边缘终端设备离线应用的唯一选择。

2.6.1 边缘离线场景

以下三个场景凸显了在边缘离线应用中，实施 DeepSeek 本地化部署的必要性。

◎ 在偏远地区，如山区、沙漠、极地等，网络基础设施建设困难，信号覆盖薄弱，传统的云端AI服务无法触及。

◎ 在海上作业平台，远离大陆，网络传输延时高、带宽有限，实时性要求高的AI应用难以开展。

◎ 对于一些移动设备，如无人机、无人车等，在执行任务过程中可能会在隧道、地下和峡谷等地遭遇网络信号盲区，因此需要在离线状态下依然能够保持智能化功能。

2.6.2 实际应用案例

以上特殊场景对AI模型的本地化部署提出了迫切需求，DeepSeek凭借其卓越的性能和多个小参数版本的灵活性，在这些极端环境下展现出关键价值。具体案例如下。

◎ 甘肃新发展投资集团在甘肃清傅公路隧道部署了DeepSeek大模型与边缘计算终端，构建智慧隧道系统2.0。该系统无需网络，可实时分析隧道传感器数据，快速生成查询结果和统计图表，响应速度较云端提升80%。该系统利用DeepSeek的通识能力，精准识别交通事故等小样本事件，准确率达97%；还能自动优化隧道照明和通风，能耗降低18%。

◎ 内蒙古自治区地质调查研究院成功完成DeepSeek人工智能内网部署工作，融合了大模型能力和本地知识库，在确保数据安全性和隐私保护的前提下，快速整合历史科研文件、勘查报告、调查数据，形成结构化数据资源，利用大模型自然语言处理能力，快速理解、索引和检索文档内容，为技术人员提供智能化支持，辅助研究决策，提升工作效率。

◎ 南极科考站部署的DeepSeek-1.5B模型，在-60℃环境中持续运行，辅助科研人员分析气象数据并生成科考日志，全程无须依赖卫星网络回传。

未来，随着边缘计算芯片算力持续提升（预计2025年边缘设备算力可达500TOPS），DeepSeek模型可进一步拓展特殊场景的智能化边界。

2.7 长期使用成本

在构建企业级AI解决方案时，成本也是决策的核心维度之一。本节以中型电商企业的智能AI系统为例，对比人工客服、DeepSeek API调用与本地化部署三者的长期成本差异，为企业提供量化参考。

2.7.1 人工客服成本基准

假设某中型电商企业需维持20人的客服团队（售前与售后比例为4:1），日均接待咨询量约6000次（每人每日处理300次咨询），单次咨询平均产生3轮对话。若客服月均工资为5500元，则1年的人力成本为：

成本=20人×5500元（人·月）×12月=132万元

这一成本尚未包含招聘、培训、管理及系统维护等隐性支出，实际总成本支出预计还需上浮30%。

2.7.2 API调用成本估算（智能客服）

API调用的成本主要由输入/输出Tokens量决定。Token是AI模型处理文本的最小单位，可以是一个字、词或符号，用于计算API调用费用。

DeepSeek采用动态分段定价策略，API调用价格如表2.2所示（根据2025年2月25日的最新调整），但是该定价可能随时会调整，因此DeepSeek最新的定价请查阅官方网站。

表2.2 DeepSeek API调用价格

模型	计费时段	百万Tokens输入（缓存命中）	百万Tokens输入（缓存未命中）	百万Tokens输出
DeepSeek-V3	标准时间段	0.5元	2元	8元
	优惠时间段	0.25元（5折）	1元（5折）	4元（5折）
DeepSeek-R1	标准时间段	1元	4元	16元
	优惠时间段	0.25元（2.5折）	1元（2.5折）	4元（2.5折）

其中，优惠时间段为北京时间00:30—08:30，其余时间为标准时间段。

DeepSeek API调用成本估算的具体步骤如下。

（1）日均接待6000次咨询，单次咨询平均产生3轮对话（3次输入与输出），则合计产生18000次输入和18000次输出。

（2）因为客户咨询的对话基本是简单问答，则根据表2.3所示，估算每次对话消耗200 Tokens输入和200 Tokens输出。

（3）因为客户咨询的问题基本是简单问题，所以选择DeepSeek-V3模型即可满足要求。又因为客户咨询的问题需要及时回复，而DeepSeek-R1有一个深度思考的过程，回复比较慢，所以选择DeepSeek-V3模型。

（4）DeepSeek-V3模型日均API调用成本为：

$$(18000 \times 200 \times 2 + 18000 \times 200 \times 8) \div 1000000 = 36(\text{元})$$

（5）DeepSeek-V3模型年均API调用成本为：

36元/天×365天=13140（元）

表2.3　预估Tokens消耗

问答	预估Tokens消耗	示例
简单问答（短回复）	50～200	“今天天气如何？”→“晴天。”
中等问答（解释型）	200～500	“监督学习 vs 无监督学习”→一段解释
复杂问答（长文）	500～2000	“Transformer架构详解”→技术长文

2.7.3 API调用成本估算（智能营销）

在电商平台的智能运营中，DeepSeek的应用远不止智能客服。其强大的功能还涵盖销售数据分析、竞品数据分析、大数据选品、爆款文案生成和个性化推广等多个场景，具体场景的日均Tokens消耗估算如表2.4所示。

表2.4　分场景日均Tokens消耗及费用估算

项目	输入Tokens消耗/次	输出Tokens消耗/次	DeepSeek应用次数	合计费用/元
销售数据分析	10000	2000	100	1.8
竞品数据分析	10000	2000	100	1.8
大数据选品	10000	2000	100	1.8
爆款文案生成	500	2000	1000	8.5
个性化推广	500	500	10000	25
合计/元	38.9			

因为在大数据分析过程中，DeepSeek-R1模型比DeepSeek-V3模型更有优势、更加精准，所以在本场景中选择DeepSeek-R1模型。此外，本场景可以选择在优惠时段进行API调用，从而能够有效控制成本。

（1）日均API调用成本为：38.9元。

（2）年均API调用成本为：38.9元/天×365天=14198.5元。

2.7.4 本地化部署成本

DeepSeek本地化部署需要满足如下不同场景和混合负载的需求。

◎ **日间高并发场景：** 基于DeepSeek-V3 7B模型的智能客服系统，需支持100并发请求，响应延时要求不超过3秒。

◎ **夜间计算密集型场景：** 采用DeepSeek-R1 32B模型进行智能营销分析，支持20并发，单任务计算耗时较长。

DeepSeek本地化部署需考虑硬件投入与运维成本，仅硬件投入一项就高达14万元，具体如表2.5所示，主要费用集中在GPU的采购上。同时，因为使用API调用的方式同样需要开发运维成本，所以这一项暂且忽略不计。

表2.5　DeepSeek本地化部署成本　　单位：万元

项目	方案	报价
GPU	4×RTX 4090	10
CPU	Intel Xeon Gold 6438	2
内存	128GB DDR5	1
其他	硬盘/电源/主板/机柜等	1
合计		14

2.7.5 小结

综上所述，在长期成本方面，API 调用和本地化部署呈现出不同的特点。从成本数值看，API 调用的年均成本为 27338.5 元（13140元 + 14198.5元），5 年成本总计 136692.5 元。而 DeepSeek 本地化部署初期仅硬件投入就需要14 万元，一直使用5年以上本地化部署的硬件，投入成本才能与API调用的成本持平。

◎ **短期（1～3年）：** 云端 API 调用成本更具优势。这是因为在这个阶段，API 调用的固定成本相对较低，且无须承担本地化部署的高额硬件投入和初期运维成本。

◎ **中期（3～5年）：**对于大数据量和高频使用的企业而言，本地部署的成本优势开始显现。随着使用时间的增加，本地化部署的一次性硬件投入逐渐分摊，且避免了长期持续的 API 调用费用。

◎ **长期（5年以上）：**本地化部署的成本优势进一步凸显，低于API调用的成本。在长期大规模使用的情况下，本地化部署能够更好地控制成本，且可以根据企业的具体需求进行定制化优化。

企业在选择 AI 解决方案时，应综合考虑自身的业务需求、数据量、使用频率及预算等因素，权衡 API 调用和本地化部署的利弊，以做出最适合自身发展的决策。

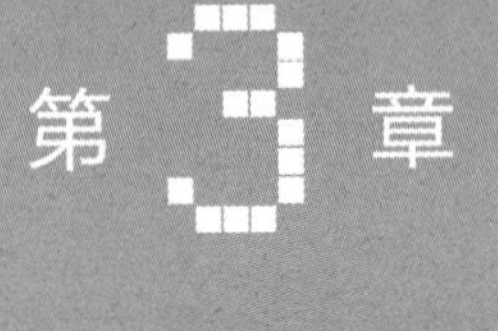

DeepSeek 本地化部署建议

DeepSeek作为当前领先的大语言模型之一，其本地化部署在数据安全、合规性、可靠性及深度定制等方面具有显著优势，但同时也面临硬件投入高、技术门槛复杂、运维成本大等挑战。

本章基于实际案例与数据，提出一套严谨的本地化部署实施框架，涵盖评估准备工作、算力申请或租赁、分阶段实施及混合架构策略，旨在帮助企业理性决策，为不同规模、不同行业的企业提供可操作的本地化部署建议，避免盲目跟风。

3.1 评估准备工作

DeepSeek本地化部署之前的评估准备工作是企业理性决策的基础，如果缺乏系统和详细的评估准备工作，可能会导致决策失误、资源浪费，甚至数据泄露等风险。本节旨在为企业提供一套科学、严谨的评估准备方法论，帮助企业决策者建立科学决策基础。

3.1.1 必要性评估

必要性评估考虑的是核心问题：企业是否真正需要本地化部署DeepSeek模型？前文已详细阐述相关内容，详见本书第2章，此处不再赘述。

3.1.2 需求评估

企业在本地化部署DeepSeek前，需系统性地梳理业务需求，确保AI技术与实际业务场景紧密结合，最大化投资回报率（Return On Investment，ROI）。具体步骤如下。

（1）业务流程全面梳理：企业应全面梳理内部业务流程，精准识别可应用大语言模型的业务场景。具体方法如下。

◎ **流程分解：**绘制企业核心业务流程图，拆解各环节的输入、输出及关键决策点。

◎ **痛点分析：**标注低效、高成本或依赖人工的环节（如文档审核、客服响应、报告生成等）。

◎ **AI可行性评估：**筛选适合LLM（Large Language Model，大语言模型）优化的任务（如自然语言理解、文本生成、数据分析等）。

（2）需求分类与优先级排序：区分刚性需求与伪需求，确保资源精准投放。具体方法如下。

◎ **识别刚性需求：**需求直接影响业务连续性（如合规文档自动生成），

或者需求能够显著降本增效（如客服自动化减少人力成本）。

◎ **识别伪需求：**这类需求属于探索性质，无明确ROI（如实验性AI写作），或者现有方案已足够高效（如简单数据查询）。

◎ **需求矩阵：**基于业务价值（高/中/低）和 技术可行性（易/中/难）进行优先级排序。

企业完成需求梳理后，应形成需求文档：明确功能清单、优先级及验收标准等。通过系统化的需求梳理，企业可确保DeepSeek本地化部署精准匹配业务目标，避免“为AI而AI”的资源浪费。

3.1.3 资源评估

企业在本地化部署DeepSeek前，应全方位管理当前所拥有的资源——硬件资源与人力资源。在硬件资源方面，重点聚焦算力资源；在人力资源方面，则着重关注人工智能相关工程师。企业需清晰界定已投入运行及能够灵活调配的资源，具体实施步骤如下。

（1）硬件资源审计与台账建立：企业需对现有硬件资源（计算基础设施）进行全面审计，建立硬件资源台账（特别是算力资源）。

◎ **在用资源：**记录已部署GPU服务器的型号、显存容量、计算性能及当前负载率等关键指标。

◎ **闲置资源：**明确标注可调配的算力资源（包括CPU/GPU/存储）及其技术参数。

◎ **缺口分析：**对比业务所需的DeepSeek本地化部署的硬件要求，计算资源差额，明确需补充的算力规模。

（2）人力资源审计与岗位分析：本地化部署不仅涉及硬件资源的投入，还需一支具备相应技术能力的团队负责设计、开发、部署、调试和运维工作。所以，企业需要对现有人力资源进行全面审计，特别是从事如下岗位的科学家和工程师，深入了解企业现有的人力资源现状。

◎ **数据科学家：**负责数据治理，包括数据清洗、标注、管理及企业内部知识库构建。

◎ **系统架构师：**设计高可用、可扩展的系统架构，确保部署成功与长期稳定运行。

◎ **人工智能工程师：**承担大模型的全参数训练及少量参数微调（如LoRA等）。

（3）内部人才选拔与能力提升规划：优先从企业内部挑选人才，参考AWS ML认证体系建立技能评估表，对关键岗位进行技术摸底测试，并制订6个月能力提升计划（含培训预算），其中需要注意的事项如下。

◎ **人力冗余规划：**建议保持30%的人力冗余应对突发需求。

◎ **核心岗位管控：**核心岗位需签订竞业限制协议。

◎ **进度评审机制：**建立双周进度评审机制。

◎ **资源调配决策：**当内部资源满足度低于60%时，建议采用混合模式（核心业务团队自建+非核心业务外包）。

3.1.4 风险评估

在进行DeepSeek本地化部署时，企业面临诸多风险，全面且深入地评估这些风险，对于保障部署工作的顺利推进及后续稳定运行极为关键。以下从技术实现、数据安全及运维管理等多个维度展开风险评估。

1. 技术实现风险

DeepSeek本地化部署涉及复杂的技术实现，企业可能面临诸多技术挑战。大语言模型的技术复杂性较高，模型训练过程可能不稳定，性能优化难度较大，且系统兼容性问题也可能导致部署失败。企业需要全面评估自身的技术能力，判断是否能够应对这些技术风险。

应对措施：企业应提前评估自身的技术能力，必要时引入外部专家或合作伙伴，提升技术团队的整体水平。同时，建立技术风险预警机制，定期对模型训练和部署过程进行监控和评估，及时发现并解决潜在问题。

2. 数据安全风险

本地化部署涉及大量的数据处理和存储，数据安全是至关重要的问题。

企业需要评估数据的安全性，包括数据的保密性、完整性和可用性；考虑数据加密、访问控制、数据备份等安全措施是否到位。

应对措施：企业需采取一系列数据安全措施，包括但不限于数据加密、访问控制、数据备份等，确保数据在传输和存储过程中被加密处理，防止数据泄露。同时，建立严格的访问控制机制，只有授权人员才能访问敏感数据。此外，定期进行数据备份，并测试备份数据的恢复能力，以确保数据的可用性。

3. 运维管理风险

本地化部署后，企业需要承担模型的运维管理工作，包括模型更新、故障排除、性能优化等。企业需评估运维管理风险，建立完善的运维管理体系，确保模型的稳定运行。

应对措施：企业应建立专业的运维团队，制定详细的运维管理流程和应急预案。

DeepSeek本地化部署虽然有很多好处，但其风险矩阵复杂程度也远超传统IT系统。企业需从技术实现、数据安全、运维管理三个维度进行充分评估，降低DeepSeek本地化部署的风险，确保项目的顺利实施和稳定运行。

3.1.5 效益评估

对DeepSeek本地化部署的效益展开全面且深入的评估，能够助力企业精准洞察其价值所在，使项目团队成员及项目干系人对项目目标与意义形成清晰认知，进而为后续各方的协同合作奠定坚实基础。唯有凭借科学、严谨的效益评估，企业方能于技术投入和业务收益间探寻到最优平衡点，实现可持续发展。

◎ **业务效率提升：**通过部署DeepSeek本地化方案，企业可以在业务流程中实现自动化、智能化操作，从而提高业务效率。例如，在文本生成任务中，DeepSeek可以快速生成高质量的文本内容，减少人工编写的时间和精力；在数据分析任务中，DeepSeek可以快速提取关键信息，辅助决策。

◎ **创新与竞争力提升：**DeepSeek本地化部署为企业提供了强大的人工智能能力，有助于企业开展创新业务，提升市场竞争力。

综上所述，企业只有做好评估准备工作，才能提高DeepSeek本地化部署的成功率，避免资源浪费、项目失败。如今AI技术更新换代快，企业既要抓住技术红利，也要防止过度投入。只有让技术和业务目标匹配，才能发挥DeepSeek模型的作用。

3.2 算力申请或租赁

在DeepSeek本地化部署过程中，算力的获取是关键且具有挑战性的一环。合适的算力资源不仅能够保障模型高效运行，还能平衡成本与性能，以下提供三种可行的算力获取方式及其利弊分析。

3.2.1 购买硬件

这一方式适用于资金雄厚、对数据安全和自主控制权有极高要求，且长期有大量稳定算力需求的大型企业、科研机构或关键行业领域的企业。例如，大型金融集团进行内部风控模型训练与优化、国家级科研项目进行深度人工智能研究等场景。

1. 优势

◎ **完全自主可控：**自行采购服务器、GPU 等硬件设备构建算力基础，可根据自身需求进行精准配置，从硬件层面完全掌控整个计算环境，在数据安全性和隐私性要求极高的场景下，如金融机构处理敏感客户数据、科研机构进行涉密项目研究等，这种自主可控性至关重要。

◎ **长期使用成本优势（大规模需求下）：**若企业或机构有长期且大规模的DeepSeek 应用需求，那么从长远看，直接购买硬件的总体成本可能低于长期租赁或持续向算力中心申请资源成本。通过一次性投入资金，后续仅需承担设备维护和电力成本，避免了租赁或申请服务时可能产生的周期性费用递增。

2. 劣势

◎ **前期资金投入巨大：**搭建一套能够满足DeepSeek运行的高性能算力硬件系统，成本高昂。以运行DeepSeek-R1满血版（671B参数）为例，根据官方及社区讨论，至少需要2台8卡H100，或1台8卡H20，或1台8卡H200，仅硬件采购成本就可能高达数百万元，这对许多中小企业或个人开发者来说是难以承受的经济负担。

◎ **技术门槛与维护成本高：**硬件设备的选型、安装、调试需要专业技术知识，非专业团队难以完成。而且在设备运行过程中，还需定期维护，包括硬件检测、软件更新、散热管理等，这需要配备专业运维人员，不然，则可能因设备故障导致业务中断，带来额外的经济损失和业务风险。

3.2.2 申请算力

这一方式适用于资金相对有限、技术运维能力不足，但又有一定人工智能应用需求的主体。例如，初创型人工智能企业在产品研发阶段，通过向算力中心申请资源，既能满足模型训练需求，又能借助补贴政策降低成本；中小企业在开展短期的市场调研、数据分析等人工智能项目时，灵活申请算力中心资源可避免自身硬件投入风险。

1. 优势

◎ **享受政策补贴：**目前，众多地方政府为推动当地数字经济和人工智能产业发展，纷纷组建算力集群中心，并出台了一系列针对企业和机构的算力使用补贴政策。企业通过向这些算力中心申请资源，可在一定程度上降低使用成本。例如，厦门市为鼓励企业进行科技创新，对符合条件的企业在算力使用费用上给予30%～50%不等的补贴。

◎ **资源丰富且配置灵活：**算力中心通常汇聚了多种类型和规模的算力资源，企业可根据自身业务的阶段性需求，灵活申请不同配置的算力套餐。在DeepSeek模型训练初期进行小规模实验时，可申请较低配置资源以节省成本；随着业务发展和模型优化，需要更高算力支持时，可随时调整申请的资源规格，实现算力的弹性使用。

◎ **无须担心硬件维护：** 算力中心负责所有硬件设备的维护与管理工作，企业无须配备专业的运维团队。算力中心拥有专业技术人员，能够及时处理设备故障、进行软件更新和系统优化，确保算力资源的稳定运行，企业只需专注自身业务和模型应用，大大降低了技术运维难度和管理成本。

2. 劣势

◎ **申请流程相对烦琐：** 企业向算力中心申请算力资源时，通常需要经过一系列的流程，包括资格审核、需求评估、合同签订等。不同算力中心的申请流程和要求各异，企业需要花费时间和精力了解并准备相关材料，这可能导致从申请到实际获得算力资源的周期较长，影响业务的及时开展。

◎ **可能存在资源竞争：** 在某些热门地区或行业应用高峰期，众多企业和机构同时向算力中心申请资源，可能会出现资源紧张的情况。此时，企业可能无法及时获得所需的足额算力，或者只能获得较低优先级的资源分配，导致模型训练和应用效率受到影响。

3.2.3 租赁算力

这一方式适用于业务需求波动较大、对前期资金投入敏感、注重灵活性的企业和机构。如互联网广告公司，其业务量随市场需求和广告投放周期变化明显，租赁算力可根据不同时期的业务量灵活调整资源配置；各类科研项目组在进行阶段性研究时，租赁算力能够满足特定研究阶段的算力需求，项目结束后停止租赁，降低科研成本。

1. 优势

◎ **高度灵活性：** 在租赁算力模式下，企业可根据项目实际需求灵活选择租赁时长和算力规模。对于一些临时性、季节性或周期性的业务需求，如电商企业在促销季进行大规模用户数据分析和推荐模型优化、影视制作公司在特效制作期间对渲染算力的短期大量需求等，租赁算力能够快速响应，项目结束后即可停止租赁，避免资源闲置浪费。

◎ **成本效益高：**相比直接购买硬件，租赁算力大大降低了前期资金投入。企业只需按使用时长或使用量支付租赁费用，无须承担硬件设备的采购成本、折旧成本及长期的维护成本。同时，租赁市场竞争激烈，企业可通过对比不同租赁商的价格和服务，选择性价比最高的方案，有效控制运营成本。

◎ **快速部署：**租赁算力服务提供商通常具备完善的算力基础设施和成熟的服务体系，企业在确定租赁需求后，能够快速获得所需算力资源并投入使用。一般情况下，从签订租赁合同到完成算力部署，短则数小时，长则数天，极大地缩短了项目启动周期，提高了业务响应速度。

2. 劣势

◎ **数据安全性风险：**在租赁算力过程中，企业的数据需要上传至租赁商的服务器进行处理，这可能带来数据泄露风险。尽管大多数正规租赁商采取了严格的数据加密、访问控制等安全措施，但与企业自行掌控硬件的情况相比，数据安全仍存在一定隐患。尤其对于涉及核心商业机密、个人隐私等敏感数据的企业，数据安全性问题可能成为制约租赁算力应用的关键因素。

◎ **服务稳定性依赖租赁商：**租赁算力的服务稳定性在很大程度上取决于租赁商的技术实力和运维管理水平。若租赁商出现服务器故障、网络中断或其他技术问题，可能导致企业的业务中断或数据丢失。虽然正规租赁商会提供一定的服务保障和应急措施，但仍无法完全消除服务中断带来的风险，企业可能需要额外采取一些数据备份和业务应急方案来应对此类情况。

综上所述，在选择算力获取方式时，企业和机构应综合考虑自身的资金实力、技术能力、业务需求、数据安全要求及长期发展战略等因素，权衡利弊，做出最适合自身的决策。同时，随着技术的不断发展和市场环境的变化，也可适时调整算力获取策略，以实现最优的成本效益和业务效果。

3.3 分阶段实施

大模型本地化部署本质上是一个复杂系统渐进式演化的过程，过早全面投入或长期停留在试点阶段都会导致项目失败。为了确保 DeepSeek 本地化部署能够平稳、高效推进，采用分阶段实施策略是较为科学合理的选择，兼顾技术可行性与成本可控性，助力科研机构及企业实现AI能力平稳落地。

3.3.1 初期探索阶段

在1～3个月的初期探索阶段，建立最小可行性验证环境，验证基础能力，完成技术路线可行性评估，推荐采用“入门级配置+量化模型”组合。

◎ **硬件配置：**

○ 经济配置：RTX 3060（12GB）+32GB 内存+1T SSD，8000元左右。

○ 入门配置：RTX 4090（24GB）+ 64GB 内存 + 1TB SSD，20000元左右。

◎ **模型选择：**7B/14B/32B蒸馏版，INT 8量化后显著降低GPU显存需求，提升运行效率。

◎ **部署工具：**Ollama框架实现DeepSeek本地化部署“开箱即用”。

◎ **研究人员：**从研究员和工程师团队中选取5%～20%主观能动性强、学习能力强、勇于探索和创新的研究员和工程师，组建初期的DeepSeek应用研究团队。

◎ **试点项目：**选择若干个具有代表性的研究方向或业务场景作为试点项目。这些项目应具有明确的目标和可衡量的指标，便于在测试过程中收集反馈并评估效果。

◎ **反馈评估：**在试点项目运行过程中，企业应密切关注模型的表现，收集使用者的反馈意见。目标是验证DeepSeek模型是否能够满足企业的基本需求，并初步评估其在实际业务中的应用潜力。

3.3.2 优化拓展阶段

在3～6个月的优化拓展阶段，主要目标是打造领域专属能力，搭建适配领域的知识增强体系，实现初步业务融合，构建初步的业务价值闭环。

◎ **算力设施升级：**

○ 部署本地集群。搭建支持多人并发使用的GPU计算集群，满足团队协作开发需求。

○ 弹性投入策略。根据企业需求，算力投入可在2万元～100万元区间灵活调整，通过购买硬件/申请算力/租赁算力等方式，平衡成本与性能。

○ 计算资源调度。引入容器化技术（如Docker及Kubernetes），提升资源利用率，支持模型训练与推理任务的动态分配。

◎ **业务系统融合：**通过将DeepSeek模型集成到业务系统中，业务成员可使用DeepSeek应用和DeepSeek模型的能力，如自动生成报告、辅助决策、优化业务流程等。建立业务团队与AI研发团队的定期沟通机制，持续优化模型表现。

◎ **整合单位知识库：**企业需要对内部的知识资源进行全面梳理和整合，建立统一的知识库，这包括各类文档、报告、研究成果等。通过利用文本挖掘和知识图谱技术，将这些知识进行结构化处理，使其能够被DeepSeek模型快速检索和利用。整合知识库不仅能够提升模型的性能，还能为企业内部的知识管理和共享提供支持。

◎ **关键领域微调：**确定单位内的关键研究领域，如金融机构的风险评估领域、制造业的产品质量预测领域等。收集该领域的专业数据，对DeepSeek模型进行有针对性的微调训练。通过增加领域特定的数据样本，可使模型更好地理解和处理该领域的专业问题，提升模型在关键业务场景中的性能。

3.3.3 全面推广阶段

在完成前期试点验证后，AI技术的全面推广阶段标志着企业智能化转型进入深水区。此阶段的核心目标是实现AI能力与组织业务流程的深度耦合，构建真正意义上的企业级智能中枢。

◎ **培训与使用推广：**组织全单位人员参加 DeepSeek 应用培训，包括模型操作演示、常见问题解答、业务场景应用案例分享等。鼓励研究人员在各自工作中积极使用 DeepSeek 解决实际问题，充分挖掘模型在不同业务环节的应用潜力。

◎ **收集多元反馈：**建立全面的反馈收集渠道，如在线问卷、定期座谈会等，收集研究人员在使用过程中的各种问题和建议。这些反馈不仅有助于发现模型在大规模应用中的潜在问题，还能为进一步优化提供方向。

◎ **持续优化模型：**基于大量用户反馈和实际业务数据，对 DeepSeek 模型进行深度优化。这包括进一步调整模型参数、优化算法结构、增加新的训练数据等，使模型更好地理解单位内部的专业术语和业务逻辑。

◎ **长效发展机制：**适当扩大AI技术团队，负责模型的日常维护、性能监测与安全防护。根据业务发展与技术进步，定期对AI模型进行更新与扩展。这包括引入新的算法技术、增加训练数据多样性、拓展应用场景等，确保模型应用始终保持领先地位。

综上所述，DeepSeek 本地化部署是一项长期且复杂的工程，通过分阶段实施，逐步推进硬件配置优化、模型训练与应用推广，能够有效降低风险，提高部署成功率，为企业和机构在人工智能时代的发展奠定坚实基础。实施建议如下。

（1）避免过量投入，坚持科学演进路径。

（2）重视数据资产积累，构建领域“护城河”。

（3）创新应用场景，而非简单替代现有流程。

3.4 混合架构策略

DeepSeek本地化部署和调用DeepSeek云端API这两种方式从来都不是二选一，而是可以全都要，因此有DeepSeek本地和云端混合架构。

混合架构的核心在于将敏感数据（如用户信息和用户特征提取）部署在本地，确保数据的安全性和隐私性；同时将非敏感数据（如通用语义理解）

依托云端，利用其强大的计算能力和灵活性。这种策略不仅能够满足企业对数据安全的严格要求，还能充分利用云计算资源，降低成本（前期投入成本和试错成本），提升业务效率。

混合架构策略不是简单的技术拼凑，而是需要体系化设计的安全计算范式，其实施的关键步骤如下。

01 建立科学的安全评估体系，如表3.1所示。

表3.1　五级安全评估矩阵

安全等级	数据类型示例	推荐部署位置
L5极高敏感	生物特征	物理隔离本地服务器
L4高敏感	个人身份信息、财务信息	逻辑隔离本地集群
L3中等敏感	业务操作记录	私有云/VPN
L2低敏感	产品使用日志	行业云
L1非敏感	公开数据、通用知识	公有云

02 设计合理的模块拆分方案。

02 选择匹配的网络与数据治理方案。

企业应避免两种极端：过度保守导致效率低下，或过度开放带来安全风险。建议采用渐进式演进路径，从“本地核心+云辅助”起步，根据自身业务特点、数据敏感度、技术能力和长期规划，制定合理的混合架构策略，逐步优化混合比例，以实现最佳的业务效果。

DeepSeek 本地化部署实操

在本章中，首先，分别介绍Ollama、vLLM和LM Studio三种本地大模型运行工具。经过对比，选择安装简单、对新手友好的Ollama工具。其次，着重介绍Ollama工具，并手把手指导读者在Windows和Linux操作系统上通过Ollama工具部署DeepSeek大模型。

4.1 本地化部署工具对比

本地大模型运行工具常用的主要有三种：Ollama、vLLM、LM Studio。

◎ **Ollama：**轻量级本地大模型运行工具，适合个人开发和实验。它部署简单，支持Mac、Linux、Windows（WSL），一键安装；硬件要求低，支持仅CPU运行大模型。其缺点是推理效率不如vLLM，仅支持GGUF格式。

◎ **vLLM：**生产级大模型推理框架，适合企业级高并发场景。它部署较复杂，依赖Python环境，需手动配置GPU驱动和CUDA；硬件要求高，必须使用NVIDIA（英伟达）GPU，依赖CUDA计算，环境配置复杂，且不支持仅CPU运行。其优点是高性能，支持分布式部署和多GPU并行。

◎ **LM Studio：**桌面端本地LLM GUI应用，适合非技术用户。它部署简单，提供图形界面，无须命令行操作，对用户友好，适合离线使用；硬件要求低，支持GPU加速，适合桌面端。其缺点是不适合大规模部署，自定义能力有限。

如表4.1所示，Ollama、vLLM和LM Studio三种工具的差异可总结为：Ollama重本地灵活开发，vLLM重生产性能，LM Studio重用户体验。因此，推荐建议如下。

◎ 如果是本地化部署，用户群体有限，推荐使用Ollama，因为它安装简单，资源占用低，适合快速上手。

◎ 如果是企业级应用，用户量大且需要高并发，推荐使用vLLM，其高性能和分布式部署能力更适合生产环境。

◎ 如果是非技术的新手用户，LM Studio是一个不错的选择，因为它提供友好的GUI界面。

表4.1 本地大模型运行工具对比

项目	工具		
	Ollama	vLLM	LM Studio
部署难度	简单	复杂	简单

续表

项目	工具		
	Ollama	vLLM	LM Studio
系统支持	macOS/Linux/Windows	Docker、Kubernetes	Windows/macOS
硬件要求	低（CPU/GPU 支持）	高（必须使用 NVIDIA GPU）	低（CPU/GPU 支持）
用户界面	命令行/API	API	图形化界面（GUI）
性能优化	轻量级	高性能，高吞吐量，支持连续批处理	轻量级
开源	开源（MIT）	开源（Apache 2.0）	闭源（免费）
优点	安装简单，新手友好	高性能，支持分布式部署和多 GPU 并行	GUI 友好
缺点	推理效率不如 vLLM	不支持仅 CPU 运行，环境配置复杂	自定义能力有限

由于我们的需求是将 DeepSeek 进行本地化部署，以便在内部局域网环境中供企业或政府工作人员使用，经过综合考量，最终选定 Ollama 工具。

4.2 基于 Windows 系统部署 Ollama

Ollama 是一个开源的本地大语言模型运行框架，专为简化大型语言模型的本地化部署和管理而设计。Ollama 的设计目标是降低大语言模型的使用门槛，同时提供强大的本地化支持和灵活性。

本节介绍如何基于 Windows 系统部署 Ollama 工具。

4.2.1 下载 Ollama

如图 4.1 所示，打开浏览器，访问 Ollama 官网首页（https://ollama.

com/），单击中间或右上角的“Download”按钮，进入Ollama官方下载页面。

如图4.2所示，在Ollama官方下载页面中，单击页面中间的“Download for Windows”按钮，下载最新版本的Ollama for Windows。Ollama for Windows作为原生 Windows 应用程序运行，支持 NVIDIA 和 AMD Radeon GPU（支持列表详情见：https://ollama.readthedocs.io/gpu/）。

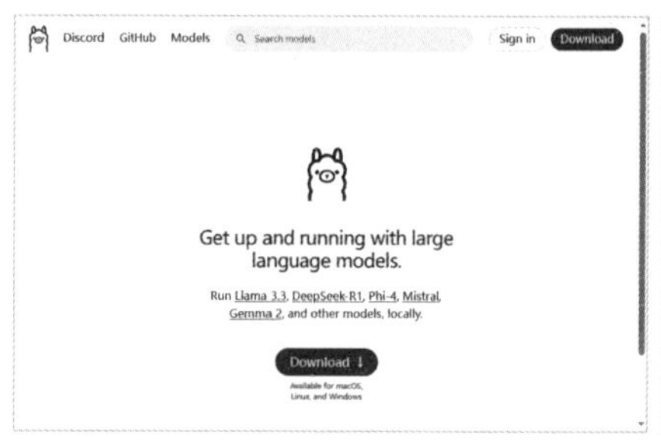

图4.1　Ollama官网首页

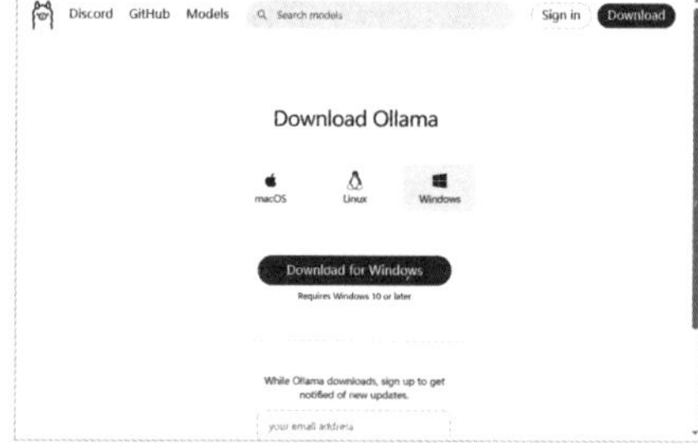

图4.2　Ollama官方下载页面

4.2.2 安装 Ollama

双击已经下载完成的Ollama安装包（OllamaSetup.exe），如图4.3所示，按照安装向导的提示逐步完成安装。安装完成后，在开始菜单中即可找到Ollama应用程序，单击运行后，Ollama将在后台运行，Ollama 命令行工具将在 CMD、PowerShell 或你最喜欢的终端应用程序中可用。

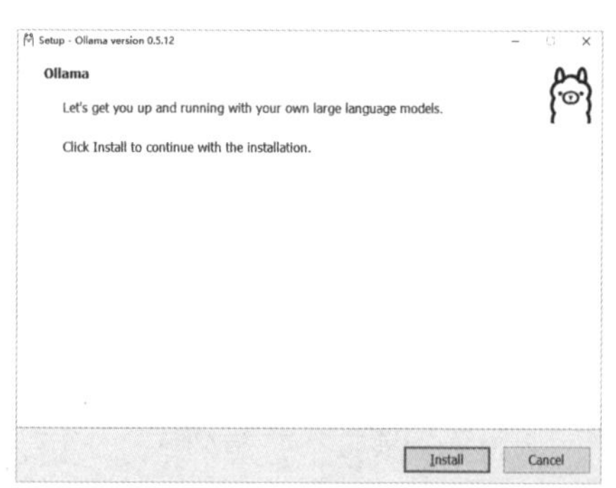

图4.3　双击打开Ollama安装包

需特别说明的是，目前 Ollama 安装向导功能尚不完善，安装过程中并无安装路径选择选项。因此，采用此方式安装，Ollama 将安装至 C 盘路径：C:\Users\weijian\AppData\Local\Programs\Ollama。

4.2.3 指定 Ollama 安装路径

如图4.4所示，通过命令行的方式可以指定Ollama的安装路径，其中“/dir=”后接指定的Ollama安装路径。比如，如下的命令是将Ollama安装到D盘路径“D:\Program Files\Ollama”中。

```
D:\Program Files\Ollama>OllamaSetup.exe /dir="D:\Program
Files\Ollama"
```

当执行相应命令行后，呈现效果如图4.5所示，此时系统仍会弹出Ollama 安装界面，但与默认安装不同的是，文件路径已被更改为上文指定的D盘路径。

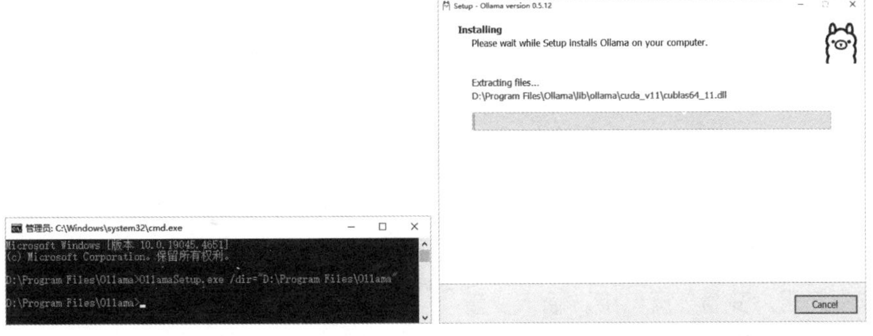

图4.4 命令行方式安装Ollama　　图4.5 安装Ollama（指定安装路径）

4.2.4 指定大模型存储路径

在安装 Ollama 并使用 DeepSeek 大模型时，除了需要指定Ollama安装路径，还需要指定DeepSeek大模型的存储路径，Ollama默认的大模型存储路径是“C:\Users\<用户名>\.ollama\models\blobs”。因为大模型通常占据较大的存储空间，所以合理指定其存储路径十分必要。可依照以下步骤进行操作。

01 打开“开始”菜单，在搜索框中输入“环境变量”，随后点击“编辑系统环境变量”选项。

02 如图4.6所示，在弹出的“系统属性”窗口中，找到并单击“环境变量”按钮。

03 如图4.7所示，在弹出的“环境变量”窗口中，在“Administrator的用户变量”区域，找到并单击“新建”按钮。

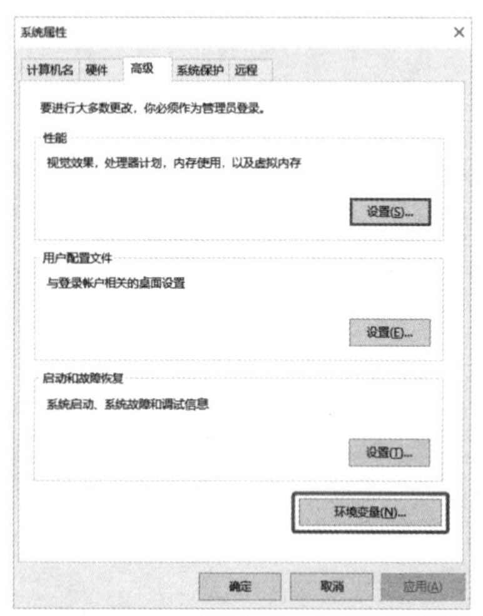

图4.6 设置系统属性中的环境变量

图4.7 设置环境变量中的用户变量

04 如图4.8所示，在弹出的“新建用户变量”窗口中，输入变量名“ollama_models”，在变量值一栏填写你期望存储模型的目录路径，如“D:\ollama_models”，完成后点击“确定”以保存设置变更。

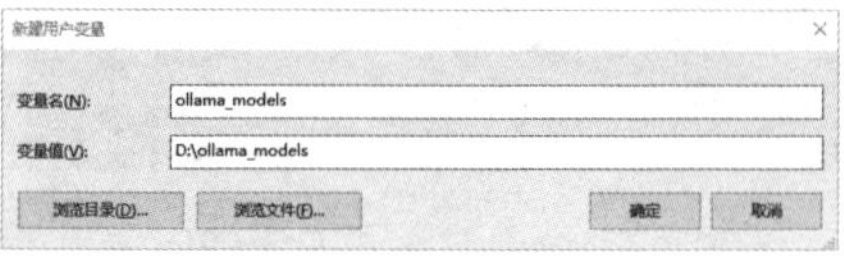

图4.8 新建用户变量

特别提醒：此设置变更需重启Ollama方可生效。若Ollama当前处于运行状态，需先关闭其应用程序，若它隐藏在底部系统托盘中，也需右键选择退出，然后再从开始菜单重新启动Ollama即可。

4.3 基于Linux系统部署Ollama

本节介绍如何基于Linux系统部署Ollama工具。

4.3.1 下载 Ollama

在Linux系统的终端运行如下脚本，该脚本是Ollama官方提供的安装脚本。

```
curl -fsSL https://ollama.com/install.sh | sh
```

运行效果如图4.9所示，该脚本执行的步骤如下。

01 自动检测系统架构。

02 创建专用用户Ollama。

03 设置systemd服务。

04 下载最新版本二进制文件，需要时间请耐心等待。

05 配置环境变量。

```
[root@VM-0-3-centos ~]# curl -fsSL https://ollama.com/install.sh | sh
>>> Cleaning up old version at /usr/local/lib/ollama
>>> Installing ollama to /usr/local
>>> Downloading Linux amd64 bundle
######################################################################## 100.0%
>>> Creating ollama user...
>>> Adding ollama user to render group...
>>> Adding ollama user to video group...
>>> Adding current user to ollama group...
>>> Creating ollama systemd service...
>>> Enabling and starting ollama service...
Created symlink /etc/systemd/system/default.target.wants/ollama.service → /etc/systemd/system/ollama.service.
>>> The Ollama API is now available at 127.0.0.1:11434.
>>> Install complete. Run "ollama" from the command line.
WARNING: No NVIDIA/AMD GPU detected. Ollama will run in CPU-only mode.
```

图4.9　Linux系统运行Ollama安装脚本

4.3.2 启动 Ollama

在Ollama安装完成后，可以通过如下命令启动Ollama。

```
ollama serve --host 127.0.0.1:11434
```

“--host 127.0.0.1:11434”参数是为了安全，限制服务监听范围，仅限本机访问。

在Ollama启动完成后，可以通过如下命令查询Ollama运行状态。

```
systemctl status ollama
```

可以通过如下命令查询Ollama软件版本。

```
ollama -version
```

可以通过如下命令查看Ollama服务日志。

```
journalctl -e -u ollama
```

4.4 Ollama 安全设置

4.4.1 Ollama 的风险隐患

使用Ollama本地化部署DeepSeek等大模型时，会默认在本地启动一个无鉴权机制的Web服务，并开放11434端口。这将存在一些安全风险。

1. 未授权访问风险

◎ 攻击者无须认证即可调用模型接口，执行模型操作、参数查询及文件删除等命令。

◎ 通过/api/show等接口可获取模型License、部署配置等敏感元数据。

◎ 利用/pull/delete等接口可破坏模型文件完整性，甚至植入恶意代码。

2. 数据泄露风险

◎ 模型训练数据、推理结果等可通过接口直接提取。

◎ 历史对话记录、微调参数等核心资产存在未加密传输风险。

◎ 攻击者可结合社会工程学手段，通过精心构造的Prompt诱导模型输出敏感信息。

3. 历史漏洞利用风险

存在CVE-2024-39720/39722/39719/39721等高危漏洞。

◎ 攻击者可通过数据投毒篡改模型推理逻辑。

◎ 攻击者可窃取模型权重参数等知识产权资产。

◎ 攻击者可上传恶意文件破坏容器运行环境。

◎ 攻击者可删除ModelFle等关键配置文件，导致服务崩溃。

4.4.2 Ollama 的安全防护

由于上述原因，我们需要安全地使用Ollama，构建五维安全防护体系，方案策略如下。

1. 网络层隔离

◎ 限制服务监听范围，仅限本机访问。

```
ollama serve --host 127.0.0.1:11434
```

◎ 配置防火墙策略。

```
# 禁止公网访问 11434 端口
iptables -A INPUT -p tcp --dport 11434 -j DROP
# 内网访问需 IP 白名单
iptables -A INPUT -p tcp --dport 11434 -s 10.0.1.0/24 -j ACCEPT
```

2. 访问控制强化

◎ **动态认证体系：**通过Nginx反向代理增加Basic认证。启用JWT令牌认证，设置令牌有效期≤24小时。

```
location /api {
    auth_basic "Ollama API";
    auth_basic_user_file /etc/nginx/conf.d/ollama.htpasswd;
    proxy_pass http://127.0.0.1:11434;
}
```

◎ **零信任架构：**基于设备指纹的访问控制，仅允许注册MAC地址访问服务端口。

3. 接口安全治理

◎ **高危接口禁用：** 通过反向代理屏蔽/api/push、/api/delete等危险端点。

◎ **频率熔断机制：** 启用速率限制防御DDoS，对/api/chat接口实施滑动窗口限流（≤100次/分钟）。

4. 漏洞生命周期管理

◎ **紧急补丁升级：** 强制升级至安全版本。

◎ **自动化漏洞扫描：** 部署漏洞扫描工具，建立每日安全基线检查机制。

◎ **攻击特征监测：** 针对端口扫描、异常模型哈希变更等行为设置实时告警。

5. 应急响应流程预案

◎ 发现异常访问立即启用端口隔离。

◎ 通过“netstat -tulnp | grep 11434”核查端口暴露情况。

◎ 检查“~/.ollama/logs/server.log”分析攻击痕迹。

◎ 保留系统日志、网络流量包等取证材料。

◎ 第一时间向属地网安部门报送网络安全事件。

4.5 部署 DeepSeek 模型

Ollama安装完成后，便能够基于 Ollama 进行 DeepSeek 模型的本地化部署与运行。

4.5.1 选择 DeepSeek-R1 模型

DeepSeek-R1是DeepSeek推出的第一代推理模型，在性能上可与OpenAI-o1模型比肩。DeepSeek-R1包含完整版671B参数模型和6个经知识蒸馏的轻量级子模型（见图4.10）。这6个轻量级子模型是基于Llama和

Qwen架构，对DeepSeek-R1进行知识蒸馏得到的。通过这种方式蒸馏出来的模型主要有如下3个优点。

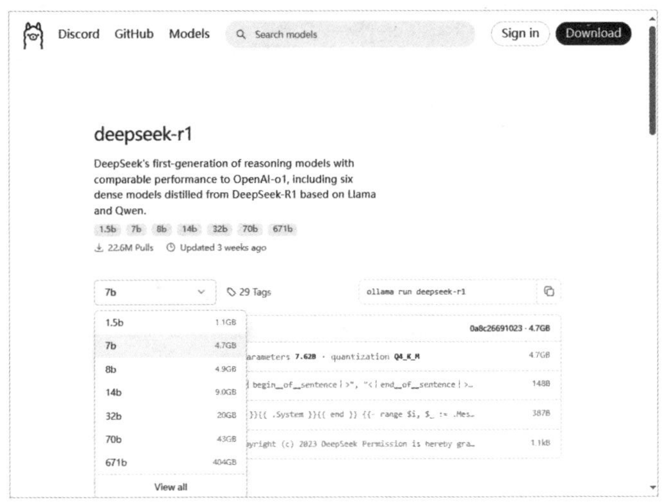

图 4.10　DeepSeek-R1 模型

◎ **推理能力迁移：** 通过知识蒸馏技术，大型模型（如DeepSeek-R1）的复杂推理能力（如数学推导、代码生成）被有效迁移至小模型。例如，Qwen-32B模型经蒸馏后，在代码生成任务中的Pass@1准确率从强化学习（RL）训练的40%提升至72.6%。

◎ **成本效益比：** 蒸馏模型的训练成本远低于直接训练小模型。DeepSeek的案例显示，其蒸馏模型的成本仅为传统大模型的1/20，却能实现对标顶级模型的性能。

◎ **技术突破：** 采用动态稀疏路由算法和混合专家架构，显存占用降低至传统架构的5%～13%，使模型更适配资源受限场景（如移动端部署）。

DeepSeek-R1 提供了共7个参数版本的模型，这些模型主要用来适配不同的硬件配置和不同的场景。适用场景从嵌入式设备到超算集群的全场景覆盖，而硬件要求以GPU的显存大小为核心依据，注意是GPU的专用内存，而非计算机的主内存 。

DeepSeek-R1不同参数版本对应的硬件要求和适用场景如表4.2所示，

主要可以划分为3大类。

表4.2 DeepSeek-R1不同参数版本对应的硬件要求和适用场景

版本	参数量	最低显存	推荐显存	推荐GPU	内存	CPU	适用场景
1.5B	15亿	1.1GB	4GB+	非必需	8GB+	4核及以上	嵌入式设备
7B	70亿	4.7GB	8GB+	RTX 3060	16GB+	8核及以上	中等复杂NPL任务
8B	80亿	4.9GB	8GB+	RTX 3060	16GB+	8核及以上	高精度轻量级任务
14B	140亿	9.0GB	16GB+	RTX 3090	32GB+	12核及以上	企业级复杂任务处理
32B	320亿	20GB	24GB+	RTX 4090	64GB+	16核及以上	专业领域多模态任务
70B	700亿	43GB	70GB+	2×A100	128GB+	32核及以上	科研级复杂计算
671B	6710亿	404GB	300GB+	8×A100	512GB+	64核（集群）	超大规模AGI研究

◎ **轻量级部署（1.5B～8B）**：最低需要4GB显存（如RTX 3060级别）即可运行，甚至1.5B版本在仅CPU的嵌入式设备中也能够顺畅运行。这一级别的模型适用于嵌入式设备和中等复杂度的自然语言处理（NLP）任务，为资源受限的环境提供了高效的解决方案。

◎ **企业级应用（14B～32B）**：需要16～24GB显存（如RTX 3090/4090）。这一级别的模型适用于企业级复杂任务处理和多模态场景，能够满足企业在实际业务中对模型性能和功能的多样化需求。比如，在金融领域，对大量金融交易数据进行深度分析，挖掘潜在风险与投资机会；在医疗行业，协助医生对海量病历文本进行智能分析，辅助疾病诊断与治疗方案制订。

◎ **科研级计算（70B～671B）**：依赖多A100显卡集群（显存70GB+）。这些超大规模的模型专攻超大规模的人工通用智能（AGI）研究，为科研人员提供了强大的计算能力和模型支持，以探索更前沿的人工智能领域。

DeepSeek-R1 通过“完整版+蒸馏版”双轨架构实现了性能与成本的平衡，其动态稀疏路由和 MoE 技术显著降低硬件门槛，而 7 个参数版本精准覆盖从移动端到超算中心的部署场景，为不同规模用户提供灵活的高性能推理解决方案。然而，在实际部署过程中还有很多细节需要注意。

◎ **显存碎片影响：**实际显存需求可能比理论值高 10%～20%，建议预留余量以确保模型稳定运行。

◎ **量化技术影响：**4-bit 量化可将显存需求降低至原模型的 1/4，但会导致约 3% 的 MMLU 精度损失。在精度敏感场景中，建议使用 8-bit 量化，尽管这会使显存需求翻倍。

◎ **框架开销影响：**PyTorch 等深度学习框架基础占用 1GB～2GB 显存，这在模型部署时需要额外考虑。

◎ **多卡部署注意：**双 RTX 4060 Ti 16GB 方案存在 PCIe 带宽瓶颈，吞吐量增益仅为理论值的 65%，需谨慎选择。

◎ **企业级配置差异：**对于 70B 及以上版本，推荐使用专业计算卡（如 RTX 5880 Ada），其显存带宽（1.05 TB/s）比消费级显卡高 40%，能有效提升模型性能。

◎ **性价比选择：**32B 模型可选用二手 RTX 4090 24GB，相比新卡节省 50% 预算，是性价比之选。

4.5.2 拉取 DeepSeek-R1 模型

打开 Windows PowerShell 或 CMD，在其中输入以下命令，从服务器拉取 DeepSeek-R1 模型（以 1.5B 参数版本为例）。

```
ollama pull deepseek-r1:1.5b
```

也可以输入如下命令，拉取并运行 DeepSeek-R1 模型（以 1.5B 参数版本为例）。

```
ollama run deepseek-r1:1.5b
```

完成上述操作后，请耐心等待下载过程。待 DeepSeek-R1 模型下载完毕，模型将自动启动运行。此时，您能够在终端中与模型展开交互，输入各类问题或任务指令，模型会即刻给出相应的回应，如图4.11所示。

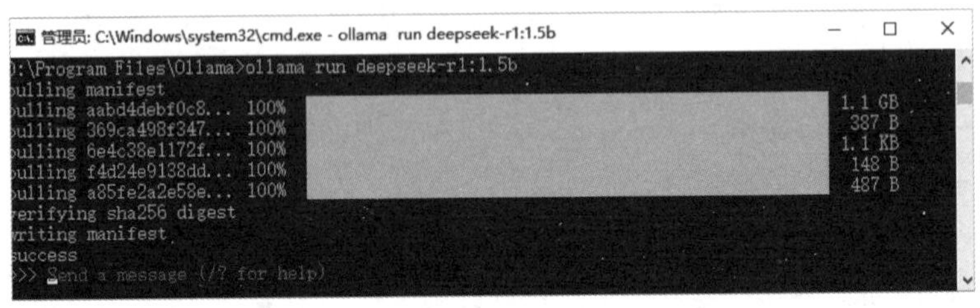

图4.11　下载并运行DeepSeek-R1:1.5B模型

模型下载完成后，可以通过如下命令查看当前计算机上的模型，如图4.12所示。

```
ollama list
```

```
管理员: C:\Windows\system32\cmd.exe
D:\Program Files\Ollama>ollama list
NAME               ID              SIZE      MODIFIED
deepseek-r1:70b    0c1615a8ca32    42 GB     17 hours ago
deepseek-r1:1.5b   a42b25d8c10a    1.1 GB    25 hours ago
deepseek-r1:7b     0a8c26691023    4.7 GB    25 hours ago
deepseek-r1:8b     28f8fd6cdc67    4.9 GB    26 hours ago
deepseek-r1:32b    38056bbcbb2d    19 GB     38 hours ago
deepseek-r1:14b    ea35dfe18182    9.0 GB    41 hours ago
```

图4.12　Ollama查看当前计算机上的模型

模型下载完成后，想要删除模型，则可以输入如下命令删除模型（以1.5B参数版本为例）。

```
ollama rm deepseek-r1:1.5b
```

4.5.3　运行DeepSeek-R1模型

如果需要再次进入DeepSeek-R1模型的交互界面，则同样打开Windows PowerShell或CMD，在其中输入以下命令（以32B参数版本为例）。

```
ollama run deepseek-r1:32b
```

如图4.13所示，倘若该模型此前已完成下载，系统将不会重复执行下载操作，而是直接启动运行模型，快速进入交互状态 。在交互状态下，我们输入指令，比如“写一个蛇年的新年祝福语”，等待片刻，DeepSeek-R1就会输出其思考过程（在<think>标签之间展开）和最终的回复内容。

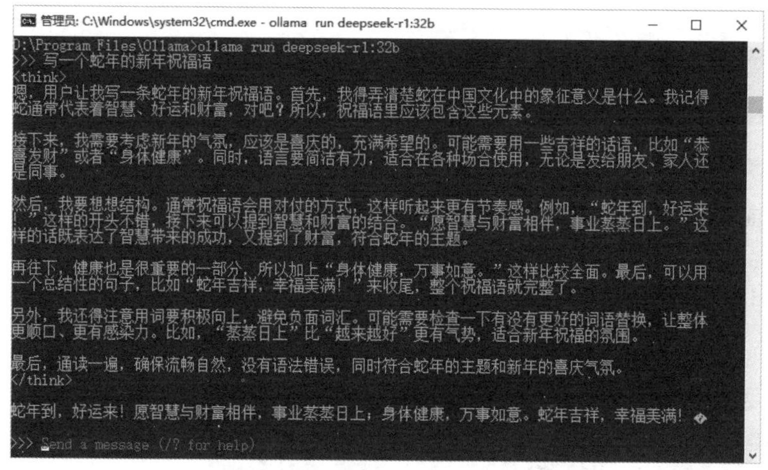

图4.13 运行DeepSeek-R1:32B模型

输入如下命令，查看当前正在运行的模型的运行状态。

```
ollama ps
```

如图4.14所示，DeepSeek-R1:32B模型正在运行，分别占用3%的CPU和97%的GPU使用率，模型如果保持空闲，则预计4分钟后停止运行。

◎ NAME：模型名称，DeepSeek-R1:32B 是当前运行的模型名称。

◎ ID：模型 ID，38056bbcbb2d 是模型的唯一标识符，用于区分不同的模型实例。

◎ SIZE：模型大小，21 GB是该模型在内存中占用的空间大小。

◎ PROCESSOR：处理器使用比例，10%/90% CPU/GPU表示模型有 10% 的部分在 CPU 上运行，而 90% 的部分在 GPU 上计算。这种使用率是正常的，表明当 Ollama 正确识别并启用 GPU 时，模型推理的计算负载会优先由 GPU 承担。此时 GPU 使用率接近满载（90%），而 CPU 仅负责少量调度和通信任务（10%）。

◎ UNTIL：预计停止时间，模型预计在4分钟后停止运行。Ollama默认会在模型空闲一段时间后自动卸载模型，以节省系统资源。您可以通过设置环境变量OLLAMA_KEEP_ALIVE来调整模型在内存中的存活时间

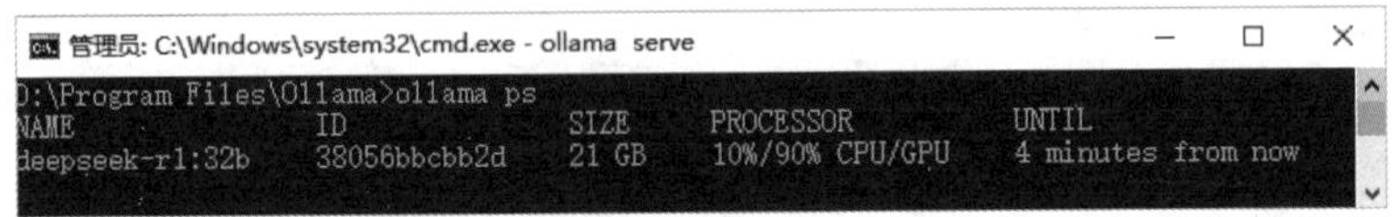

图4.14　DeepSeek-R1:32B模型的运行状态

最后，输入“/bye”即可退出与DeepSeek的交互，或在CMD窗口输入如下命令，停止当前正在运行的模型（以32B参数版本为例）。

```
ollama stop deepseek-r1:32b
```

4.6 部署过程中的常见问题

在使用Ollama部署运行DeepSeek-R1模型或其他相关操作过程中，可能会遇到各类问题，对应解决方案如下。

4.6.1 模型加载时间过长

在下载Ollama或DeepSeek模型时，可能会遇到镜像同步失败的问题。这通常是由于网络连接不稳定或镜像源不可用。

首先，检查网络连接是否正常。可以通过Ping命令测试与镜像源服务器的连通性，如图4.15所示。

```
ping ollama.ai
```

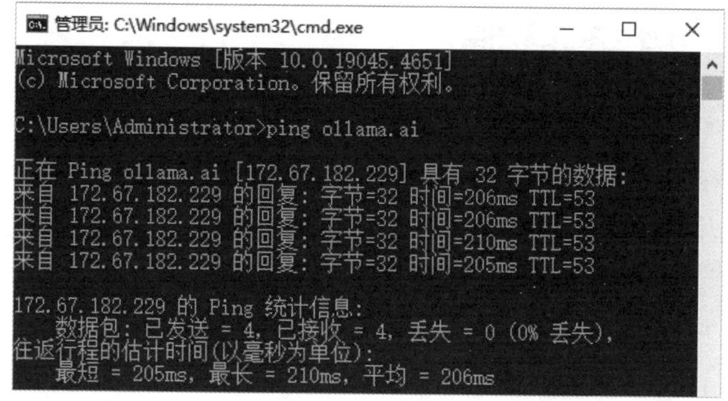
```
Microsoft Windows [版本 10.0.19045.4651]
(c) Microsoft Corporation。保留所有权利。

C:\Users\Administrator>ping ollama.ai

正在 Ping ollama.ai [172.67.182.229] 具有 32 字节的数据:
来自 172.67.182.229 的回复: 字节=32 时间=206ms TTL=53
来自 172.67.182.229 的回复: 字节=32 时间=206ms TTL=53
来自 172.67.182.229 的回复: 字节=32 时间=210ms TTL=53
来自 172.67.182.229 的回复: 字节=32 时间=205ms TTL=53

172.67.182.229 的 Ping 统计信息:
    数据包: 已发送 = 4，已接收 = 4，丢失 = 0 (0% 丢失)，
往返行程的估计时间(以毫秒为单位):
    最短 = 205ms，最长 = 210ms，平均 = 206ms
```

图4.15　测试本机与Ollama服务的连通性

如果无法 Ping 通，可能是网络配置错误或防火墙限制了访问，则需要检查网络配置和防火墙规则，确保网络连接正常。

4.6.2 启动 Ollama 报错

启动Ollama的报错如下。

```
Error: listen tcp 127.0.0.1:11434: bind: Only one usage
of each socket address (protocol/network address/port) is
normally permitted.
```

该报错信息表明端口 11434 已被其他进程占用，Ollama 无法正常绑定该端口启动。此时可按以下步骤解决，实际操作如图4.16所示。

01 netstat -aon | findstr 11434：查找占用端口的进程，此处进程号为1820。

02 tasklist | findstr “1820”：查看进程号为1820的详细信息。

03 taskkill /PID 1820 /F：杀死进程号为1820的进程。

```
C:\Users\Administrator>netstat -aon | findstr 11434
  TCP    127.0.0.1:11434        0.0.0.0:0              LISTENING       1820

C:\Users\Administrator>tasklist | findstr "1820"
ollama.exe                    1820 Console                    4    213,996 K

C:\Users\Administrator>taskkill /PID 1820 /F
成功: 已终止 PID 为 1820 的进程。
```

图4.16　解决11434端口号被占用的问题

4.6.3 内存不足错误

当出现内存不足错误时，建议优先考虑选用参数规模较小的模型版本，以降低内存占用。若条件允许，也可对硬件配置进行升级，如增加内存条提升系统内存容量，或者更换性能更强劲的 GPU 以满足模型运行对显存的需求。

4.6.4 模型响应不准确

为确保模型给出准确响应，务必严格按照推荐的配置参数使用模型。以温度参数为例，建议将其设置在 0.5～0.7这个区间范围内，该参数主要用于控制模型输出的随机性，在此区间能使模型生成较为合理、稳定的回复。

同时，要避免在输入内容中添加不必要的系统提示符，以免干扰模型对用户意图的理解，进而影响回复的准确性。

4.7 DeepSeek本地运行实测

DeepSeek本地部署完成后，我们需要实际测试其运行效果，AI大模型测试的标准有很多，如文本分类、信息抽取、推理能力、数学能力、任务分解、知识问答、代码理解、语义理解等。

不过，本节主要测试DeepSeek-R1不同版本对计算资源的消耗，分析硬件资源瓶颈和适应场景，方便读者在有限的硬件条件下选择最合适的模型版本。

◎ **测试硬件：** NVIDIA RTX 3060 12GB和AMD RX 7900 XTX 24GB两种硬件

◎ **测试语句：** DeepSeek本地部署的10个注意事项。

◎ **测试步骤：** 向DeepSeek-R1从1.5B至70B参数的6个版本分别发

送相同提示词，然后记录DeepSeek-R1思考和生成答案的总耗时，并记录CPU、GPU、显存和内存的使用率。

4.7.1 基于NVIDIA RTX 3060 12GB实测

测试环境

◎ CPU：AMD Ryzen 7 5800。

◎ GPU：NVIDIA GeForce RTX 3060 12GB。

◎ **内存**：32GB。

◎ **显存**：12GB。

◎ **系统**：Windows 11。

测试总结

NVIDIA RTX 3060 12GB运行DeepSeek-R1不同版本的资源消耗情况如表4.3所示。

表4.3 RTX 3060运行DeepSeek-R1不同版本的资源消耗情况

模型参数	运行时间	CPU利用率（峰值）	内存利用率（峰值）	GPU利用率（峰值）	显存利用率（峰值）	推理稳定性
1.5B	15秒	21.1%	24.6%	90%	60.9%	冗余
7B	60秒	15.1%	22.7%	95%	47.76%	稳定运行
8B	60秒	13.5%	22.7%	96%	54.89%	稳定运行
14B	100秒	17.4%	23%	96%	90.7%	接近极限
32B	10分钟	63.5%	51.7%	97%	91.5%	不可行

◎ 8B及以下版本的模型稳定运行，犹有余地。

◎ 14B版本接近硬件资源的极限，无法满足大于3人的同时使用，长时间使用需要加强散热。

◎ 32B及以上版本的模型受显存大小限制，根本无法运行。

DeepSeek-R1:1.5B

DeepSeek-R1:1.5B运行总耗时约15秒，运行过程中硬件资源的使用情况如图4.17所示。RTX 3060 12GB 能够高效运行 DeepSeek-R1:1.5B 模型，GPU 算力与显存均未达极限，实测数据与理论预测吻合，符合Windows部署方案中的“入门级配置”要求。该配置适合中小规模模型推理，适用于本地智能问答系统（响应延时<1秒）、轻量级代码补全/文档生成和边缘设备AI赋能（如智能家居中枢）等场景。

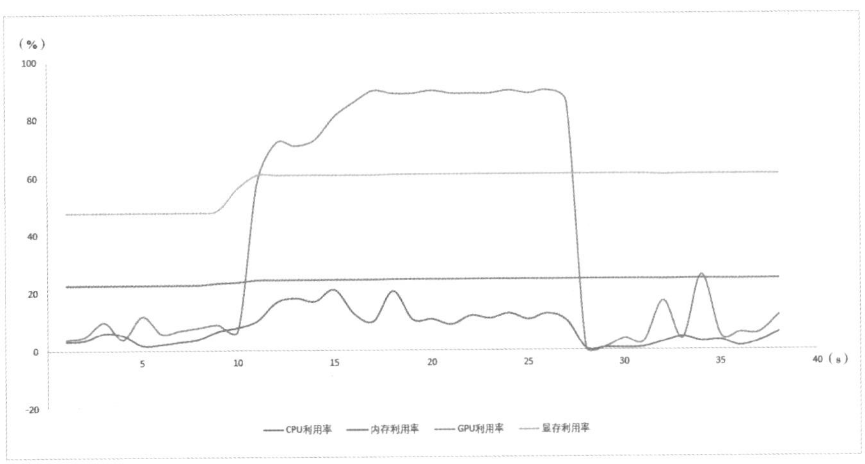

图4.17　RTX 3060运行DeepSeek-R1:1.5B的资源消耗情况

◎ **CPU使用情况：** 平均利用率为 6%～7%，峰值为21.1%，整体处于轻负载状态，未构成性能瓶颈。

◎ **内存使用情况：** 平均利用率稳定在22.6%～24.6%区间（7.2GB～7.9GB），32GB 内存完全满足需求，无内存不足风险。

◎ **GPU使用情况：** 常规基础负载为4%～12%（平均约6.8%），推理计算阶段负载为70%～90%（持续15～20秒），存在周期性负载波动，符合典型AI模型推理特征。RTX 3060 能够支撑模型推理计算，未出现算力瓶颈。

◎ **显存使用情况：** 推理计算阶段负载60.7%～60.9%（约7.3GB），12GB显存完全满足需求，冗余显存可支持更大批次或更复杂任务。

DeepSeek-R1:7B

DeepSeek-R1:7B运行总耗时约60秒，运行过程中硬件资源的使用情况如图4.18所示。RTX 3060 12GB 能够稳定运行 DeepSeek-R1:7B 模型，但 GPU 算力接近极限（95%），该配置适用于中等复杂度代码生成（响应延时<1.5秒）、多轮对话场景（并发数≤3）和本地知识库RAG等场景。

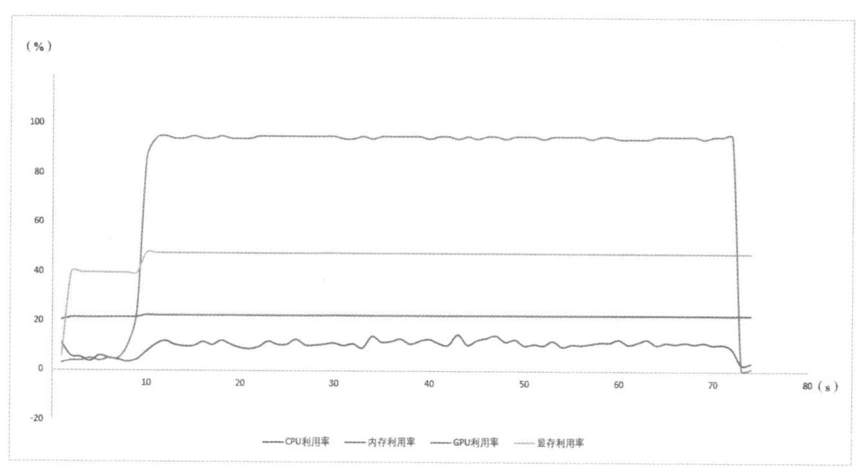

图4.18　RTX 3060运行DeepSeek-R1:7B的资源消耗情况

◎ **CPU使用情况：** 平均利用率为10%～12%，峰值为15.1%，多数时间处于中低负载（<15%），无明显持续高负载。CPU未成为主要瓶颈，仍可承担辅助任务（如数据调度、轻量计算）。

◎ **内存使用情况：** 平均利用率稳定在20%～22%（6.4GB～7.0GB），峰值22.7%（约7.3GB），32GB 内存完全满足需求。

◎ **GPU使用情况：** 推理计算阶段负载稳定在94%～95%，接近满负载运行，RTX 3060 的算力被充分调用，成为模型推理的主要瓶颈。

◎ **显存使用情况：** 推理计算阶段负载为47.76%（约5.73GB），显存占用显著低于预期（7B模型通常需更高显存），可能是因为低批量推理。

DeepSeek-R1:8B

DeepSeek-R1:8B运行总耗时约60秒，运行过程中硬件资源的使用情况如图4.19所示。RTX 3060 12GB 可稳定运行DeepSeek-R1:8B模型，在单任务场景下实现硬件利用率/成本比最优解，显存/内存占用均<60%，支持后台常驻运行。剩余显存可加载附加向量数据库（如20万条知识条目）。该配置同样适用于中等复杂度代码生成（响应延时<1.5秒）、多轮对话场景（并发数≤3）和本地知识库RAG等场景。

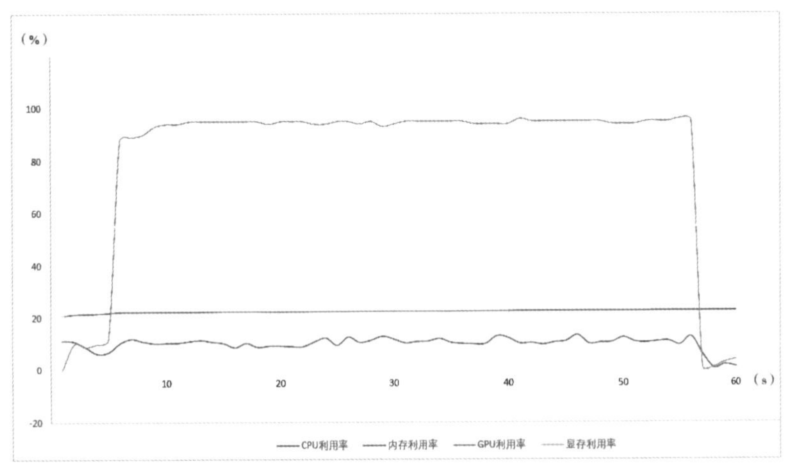

图4.19 RTX 3060运行DeepSeek-R1:8B的资源消耗情况

◎ **CPU使用情况：** 平均利用率为10%～12%，峰值13.5%，多数时间处于中低负载（<15%），无明显持续高负载。CPU 未成为主要瓶颈，仍可承担辅助任务（如数据调度、轻量计算）。

◎ **内存使用情况：** 平均利用率稳定在 21%～22%（6.7GB～7.0GB），峰值为22.7%（约7.3GB），32GB 内存完全满足需求。

◎ **GPU使用情况：** 推理计算阶段负载稳定在 94%～96%，接近满负载运行，RTX 3060 的算力被完全调用，成为模型推理的核心瓶颈。

◎ **显存使用情况：** 推理计算阶段负载约54.89%（约6.59GB），显存占用略高于7B模型，但仍远低于 12GB 上限，冗余显存充足。

DeepSeek-R1:14B

DeepSeek-R1:14B运行总耗时约100秒，运行过程中硬件资源的使用情况如图4.20所示。RTX 3060 12GB 可勉强运行DeepSeek-R1:14B模型，但

GPU算力（96%）与显存占用（90.7%）均接近硬件极限，存在显著性能与稳定性风险。该配置仅适用于极小批量、低并发场景，不建议长期使用。

◎ **CPU使用情况：**平均利用率为10%～12%，峰值为17.4%，多数时间处于中低负载（<15%），无明显持续高负载。CPU 未成为主要瓶颈，仍可承担辅助任务（如数据调度、轻量计算）。

◎ **内存使用情况：**平均利用率稳定在20%～23%（6.4GB～7.4GB），峰值为23%（约7.4GB），32GB 内存完全满足需求。

◎ **GPU使用情况：**推理计算阶段负载为94%～96%，接近满负载运行，RTX 3060 的算力被完全调用，成为模型推理的核心瓶颈，长期高负载需关注散热稳定性。

◎ **显存使用情况：**推理计算阶段负载90.7%（约10.9GB），显存压力成为次要瓶颈，冗余显存仅剩约1.1GB。

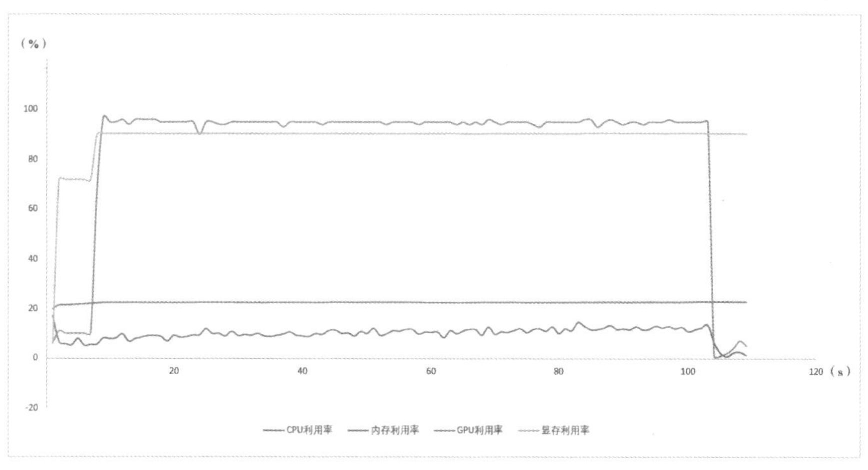

图4.20　RTX 3060运行DeepSeek-R1:14B的资源消耗情况

DeepSeek-R1:32B

DeepSeek-R1:32B运行总耗时约10分钟，运行过程中硬件资源的使用情况如图4.21所示。RTX 3060 12GB 无法稳定运行DeepSeek-R1:32B模型，12GB的显存无法容纳32B模型参数及计算中间状态，GPU算力因显存限制无法持续调用，显存与内存压力叠加，导致资源调度混乱（CPU利用率异常波动、GPU间歇性低负载），系统整体处于崩溃边缘。该配置完全不适合32B级模型部署，强行使用将导致频繁OOM（内存溢出）错误与性能断崖式下降。

◎ **CPU使用情况：**推理计算阶段利用率为43.5%～63.5%（平均约48.2%），其间CPU利用率多次骤升，最高达63.5%，推测CPU承担大量显存不足时的应急处理任务。

◎ **内存使用情况：**基础常规利用率为20.1%～22.9%（6.4GB～7.3GB），推理计算阶段上升至30.8%～51.7%（9.8GB～16.5GB），显存占用超过90%时，内存占用同步上升至51%，显然是显存溢出触发系统内存代偿。

◎ **GPU使用情况：**推理计算阶段负载短暂峰值为97%，但无法持续（显存压力中断计算）。多数时间利用率低（<50%），显存不足导致GPU算力无法充分利用。RTX 3060算力未完全释放，显存限制成为核心瓶颈。

◎ **显存使用情况：**推理计算阶段负载为91.5%（约10.93GB），显存冗余剩余极少，极易触发OOM。32B模型显存需求远超RTX 3060 12GB承载能力，硬件配置已无法支持稳定推理。

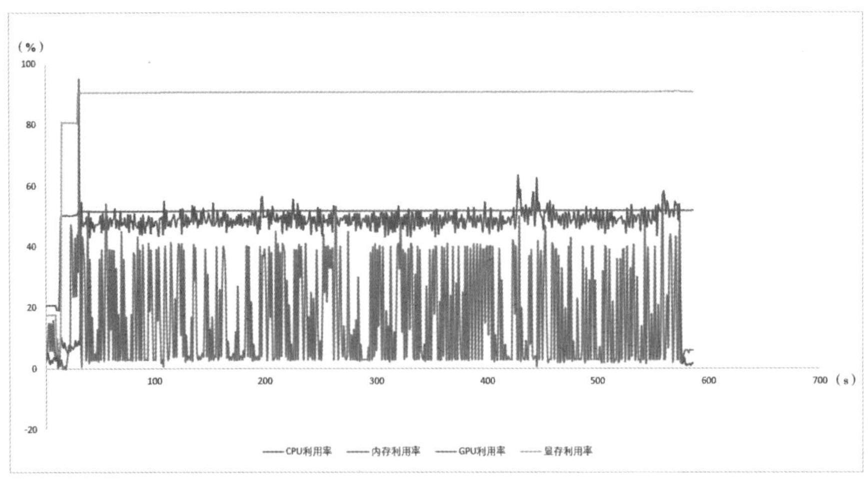

图4.21　RTX 3060运行DeepSeek-R1:32B的资源消耗情况

4.7.2 基于AMD RX 7900 XTX 24GB实测

测试环境

◎ CPU：AMD Ryzen 7 7800 X3D。

◎ GPU：AMD Radeon RX 7900 XTX。

◎ 内存：64GB。

◎ 显存：24GB。

◎ 系统：Windows 10。

测试总结

AMD RX 7900 XTX 24GB在Windows系统下运行DeepSeek-R1不同版本的资源消耗情况如表4.4所示。与NVIDIA对比，GPU运行存在频繁波动和不稳定等问题，可能是显存管理策略缺陷、AMD ROCm对模型优化不足或数据流水线效率低下等因素导致。这些问题对GPU硬件性能的充分释放有一定影响，但是对日常使用的影响不大。

表4.4 RX 7900 XTX运行DeepSeek-R1不同版本的资源消耗情况

模型参数	运行时间	CPU利用率（峰值）	内存利用率（峰值）	GPU利用率（峰值）	显存利用率（峰值）	推理稳定性
1.5B	8秒	19.33%	15%	79%	24%	冗余
7B	20秒	14.5%	19.9%	90%	65%	稳定运行
8B	25秒	14.5%	20.5%	92%	48%	稳定运行
14B	30秒	15.72%	26.3%	94%	70%	稳定运行
32B	70秒	18.37%	43%	100%	72%	接近极限
70B	20分钟	50.09%	76.58%	100%	78%	不可行

◎ 8B及以下版本的模型稳定运行，犹有余地。

◎ 14B版本接近硬件资源的极限，无法满足大于3人同时使用。

◎ 32B版本完全满负荷使用，长期运行不可持续，推荐每日高负载运行≤4小时。

◎ 70B及以上版本的模型受显存大小限制，根本无法运行。

DeepSeek-R1:1.5B

DeepSeek-R1:1.5B运行总耗时约8秒，运行过程中硬件资源的使用情况如图4.22所示。RX 7900 XTX 24GB能够高效运行DeepSeek-R1:1.5B模型，但GPU算力与显存均未达极限，GPU计算潜力未完全释放，且显存频繁降载，可能是AMD ROCm生态对小型模型的优化存在不足。

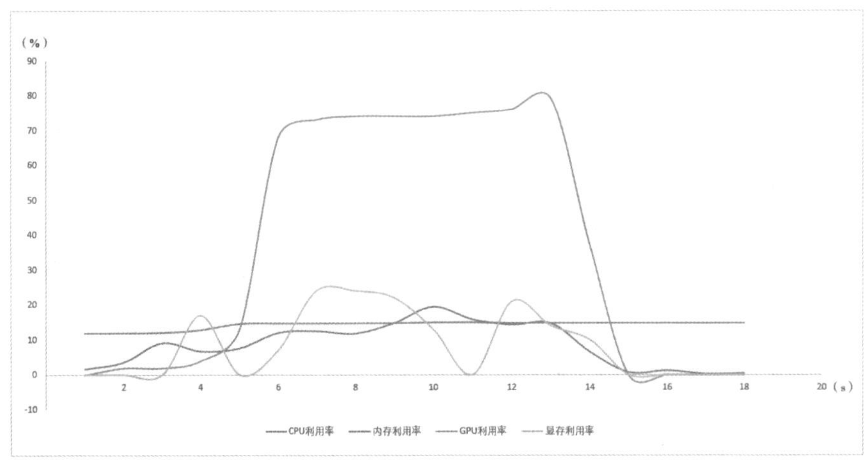

图4.22　RX 7900 XTX运行DeepSeek-R1:1.5B的资源消耗情况

◎ **CPU使用情况：**平均利用率为5%～10%，峰值为19.33%，整体处于低负载状态。

◎ **内存使用情况：**平均利用率稳定在12%～15%区间（7.6GB～9.6GB），64GB内存完全满足需求，无内存不足风险。

◎ **GPU使用情况：**常规基础负载低，推理计算阶段负载为79%（持续约7秒）。RX 7900 XTX能够支撑模型推理计算，未出现算力瓶颈。

◎ **显存使用情况：**推理计算阶段负载24%（约5.76GB），24GB显存完全满足需求，但出现周期性上下波动，两次降载到0的情况。

DeepSeek-R1:7B

DeepSeek-R1:7B运行总耗时约20秒，运行过程中硬件资源的使用情况如图4.23所示。RX 7900 XTX 24GB能够稳定运行 DeepSeek-R1 7B 模型，但 GPU 算力接近极限（90%），显存存在周期性释放现象（上下波动且降载到0）。这可能涉及数据流水线优化问题，或者AMD ROCm生态对模型框架的兼容性问题。

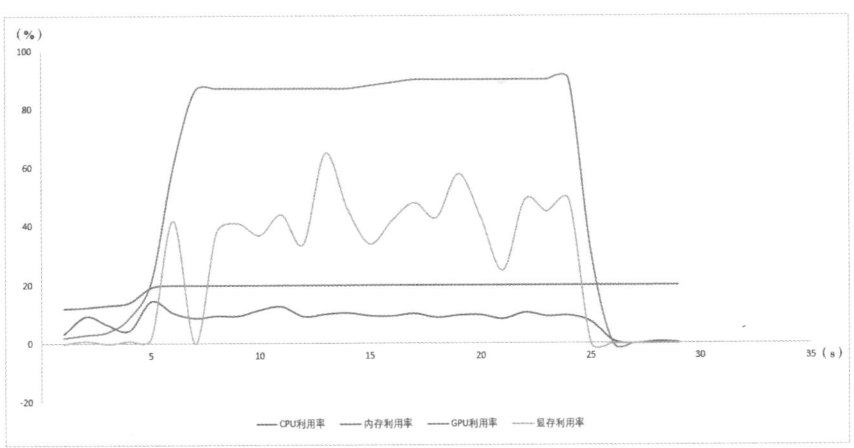

图4.23　RX 7900 XTX运行DeepSeek-R1:7B的资源消耗情况

◎ **CPU使用情况：** 平均利用率为5%～10%，峰值为14.5%，整体处于低负载状态。

◎ **内存使用情况：** 平均利用率稳定在12%～19%（7.68GB～12.16GB），峰值为 19.9%（约12.73GB），64GB 内存完全满足需求，无内存不足风险。

◎ **GPU使用情况：** 常规基础负载低，推理计算阶段负载稳定在 87%～90%，接近满负载运行，为当前系统性能的瓶颈，符合预期。

◎ **显存使用情况：** 推理计算阶段负载为65%（约15.6GB），出现周期性上下波动，一次降载到0的情况。

DeepSeek-R1:8B

DeepSeek-R1:8B运行总耗时约25秒，运行过程中硬件资源的使用情况如图4.24所示。RX 7900 XTX 24GB能够稳定运行 DeepSeek-R1:8B 模型，但 GPU 算力接近极限（92%），显存冗余充足，但是在推理计算阶段存在周期性释放现象，上下波动无法稳定运行。这可能涉及数据流水线优化问题，或者AMD ROCm生态对模型框架的兼容性问题。

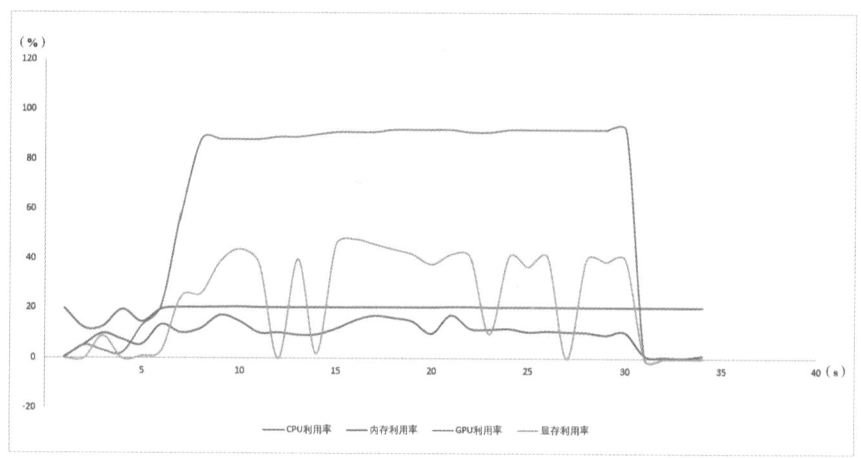

图4.24　RX 7900 XTX运行DeepSeek-R1:8B的资源消耗情况

◎ **CPU使用情况：** 平均利用率为5%～10%，峰值为14.5%，整体处于低负载状态。

◎ **内存使用情况：** 平均利用率稳定在19%～20%（12GB～13GB），峰值为20.5%（约13.1GB），64GB内存完全满足需求，无内存不足风险。

◎ **GPU使用情况：** 常规基础负载低，推理计算阶段负载稳定在88%～92%，接近满负载运行，为当前系统性能的瓶颈，符合预期。

◎ **显存使用情况：** 推理计算阶段负载为48%（约11.5GB），周期性上下波动，出现多次降载到接近0的情况。

DeepSeek-R1:14B

DeepSeek-R1:14B运行总耗时约30秒，运行过程中硬件资源的使用情况如图4.25所示。RX 7900 XTX 24GB能够稳定运行 DeepSeek-R1 14B 模型，但 GPU 算力接近极限（94%），GPU算力被充分释放，但是显存仍然存在频繁波动，影响系统长期稳定性。

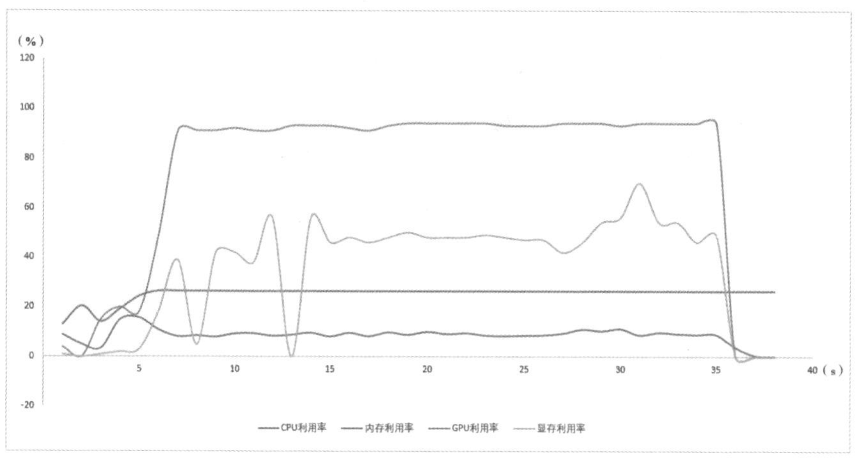

图4.25　RX 7900 XTX运行DeepSeek-R1:14B的资源消耗情况

◎ **CPU使用情况：** 平均利用率为8%～12%，峰值为15.72%，整体处于低负载状态。

◎ **内存使用情况：** 平均利用率稳定在12%～26%（7.68GB～16.64GB），峰值为26.3%（约16.8GB），64GB内存完全满足需求，无内存不足风险。

◎ **GPU使用情况：** 常规基础负载低，推理计算阶段负载稳定在91%～94%，接近满负载运行，为当前系统性能的瓶颈。

◎ **显存使用情况：** 推理计算阶段负载为70%（约16.8GB），偶发性上下波动。

DeepSeek-R1:32B

DeepSeek-R1:32B运行总耗时约70秒，运行过程中硬件资源的使用情况如图4.26所示。RX 7900 XTX 24GB能够短时间运行DeepSeek-R1:32B模型，长期运行不具备可持续性，持续100%负载将加速硬件老化，推荐每日高负载运行≤4小时。

◎ **CPU使用情况：** 平均利用率为5%～10%，峰值为18.37%，整体处于低负载状态。

◎ **内存使用情况：** 峰值利用率稳定在43%左右（约27.6GB），内存需求激增64%，反映出32B模型参数规模对内存的强依赖性，但仍未突破

64GB硬件上限。

◎ **GPU使用情况：** 推理计算阶段负载稳定在95%～100%，完全饱和满负载运行，GPU算力已达物理极限。

◎ **显存使用情况：** 推理计算阶段负载为72%（约17.28GB），上下波动更加剧烈，显存管理策略可能存在问题。

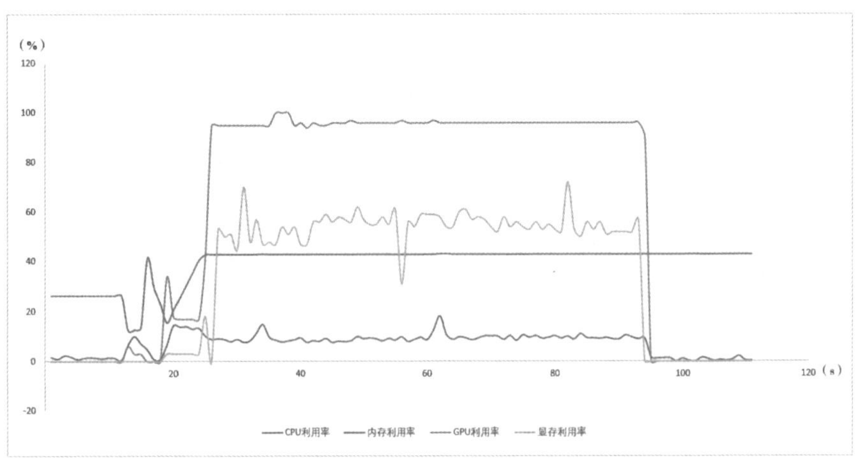

图4.26　RX 7900 XTX运行DeepSeek-R1:32B的资源消耗情况

DeepSeek-R1:70B

DeepSeek-R1:70B运行总耗时约20分钟，运行过程中硬件资源的使用情况如图4.27所示。RX 7900 XTX 24GB无法运行 DeepSeek-R1:70B 模型，24GB显存难以完整加载70B参数模型，GPU算力因显存限制无法持续调用，从而导致CPU和内存接入协助推理和计算，运行非常缓慢。

◎ **CPU使用情况：** 平均利用率为40%～50%，峰值为50.09%，整体处于低负载状态。

◎ **内存使用情况：** 平均利用率稳定在70%～76%（44.8GB～48.6GB），峰值为76.58%（约49.24GB）。

◎ **GPU使用情况：** 平均利用率不足30%，极度不稳定，有突发性100%负载，也有大量0闲置时段。

◎ **显存使用情况：** 平均利用率不足10%，峰值为78%，但是大部分时间低于20%。

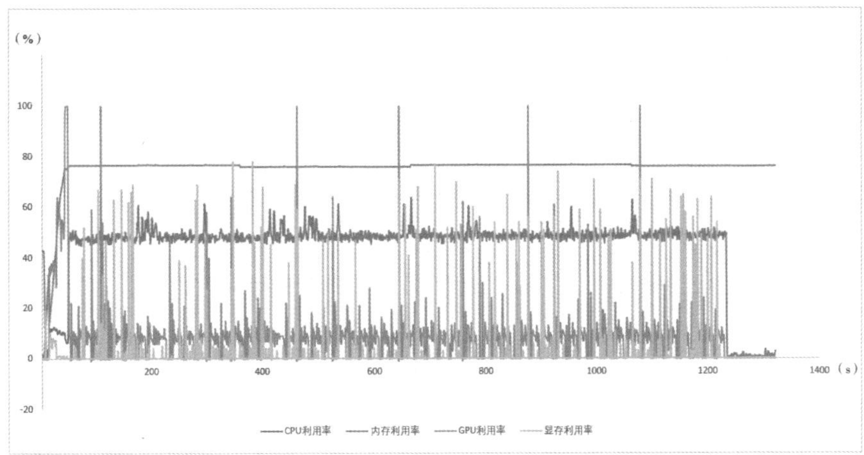

图4.27　RX 7900 XTX运行DeepSeek-R1:70B的资源消耗情况

4.8 DeepSeek 本地一体机

如前文所述，虽然一些专业GPU（如NVIDIA RTX 4090）可以运行DeepSeek-R1:32B甚至更高版本的大模型，也能够处理企业级的复杂任务，但是在超过10个人同时使用时，其并发速度会明显降低，甚至会出现排队等待的情况，严重影响企业和政府工作人员的办公效率。因此，对于中小规模的DeepSeek正式应用，我们推荐使用专业的DeepSeek本地一体机。

DeepSeek本地一体机分为DeepSeek训练推理一体机和DeepSeek推理一体机，涵盖入门、通用、增强等不同型号，售价从几十万元到上千万元不等。其中，DeepSeek推理一体机相对经济实惠，而DeepSeek训练推理一体机则因具备训练功能而价格更高。本节将重点介绍DeepSeek本地一体机，为需要本地化部署DeepSeek的大中型企业和政府机构提供专业的推荐意见。

4.8.1 中国电信：息壤智算一体机（DeepSeek版）

◎ **型号：**推理一体机（满血版）。

◎ **配置：**基于华为昇腾芯片，提供8卡、16卡、32卡多种规格；支持DeepSeek-R1/V3满血版模型，技术链路100%国产化。

◎ **价格：**入门型几十万元，满血版最高配置优惠价近600万元。

◎ **优势：**

○ 全栈自主可控，芯片、推理引擎、模型服务全国产化，保障数据安全。

○ 高性能，自研加速引擎实现国际领先的推理性能，实测吞吐量高效稳定。

○ 灵活扩展，支持平滑扩展，覆盖政务、医疗等高合规场景。

4.8.2 京东云：DeepSeek大模型一体机

◎ **型号：**推理一体机（满血版）。

◎ **配置：**适配华为昇腾、寒武纪等国产芯片；内置智能体与知识库双引擎，预置100多个行业解决方案模板。

◎ **价格：**基础版10万～50万元，高配版可达数百万元。

◎ **优势：**

○ 开箱即用，无须复杂配置，快速部署本地知识库与业务系统对接。

○ 成本优化，算力池化技术降低硬件成本，千人规模企业日成本可控制在百元级别。

○ 行业适配，金融、医疗等高合规行业优先选择，支持国产化与自主可控。

4.8.3 联想：DeepSeek智能体一体机

◎ **型号：**ThinkStationPX工作站（搭载沐曦曦思N260 GPU）。

◎ **配置：**沐曦曦思N260 GPU，支持千亿参数模型推理；实测某些性能达到NVIDIA L20 GPU的110%～130%。

◎ **价格：**中高端配置在80万～150万元。

◎ **优势：**

- ○ 高性能推理，适用于本地化多参数模型推理，支持私有化部署与二次开发。
- ○ 敏捷部署，结合联想AIforce平台，提供可视化接口和标准化API，缩短开发周期。
- ○ 行业覆盖，教育、制造等领域落地案例丰富，支持多场景快速适配。

4.8.4 阿里：飞天智算一体机

◎ **型号：**推理加速一体机（标准版/企业版）

◎ **配置：**采用阿里自研的含光芯片，支持多卡并行计算，适配DeepSeek-R1/R2等多种模型版本，提供从单卡到多卡集群的灵活配置。

◎ **价格：**标准版在50万～100万元，企业版根据定制化需求可达数百万元。

◎ **优势：**

- ○ 高效推理性能，含光芯片专为AI推理优化，实测性能在大规模数据处理中表现出色，推理速度提升显著。
- ○ 云边协同，支持与阿里云平台无缝对接，实现云端训练与本地推理的高效协同，满足企业对数据隐私和算力灵活性的双重需求。
- ○ 定制化服务，针对不同行业需求提供定制化解决方案，涵盖电商、物流、金融等多个领域，助力企业快速实现智能化转型。

4.8.5 百度：DeepSeek 推理一体机

◎ **型号：**飞桨智算一体机（推理版）

◎ **配置：**基于百度自研的昆仑芯片，支持8卡、16卡等多种规格，适配DeepSeek-V3等模型，提供从推理到部署的一站式解决方案。

◎ **价格：**基础版约80万元，高端配置可达300万元。

◎ **优势：**

- 深度优化，昆仑芯片与飞桨框架深度适配，推理性能在图像识别、自然语言处理等任务中表现卓越，实测吞吐量领先行业水平。
- 生态丰富，依托百度强大的AI生态，提供丰富的行业应用模板和开发工具，降低企业开发门槛。
- 智能运维，内置智能监控与运维系统，实时保障设备稳定运行，降低企业运维成本，提升企业使用体验。

4.8.6 浪潮：DeepSeek元脑一体机

◎ **型号：**浪潮AIStation推理一体机

◎ **配置：**搭载英伟达A100或国产昇腾芯片，支持多卡并行计算，适配DeepSeek-R1/R2等多种模型版本，提供从入门到高端的全系列配置。

◎ **价格：**入门型约30万元，高端配置可达500万元。

◎ **优势：**

- 算力强劲，采用高性能GPU芯片，支持大规模并行计算，推理速度和吞吐量在行业内处于领先地位。
- 灵活适配，支持多种芯片架构，可根据企业需求灵活选择国产或进口芯片，满足不同场景下的算力需求。
- 一站式服务，提供从硬件选型、系统部署到售后维护的一站式服务，帮助企业快速落地AI项目，提升企业运营效率。

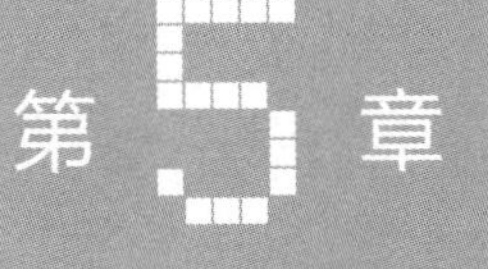

第5章 DeepSeek信创系统实操

在全球化竞争加剧与网络安全威胁日益严峻的今天，信息技术应用创新（以下简称“信创”）已跃升为我国数字经济发展的核心战略。自2020年“新基建”战略构想提出，至2023年《数字中国建设整体布局规划》的正式颁布，中国信创产业历经数年深耕，已构建起涵盖基础硬件、基础软件、应用软件、信息安全的全要素、全链条产业生态体系。根据工信部数据，2023年我国信创产业规模达1.5万亿元，关键领域国产化替代率突破65%。

本章开篇将对信创进行简明扼要的介绍，旨在为读者勾勒出信创的核心架构和典型应用的清晰轮廓。随后，聚焦两大主流信创操作系统——统信UOS与openKylin（银河麒麟），并以二者为例实操演示DeepSeek的本地化部署。

5.1 信创介绍

信创系统的核心目标是通过自主研发，实现关键信息技术领域的国产化替代，构建自主可控的数字化产业生态系统。这一目标旨在减少对国外技术的依赖，提升国家信息安全水平，同时推动本土技术创新和产业升级。

5.1.1 信创的重要性

在全球数字化转型加速推进的当下，信息技术成为国家综合实力竞争的关键领域。信创，即信息技术应用创新，其重要性不言而喻，对国家的信息安全、产业发展及经济增长都有着深远影响。

从信息安全角度而言，过去我国在信息技术诸多关键环节依赖国外技术产品，这使国家信息基础设施面临诸多潜在风险。一旦国际形势变化，国外技术供应受阻或出现安全漏洞被恶意利用，则国家关键信息数据极易遭受泄露、篡改甚至被攻击瘫痪。信创通过推动核心技术国产化，构建自主可控的信息技术体系，从根本上消除外部技术带来的安全隐患，有力保障国家信息主权和关键信息基础设施的安全稳定运行，为国家的长治久安筑牢根基。

在产业发展层面，信创产业是推动我国信息技术产业转型升级的重要引擎。长期以来，我国信息技术产业处于全球产业链中低端，核心技术受制于人。信创产业的发展促使国内企业加大在芯片、操作系统、数据库、应用软件等关键领域的研发投入，突破技术瓶颈，提升产品和服务质量。这不仅有助于培育一批具有国际竞争力的本土企业，还能带动整个信息技术产业链上下游协同发展，形成完整的自主可控产业生态，推动我国信息技术产业向高端迈进，提升在全球产业分工中的地位。

从经济增长视角看，信创产业作为新兴产业，具有强大的经济带动效应。一方面，信创产业的发展创造了大量就业岗位，从高端的芯片设计、软件开发到基础的技术支持、系统运维等，涵盖了多个领域，促进了社会就业稳定。另一方面，信创产业与其他行业的融合发展，如在金融、医疗、教育、制造业等领域的广泛应用，推动了这些传统行业的数字化转型，提升了生产效率和服务质量，催生了新的业务模式和经济增长点，为我国经济高质量发展注入新动能。

5.1.2 信创的核心架构体系

信创系统的核心层级架构是构建自主可控技术体系的基石，其设计遵循“四横三纵”（四层横向技术体系、三重纵向安全架构）原则，形成从底层硬件到上层应用的完整技术闭环。

1. 基础硬件层

◎ **国产CPU：** 形成六大技术路线（ARM、MIPS、ALPHA、x86、Power、RISC-V），典型代表包括飞腾FT-2000/4（ARM架构，SPECint 2006 61.1分）、龙芯3A6000（LoongArch自主指令集，IPC提升60%）。

◎ **存储设备：** 长江存储128层3D NAND芯片（存储密度达8.48Gb/mm^2），合肥长鑫DRAM实现国产化替代。

◎ **安全芯片：** 国芯科技CCP903T（支持SM2/3/4国密算法），华大电子CIU98系列（SM9标识密码算法，加解密时延<2μs）。

2. 基础软件层

◎ **操作系统：** 形成“双核多翼”格局，银河麒麟和统信UOS占据党政市场90%份额，鸿蒙OpenHarmony在物联网领域快速扩张，openEuler在服务器市场占有率突破20%。

◎ **数据库：** 达梦DM8数据库TPC-C测试达120万tpmC，已应用于多个金融核心系统，OceanBase分布式数据库创造7.07亿tpmC（2020年）的世界纪录。

◎ **中间件：** 东方通TongWeb（支持每秒5万次Web服务调用）。

3. 应用生态层

◎ **政务应用：** 金山WPS V11完成对MIPS/ARM架构的深度适配，文档兼容性达99.5%，永中Office实现亿级文档秒级检索。

◎ **行业软件：**用友NC Cloud（完成鲲鹏/飞腾平台迁移）、中望CAD 2024（兼容AutoCAD DWG 2023格式）、和利时MACS Ⅶ（支持10000点PLC实时控制）。

◎ **开发工具：**华为毕昇编译器（Java转译效率提升40%）、龙芯LLVM工具链（LoongArch代码生成优化20%）。

4. 信息安全层

◎ **密码服务：**江南天安密码卡（SM2签名速度>3000次/秒）、三未信安HSM（支持万级密钥并发管理）。

◎ **可信计算：**可信计算3.0架构（主动度量覆盖UEFI+OS+App）、中关村可信计算联盟TCM 2.0标准。

◎ **数据安全：**安恒天穹数据脱敏系统（处理速度10GB/s）、启明星辰数据库审计（SQL解析准确率99.8%）。

5.1.3 信创的典型应用示例

目前，信创技术体系已在多个关键行业实现规模化应用落地，形成了一批具有示范效应的典型案例。这些应用不仅验证了信创产品的技术成熟度，更推动了国产信息技术从“可用”到“好用”的跨越式发展。

1. 北京市政务云信创升级项目

◎ **硬件层：**华为鲲鹏920处理器（64核/2.6GHz）+ 长江存储固态硬盘阵列。

◎ **软件层：**银河麒麟操作系统 + 达梦DM8数据库 + 东方通中间件。

◎ **安全体系：**集成SM4国密算法和可信计算3.0架构。

2. 中国银行分布式核心系统

◎ **硬件层：**海光7285 CPU（32核/3.0GHz）集群 。

◎ **软件层：**银河麒麟操作系统 +腾讯TDSQL分布式数据库（三地五中

心部署)。

◎ **安全体系:** 基于SM9算法的同态加密传输。

3. 三一重工智能工厂

◎ **硬件层:** 龙芯3C5000L工业服务器(宽温 -40℃~85℃)。

◎ **软件层:** 中科方德实时操作系统(控制周期≤1ms)。

◎ **安全体系:** 华为工业级5G专网(时延<10ms)。

4. 国家电网智能调度平台

◎ **硬件层:** 申威1621处理器(64核/2.2GHz)。

◎ **软件层:** 统信UOS电力专用版(网络安全等级保护四级)。

◎ **安全体系:** 量子密钥分发网络。

这些典型应用表明,信创技术已具备支撑关键行业核心业务系统的能力。随着技术持续迭代和生态不断完善,信创体系正在从政策驱动转向价值驱动,为各行业数字化转型提供安全可控的技术底座。

5.2 基于统信 UOS 部署 DeepSeek

本节介绍基于统信UOS系统部署DeepSeek的具体操作流程。

5.2.1 统信 UOS 介绍

统信UOS由统信软件研发,基于深度科技(Deepin)的社区版本发展而来。其采用商业发行版模式,提供家庭版、专业版、教育版等多个版本,形成了“社区版验证+商业版稳定”的双轨发展路径。统信UOS的内核从Linux 4.19到Linux 6.6不断迭代,最新版本V25采用双内核机制(Linux 5.15+自研UKUI),统信UOS的优势在于如下3个方面。

◎ **AI支持:** 原生支持AI算力调度和容器化服务。

◎ **兼容性良好:** 通过Wine技术支持Windows应用无缝迁移,应用商店上架5万多款软件（含2000余款安卓应用），适配硬件设备超200万款。

◎ **用户体验：** 独创DDE桌面环境（类似macOS布局），集成UOS AI实现智能文档处理和代码开发辅助，日均响应速度提升40%。

5.2.2 统信UOS AI

统信UOS已全面适配DeepSeek-R1系列模型。实测表明，在统信桌面专业版（V20.1070）环境中，模型启动速度较通用Linux发行版提升22%，内存占用优化18%。UOS AI是统信软件自研的AI应用，支持在线大模型接入和自定义模型配置，实现智能问答、图片生成和个人知识助手等常见的AI功能，并且提供FunctionCall服务和DTK AI接口。基于UOS AI一键部署DeepSeek的操作步骤如下。

01 在应用商店中更新UOS AI至最新版本，如图5.1所示。

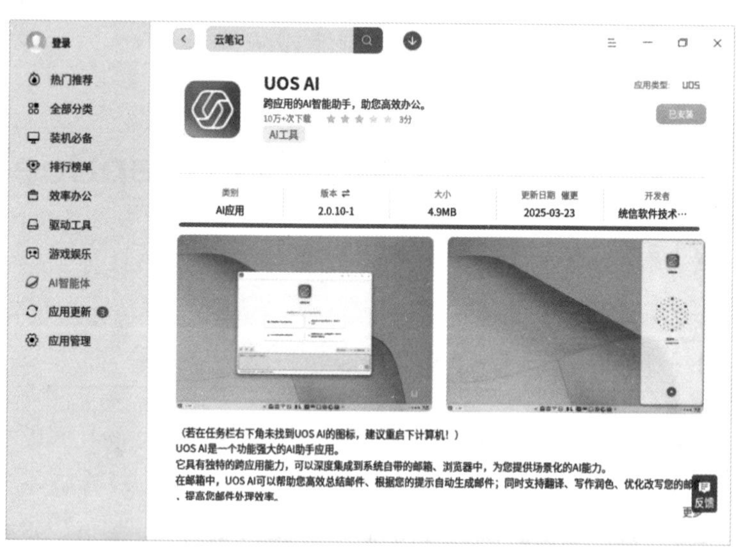

图5.1 应用商店更新UOS AI应用程序

02 在任务栏右下角找到UOS AI的图标（如果未找到则重启计算机），单击打开UOS AI应用程序。

03 在UOS AI应用程序的右上角找到设置按钮，如图5.2所示，单击打开UOS AI设置界面。

04 在UOS AI应用程序的设置界面，选择模型配置→本地模型，先安装“向量化模型插件”，再安装“DeepSeek-R1-1.5B”，如图5.3所示。

图 5.2 UOS AI应用程序设置界面

图 5.3 UOS AI应用程序安装本地模型DeepSeek-R1-1.5B

05 退出设置界面，回到UOS AI应用程序的主界面（聊天界面），在主界面右下角切换模型到DeepSeek-R1-1.5B，即可在输入框中输入问题，然后等待DeepSeek回复，如图5.4所示。

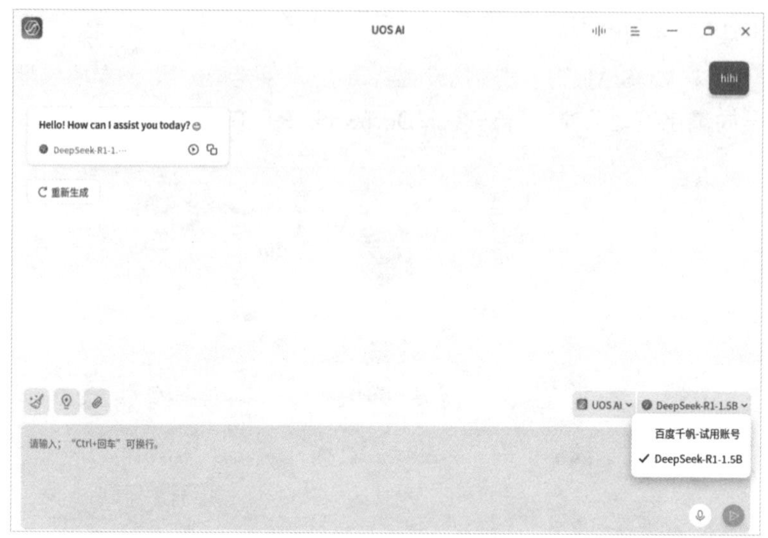

图5.4　UOS AI应用程序切换到DeepSeek-R1-1.5B

5.2.3 基于 Ollama 部署 DeepSeek

使用UOS AI进行本地化部署DeepSeek虽然操作便捷，但灵活性稍显不足。例如，目前仅支持1.5B参数的模型，用户无法选择其他参数版本。因此，对于需要更多灵活性的用户来说，基于Ollama进行DeepSeek的本地化部署可能是一个更好的选择。

由于统信UOS操作系统是基于Linux系统的深度定制版，因此Linux系统本地化部署的操作同样适用统信UOS，具体的部署操作流程和详细说明，请查阅本书“4.3 基于Linux系统部署Ollama”内容。

5.3 基于银河麒麟部署 DeepSeek

本节介绍基于银河麒麟（openKylin）系统部署DeepSeek的具体操作流程。

5.3.1 银河麒麟介绍

银河麒麟操作系统源自国防科技大学的技术积累，由麒麟软件有限公司（中国电子旗下）研发运营。该公司致力于安全可信的操作系统技术的研发，现已形成以桌面操作系统、服务器操作系统、智能终端操作系统、嵌入式操作系统、云操作系统产品等为代表的产品线。银河麒麟是其开源社区版本，采用开放治理模式，汇聚了包括基础软硬件企业、高校、科研机构等在内的多方力量共同开发，详细介绍如下。

◎ **内核与架构：**基于Linux 6.6 LTS内核，采用模块化设计，支持x86、ARM、龙芯、RISC-V等全平台架构，特别优化了国产芯片（如飞腾S2500、海光C86-4G）的适配性能。

◎ **安全特性：**通过网络安全等级保护四级和军用B+级认证，提供细粒度访问控制、可信计算3.0和量子密钥分发技术，保障关键领域（军工、金融）的数据安全。

◎ **AI支持：**集成麒麟AI助手，支持智能文生图、模糊搜索等功能，并与讯飞星火大模型深度合作，提供免费AI服务接口。

银河麒麟操作系统达到国内最高的安全等级，全面支持飞腾、鲲鹏、龙芯等国产主流CPU，在系统安全、稳定可靠、好用易用和整体性能等方面具有领先优势，在党政军等关键领域市场占有率领先。

5.3.2 麒麟 AI 助手

银河麒麟操作系统已全方位适配 DeepSeek – R1 系列模型，并且在国产算力平台的本地化推理大模型方面深入探索。其自研的 AI 助手 2.0，是基于多种模型开发的应用程序，能够兼容百度 ERNIE Bot – 4、讯飞 Spark Max 等主流大模型，具备问答、文本润色、周报整理、会议辅助等多样化 AI 功能。

与统信UOS类似，银河麒麟操作系统在AI应用方面展现出了一定的实力，但在模型部署便捷性上存在一定不足。目前，它无法像统信UOS那样实现一键部署DeepSeek大模型，这在一定程度上限制了用户对特定模型的快速应用。

如图5.5所示，找到任务栏右下角“AI助手”图标，单击即可打开AI助手应用程序。

图5.5　银河麒麟操作系统打开AI助手应用程序

进入AI助手应用程序后，通过右上角的设置按键，能够进入设置界面。在设置界面的模型配置选项中，可看到关于本地模型的相关设置。但相较于统信UOS AI能便捷地一键部署DeepSeek大模型，银河麒麟操作系统在此方面存在一定差距，其模型配置暂不支持DeepSeek模型的一键部署功能，如图5.6所示。

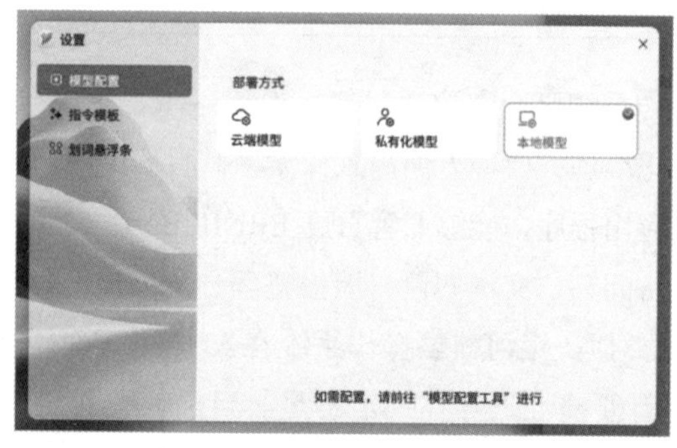

图5.6　AI助手应用程序模型配置

进一步查看麒麟模型管理工具（见图5.7），目前该工具仅支持Qwen-1.5-7B大模型。Qwen-1.5-7B由阿里巴巴集团开发，属于Qwen系列模型，基于 Transformer架构构建，在自然语言处理领域表现卓越，拥有强大的能力，广泛适用于文本生成、对话系统搭建、机器翻译、文本分类等诸多应用场景。这一模型在银河麒麟操作系统的模型管理体系中占据重要地位，尽管目前支持的模型种类相对有限，但为用户提供了基础的自然语言处理支持，随着技术的发展，希望能接入更多的模型，拓展其应用边界。

图5.7 银河麒麟模型管理工具

5.3.3 基于 Ollama 部署 DeepSeek

由于银河麒麟操作系统是基于Linux系统的深度定制版，因此，Linux系统本地化部署的操作同样适用银河麒麟操作系统，具体的部署操作流程和详细说明，请查阅本书“4.3 基于Linux系统部署Ollama”内容。

大模型本地化部署安全防护

随着 DeepSeek 等大模型的推出，越来越多的企业选择了本地化部署大模型。本地化部署意味着企业能够在自身的基础设施上运行模型，对数据和模型拥有更高的控制权，避免敏感数据外流，同时还能根据特定业务需求进行灵活调整和优化。

然而，大模型本地化部署并非一帆风顺，其背后隐藏着诸多复杂且严峻的问题。从硬件资源的高要求到软件适配的难题，从数据管理的挑战到安全防护的困境，每一个环节都可能成为潜在的安全隐患，给企业的信息安全、业务运营和声誉带来严重威胁。因此，深入剖析大模型本地化部署面临的问题，全面识别其中的安全隐患，并制订切实可行的解决方案，已成为当前企业和技术领域需要解决的重要课题。

6.1 大模型本地化部署的安全隐患

本节将从数据安全、网络安全、开源框架漏洞等方面，全面剖析大模型本地化部署带来的隐患。

6.1.1 数据安全隐患

1. 数据访问权限失控导致机密数据泄露

本地化部署大模型时，数据访问权限的精细管控关乎数据安全。许多企业在构建系统时，未根据员工职能与业务需求精准划分权限，致使普通员工能接触敏感数据，如某科技企业市场部员工因权限管理失误，获得研发部高度机密的新产品设计文档访问权，带来极大的数据泄露风险。一旦员工账号因疏忽或遭恶意攻击泄露，则机密数据易落入不法分子手中，给企业造成巨大损失。

2. 全员上传权限致使知识库污染

本地化部署大模型时，若知识库权限设置宽松，允许随意上传文件，会导致知识库受污染风险剧增。知识库是模型学习推理的关键数据来源，数据质量影响模型性能与输出准确性。例如，某金融机构因权限管理不善，员工误传或恶意上传错误、虚假金融数据，不良数据积累致使大模型输出的风险评估和投资建议偏差严重，给业务运营造成巨大负面影响。

3. 提示词漏洞绕过权限获取额外数据

在本地化部署的大模型中，即使设置了用户权限控制，攻击者仍可通过精心设计的提示词绕过权限获取敏感数据。主要攻击手法包括如下两个方面。

◎ **混淆概念诱导输出：**将敏感数据请求伪装成合理业务需求（如要求模型“对比产品技术差异并参考内部研发资料”），利用模型意图识别漏洞

突破权限边界

◎ **信息拼接关联：**结合合法获取的碎片化数据（如销售数据），构造提示词要求模型关联高权限数据（如成本核算），通过整合运算间接泄露机密信息。

此类攻击利用自然语言处理的模糊性，使模型难以精准识别恶性意图，常规安全检测手段难以察觉。研究显示，攻击者仅需100个恶意样本即可显著影响大模型输出，且存在自动化生成恶意提示词的新型攻击算法。这些漏洞对金融、医疗等敏感领域的数据安全构成严重威胁。

6.1.2 网络安全隐患

1. 数据传输风险

在数据传输环节，大模型本地化部署存在显著风险。数据在网络中传输时，若未采取有效加密措施，极易被截获。网络攻击者可利用网络嗅探工具，在数据传输路径上监听数据流量，从中获取敏感信息。例如，模型在处理用户的金融交易咨询或医疗诊断相关查询时，传输的数据包含关键财务数据或个人健康隐私。一旦这些数据被截获，则不仅侵犯用户隐私，还可能引发严重的经济损失和法律问题。而且，部分大模型系统在日志记录中会留存用户查询内容，若这些日志未进行脱敏处理，内部人员可轻易从中窃取用户敏感信息，进一步扩大数据泄露风险，损害企业信誉和降低用户信任。

2. API 安全威胁

未受保护的 API 在本地化部署大模型时也是一大隐患。API 作为外部系统与大模型交互的接口，若缺乏足够的安全防护，极易遭受 DDoS 攻击。攻击者通过控制大量僵尸网络，向 API 发送海量请求，耗尽服务器资源，导致 API 服务瘫痪，使企业依赖模型的业务流程被迫中断。同时，API 还可能面临暴力破解风险。攻击者利用自动化工具，尝试大量用户名和密码组合，试图获取合法访问权限。一旦成功，模型便可能被免费滥用，如用于非法的数据挖掘、恶意内容生成等，不仅损害企业的经济利益，还可能因模型输出的不良内容引发法律纠纷，对企业声誉造成负面影响。

6.1.3 开源框架漏洞隐患

多数企业基于社区开源方案进行本地化部署，但这些成熟解决方案仍存在模型投毒、权限配置不当等漏洞，可能引发数据泄露或服务中断，直接威胁企业资产安全。下面是几个最热门的解决方案曾爆出的漏洞。

1. Ollama 爆出的高危漏洞

绝大部分企业使用Ollama部署DeepSeek，Ollama也爆出过一些漏洞。

◎ **权限提升漏洞：** 源于权限管理模块在用户权限校验环节的逻辑缺陷。这会导致低权限用户绕过权限检查获取高权限操作能力，攻击者能篡改系统关键配置文件，恶意操控模型训练参数，使模型训练结果出错，影响企业基于模型的决策，造成业务损失。

◎ **依赖库安全漏洞：** Ollama 所依赖的部分开源库存在安全隐患，如未及时更新安全补丁。这会使攻击者针对漏洞发起攻击，造成 Ollama 进程内存溢出、程序崩溃，导致服务中断，使业务停滞，带来经济损失，损害企业信誉。

◎ **未授权访问漏洞：** Ollama 默认开放的 11434 端口无鉴权机制，直接暴露在公网。这使未授权用户可随意访问模型、操作模型及其数据，如调用模型服务、获取模型信息，甚至删除模型文件或窃取数据，威胁数据安全。

◎ **数据泄露漏洞：** 通过特定接口，攻击者可访问并提取模型数据，如/api/show接口可获取模型License等敏感信息。这会导致企业和用户重要信息泄露，引发商业信誉受损、法律纠纷等问题。

2. Open WebUI 爆出的高危漏洞

◎ **跨站脚本攻击（XSS）漏洞：** Open WebUI 因用户输入过滤和验证机制不足，存在 XSS 漏洞。攻击者可在输入框中输入恶意 JavaScript 代码，当合法用户访问含该代码的页面时，代码会在浏览器执行，从而窃取用户登录凭证、会话信息等敏感数据，进而冒充用户登录，引发数据篡改、删除风险，导致法律纠纷与客户信任危机，影响企业声誉和业务。

◎ **数据泄露漏洞：**Open WebUI 在数据存储与传输环节存在安全隐患，数据库访问权限配置不当，使攻击者能绕过前端权限控制，直接查询数据库获取机密数据，如客户名单、财务报表等，且传输时若未加密敏感数据，易被窃取，严重威胁企业核心资产安全，造成商业机密外泄和经济损失。

6.2 大模型本地化部署安全隐患的解决方案

上一节提到了本地化部署大模型的一些安全隐患，本节将介绍如何针对这些隐患进行防范和治理。

6.2.1 数据安全解决方案

在应对数据安全问题时，通常可以从以下四个方面展开。

1. 精细化权限管理

◎ **最小化权限控制：**依员工岗位需求，精准赋予最小化数据访问权限。像市场推广人员，仅授予产品宣传相关数据权限，禁止接触研发核心机密，降低权限过大引发的数据泄露风险 。

◎ **访问 IP 限制：**借助防火墙，将大模型访问权限限定在公司内部网络 IP。当外部 IP 尝试访问时，防火墙即刻阻断，防止外部恶意入侵，如金融机构借此保障客户敏感数据安全 。

◎ **权限定期审查回收：**定期（如季度或半年）审查员工权限。岗位变动或项目结束及时回收多余权限；新员工入职，按需分配权限，避免权限被滥用 。

2. 数据治理

◎ **数据分类和加密：**全面分类数据，标记敏感与机密数据。采用加密算法，对关键数据加密存储与传输，确保数据在存储和网络传输中不被窃取、篡改。

◎ **上传权限分层管理：**针对知识库上传数据，实施分层管理。普通员工上传数据需经审核，审核通过方可入库，避免错误、恶意数据污染知识库。

◎ **AI 内容自动检测：**利用 AI 实时检测上传及输出数据，识别低质量、敏感或违规内容，阻止其进入知识库或输出给用户，提升数据质量 。

3. 模型防护

◎ **提示词过滤和语义分析：**在用户输入提示词时，依据敏感词库与语义规则，实时过滤、拦截含恶性意图或违规内容的提示词，防止模型被诱导输出敏感信息 。

◎ **输出时二次权限校验：**模型生成结果后，依用户角色权限二次校验。非技术人员访问研发文档，仅返回摘要，不返回全文，确保敏感信息不泄露 。

4. 异常行为检测

◎ **相关日志全量记录：**全面记录大模型系统操作日志，涵盖登录、数据访问、提示词输入及模型输出等信息，为异常分析提供数据支撑 。

◎ **异常行为分析：**借助大数据分析和机器学习，建立正常行为模型，实时对比操作行为，发现异常（如频繁访问未授权数据等）及时报警 。

◎ **自动化阻断：**检测到高风险异常，自动切断网络连接，冻结相关账号，阻止恶意操作，保障数据安全 。

6.2.2 开源框架漏洞解决方案

针对使用开源应用框架或模型漏洞带来的风险，我们首先需要确保软件来源安全可靠，其次谨慎部署、积极检测，最后提前做好风险预演。

1. 可信来源与完整性验证

◎ 严格从官方仓库（如 PyPI、Maven Central、GitHub Releases）下载框架及依赖库，对比哈希值（SHA-256），避免仿冒包（Typosquatting）攻击。例如，TensorFlow、PyTorch 等主流框架需通过官网或 GitHub 验证签名文件。

◎ 集成SCA工具链（如Snyk、Xray、Black Duck），在CI/CD流水线中实时检测依赖漏洞。例如，通过npm audit或pip-audit识别高风险库，结合漏洞数据库（CNVD/CVE）评估影响范围。同时配置Dependabot等工具自动推送安全补丁，避免滞后更新导致的漏洞暴露。

◎ 对核心框架（如Spring、TensorFlow）进行静态代码分析（SonarQube、Fortify）及动态模糊测试（AFL、OSS-Fuzz），重点审查权限控制、API接口（如JWT鉴权、OAuth配置）及依赖注入风险。

2. 最小化权限原则

◎ **严格遵循最小特权原则：**服务进程使用非特权用户（如nobody/appuser）启动，对模型推理服务配置Seccomp、AppArmor等内核级安全策略。

◎ **容器化部署最佳实践：**采用Distroless基础镜像构建Docker容器，通过PodSecurityPolicy限制容器能力集，关键模型服务部署在独立Kubernetes命名空间。

◎ **沙箱化执行环境：**对高风险模型推理使用gVisor、Firecracker等安全容器技术，实现系统调用过滤和资源配额限制。

3. 持续漏洞检测

◎ **多维度漏洞扫描：**结合基础设施扫描工具（Nessus、OpenVAS）与AI驱动漏洞扫描工具（如AI-Infra-Guard），识别配置错误（如默认密码、开放端口）及框架漏洞（如Log4j2 CVE-2021-44228）。

◎ **威胁情报整合：**订阅威胁情报平台（如CISA KEV目录、EPSS漏洞预测系统），优先修复高利用概率漏洞，并通过SIEM（如Elastic Security）关联日志分析攻击链。

4. 提前制定应急响应流程

◎ **建立漏洞分级处置流程：**高危漏洞（CVSS≥9）需4小时内启动热修复，中危漏洞（CVSS 7～8.9）48小时内发布补丁。例如，针对Apache Struts漏洞可临时启用WAF规则拦截恶意请求。

◎ **自动化回滚：**通过CI/CD工具（如Jenkins、Argo CD）实现漏洞版本快速回退。

6.2.3 网络安全解决方案

1. 最小化网络暴露

◎ **端口与服务精简：**关闭非必需端口（如SSH默认22端口改为高位端口，禁用HTTP 80端口）。使用反向代理（如Nginx/HAProxy）统一管理API入口，仅开放443（HTTPS）和特定管理端口（如8443）。限制访问调试接口（如TensorBoard默认的6006端口、Jupyter Notebook的8888端口）。

◎ **私有网络与访问控制：**仅在内部私有网络部署模型服务，对外暴露通过API网关中转。使用VPN或专线（如IPSec/MPLS）供外部授权用户访问，禁止通过公网直接访问模型服务器。

2. 加密通信

◎ **传输层加密：**强制使用TLS 1.3协议，禁止使用低版本（如SSLv3、TLS 1.0/1.1）协议。证书可以采用Let's Encrypt自动续签，或私有CA签发证书，禁用自签名证书。启用HSTS（HTTP Strict Transport Security）防止降级攻击。

◎ **端到端加密：**敏感数据（如用户身份、医疗记录）在客户端加密后再传输，服务端仅处理密文。

3. 防火墙规则配置

◎ **入站规则配置：**拒绝所有入站流量，按需开放端口。配置IP白名单，仅允许可信IP访问。

◎ **出站规则配置：**禁止模型服务器主动外接互联网（防止数据外泄）。仅允许访问必需的内网服务（如日志服务器、私有镜像仓库）。

◎ **云平台安全组：**如果使用云平台部署，在平台上配置安全组规则，实现VPC级别隔离。启用“最小权限”策略，例如，仅允许来自负载均衡器的HTTP流量。

4. 服务网络隔离

◎ **物理/逻辑隔离：** 将模型服务器部署在独立VLAN或子网（10.0.2.0/24），通过三层交换机ACL限制跨网段通信。避免和其他服务部署在同一个网络下。

◎ **零信任架构：** 服务间通信强制认证（如SPIFFE/SPIRE框架签发身份证书）。

◎ **容器网络隔离：** 容器化部署应用时，在Docker/Kubernetes中为模型服务分配独立网络命名空间。

5. 入侵检测系统

通过入侵检测系统，可及时发现网络配置中的潜在风险，进行针对生防范。

◎ **网络层检测：** 部署Suricata或Zeek，基于规则库（如ET Open Rules）检测SQL注入、恶意文件上传等流量特征。

◎ **主机层检测：** 安装Osquery监控进程、文件变化，与ELK集成告警。

◎ **行为分析与AI驱动检测：** 基于机器学习建立网络流量基线（如Darktrace），识别隐蔽C2通信。对模型API请求进行异常检测（如突发高频调用、异常输入长度）。

6.3 漏洞扫描检测工具

上一节我们在介绍框架漏洞解决方案时，有提到腾讯AI-Infra-Guard，本节将会更详细地介绍这款产品。

6.3.1 漏洞扫描检测工具对比

目前社区有许多漏洞扫描检测工具，以检测对象的不同来分类，漏洞扫描检测工具大体可以分为5大类。

◎ **网络漏洞扫描检测：** 主要针对网络设备（如路由器、防火墙、交换机等）、服务器和网络应用程序进行扫描，发现网络层面的漏洞，如未授权访问、弱口令、未打补丁等。这类工具典型代表有Nmap、SuperScan等。

◎ **Web应用漏洞扫描检测：** 专门针对Web应用程序进行扫描，检测其中常见的漏洞类型，如跨站脚本攻击（XSS）、SQL注入、文件包含、代码注入等。这类工具典型代表有Acunetix Web Vulnerability Scanner、AppScan等。

◎ **移动应用漏洞扫描检测：** 对移动应用程序进行扫描，发现存在的安全漏洞，如数据泄露、权限滥用、代码输入等。这类工具典型代表有Testin云测、百度移动云测试中心等。

◎ **数据库漏洞扫描检测：** 针对数据库管理系统进行扫描，发现其中的漏洞，如SQL注入、弱口令、权限管理不当等。这类工具的典型代表有das-dbscan、sqlmap等。

◎ **操作系统漏洞扫描检测：** 用于检测操作系统本身存在的漏洞，如未打补丁、配置错误、权限提升漏洞等。这类工具的典型代表有Nessus、OpenVAS等。

本节将要介绍的AI-Infra-Guard属于网络漏洞扫描检测工具，同时具备Web应用漏洞扫描检测功能。相比同类别产品，AI-Infra-Guard在AI领域有着特殊的优势，如表6.1所示。

表6.1　AI-Infra-Guard与Nmap及SuperScan对比

功能	AI-Infra-Guard	Nmap	SuperScan
功能侧重	专注于AI基础设施的安全评估，检测AI组件的配置风险、权限问题、鉴权漏洞等	网络发现和安全审计，检测主机在线状态、端口开放、服务及版本、操作系统等信息	强大的端口扫描，包括Ping检验IP、IP和域名转换、检测服务类别及端口情况等
应用场景	针对AI开发环境，如个人开发者、企业AI团队、云服务提供商等进行安全检测、巡检、运维、DevSecOps集成等	网络管理员监控网络和服务，安全评估、漏洞扫描，渗透测试信息收集	网络管理员或攻击者对网络计算机进行端口扫描，检测安全风险

续表

功能	AI-Infra-Guard	Nmap	SuperScan
技术特点	轻量级，二进制（体积小），资源占用低，跨平台，基于 Web 指纹识别，可自定义规则和指纹匹配	支持多种扫描方式，可灵活定制扫描技巧，记录探测结果到日志	界面复杂，功能全面专业，涵盖 IP 扫描相关功能，可自定义端口列表，自带木马端口列表
优势	专注 AI 领域，精准识别 AI 系统安全风险；轻量易用，运行简便；可自定义，适配不同 AI 环境	功能强大全面，获取丰富系统信息；适用范围广；隐秘性好，不易被发现	端口扫描功能专业，可自定义端口；附带实用功能；扫描速度快且结果准确

6.3.2 AI-Infra-Guard 安装

AI-Infra-Guard是由腾讯混元安全团队（朱雀实验室）研发的AI 基础设施专项安全评估工具，专为检测 AI 开发环境、推理服务及训练框架的潜在安全风险设计，覆盖从个人开发者到企业级 AI 系统的全场景防护。其主要有以下核心功能。

1. 漏洞扫描引擎

◎ 识别 28 种主流 AI 框架（如 Ollama、ComfyUI、Gradio 等）的指纹特征。

◎ 集成200多个历史CVE漏洞库（如CVE-2024-37032远程代码执行漏洞）。

◎ 支持自定义 YAML 规则拓展检测能力，覆盖插件生态中的高危漏洞。

2. AI 辅助修复

◎ 通过-ai参数调用混元大模型生成修复建议，支持 OpenAI 兼容接口接入第三方模型。

◎ 结合漏洞上下文自动生成补丁优先级排序与配置优化方案。

3. 轻量化部署

◎ 单静态二进制文件（<10MB），无运行时依赖，支持跨平台快速扫描。

◎ 支持批量目标检测（命令行 / IP 列表文件输入）与静默渗透测试模式。

和其他漏洞检测工具相比，AI-Infra-Guard是一款专注 AI 基础设施的开源安全工具，它可以覆盖框架漏洞、配置错误、供应链风险三大攻击面。另外，它的规则库源于朱雀实验室真实漏洞挖掘成果，具有天然的攻防实战基因。它首创了 AI 大模型联动修复建议，降低安全运维门槛。它可以做到5 分钟完成千节点扫描，资源占用仅为传统扫描器的 1/10。

首先我们从GitHub获取AI-Infra-Guard的安装包，地址为https://github.com/Tencent/AI-Infra-Guard/releases。目前支持的操作系统有Linux、macOS、Windows，同时支持各种CPU架构，如图6.1所示。

以Windows系统为例，笔者的芯片是intel i5（amd64架构）。因此笔者下载了AI-Infra-Guard_0.1_windows_amd64.zip。下载到本地后，新建一个目录，取名ai-infra-gurad，然后将该安装包解压到这个目录。可以得到4个文件和1个目录，其中最重要的就是ai-infra-guard.exe文件，是程序的启动入口，如图6.2所示。

▾ Assets 12

AI-Infra-Guard_0.1_checksums.txt	909 Bytes	2 weeks ago
AI-Infra-Guard_0.1_linux_386.zip	6.6 MB	2 weeks ago
AI-Infra-Guard_0.1_linux_amd64.zip	6.95 MB	2 weeks ago
AI-Infra-Guard_0.1_linux_arm.zip	6.59 MB	2 weeks ago
AI-Infra-Guard_0.1_linux_arm64.zip	6.48 MB	2 weeks ago
AI-Infra-Guard_0.1_macOS_amd64.zip	7.08 MB	2 weeks ago
AI-Infra-Guard_0.1_macOS_arm64.zip	6.73 MB	2 weeks ago
AI-Infra-Guard_0.1_windows_386.zip	6.8 MB	2 weeks ago
AI-Infra-Guard_0.1_windows_amd64.zip	7.09 MB	2 weeks ago
AI-Infra-Guard_0.1_windows_arm64.zip	6.46 MB	2 weeks ago
Source code (zip)		2 weeks ago
Source code (tar.gz)		2 weeks ago

图 6.1　AI-Infra-Guard最新安装包列表

该程序需要通过命令行来执行，我们打开PowerShell，进入该目录，然后执行以下命令开启服务。

› 此电脑 › 新加卷 (D:) › ai-infra-gurad

名称	修改日期	类型	大小
data	2025/3/19 21:56	文件夹	
ai-infra-guard.exe	2025/3/7 11:31	应用程序	17,981 KB
License.txt	2025/3/7 11:30	文本文档	60 KB
README.md	2025/3/7 11:30	Markdown 源文件	5 KB
README_CN.md	2025/3/7 11:30	Markdown 源文件	4 KB

图 6.2　最新安装包列表

```
./ai-infra-gurad.exe -ws
```

如图6.3所示，程序会输出启动地址http://127.0.0.1:8088，我们直接打开浏览器进入该页面，即可开始使用该产品。要修改启动服务地址，比如，将端口修改为8087，则可以通过在启动命令后添加 -ws-addr 127.0.0.1:8087来实现。

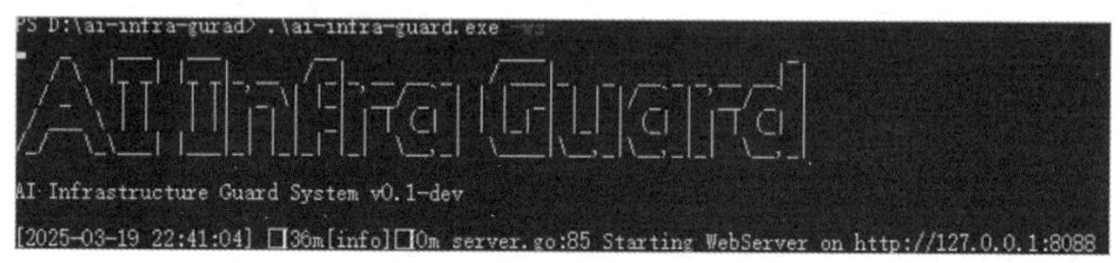

图6.3　启动界面

6.3.3 AI-Infra-Guard Web使用

启动服务后，我们打开浏览器，输入服务地址即可看到如图6.4所示的界面。

图6.4　AI-Infra-Guard初始界面

AI-Infra-Guard的界面非常简洁。我们先来看一下指纹/漏洞库，单击搜索栏下面的指纹/漏洞库按钮，会弹出一个窗口，它展示了目前AI-Infra-Guard记录的常见的AI应用及它们的一些漏洞。如图6.5所示，可以看到有我们熟悉的Ollama和Open WebUI。

继续单击"ollama"，会展示Ollama的一些历史漏洞。如图6.6所示，第一条就是一个高危漏洞，这里不仅给出了漏洞的介绍及解决方案，还给出了不少参考链接，以供我们更好分析这个漏洞。

图6.5　AI-Infra-Guard 记录的AI应用列表

图6.6　Ollama漏洞详情

接下来我们单击“开始评估”按钮，检测一下本地使用的组件是否有漏洞。单击之后需要等待一会儿，评估结束后，AI-Infra-Guard会给出报告。如图6.7所示，可以看到本地有1个高危漏洞、1个中危漏洞。

AI-Infra-Guard

AI基础设施安全评估工具

本地评估　即将扫描部署在本地的服务，无需填写扫描网址　开始评估

指纹/漏洞库　高级配置

安全评分　40/100

扫描完成时间: 2025/3/19 22:46:06

风险概要

高危 1　中危 1　低危 0

图6.7　本地评估报告

继续往下拉，可以看到更详细的情况。如图6.8所示，可以看到这两个风险均来自本机上部署的Dify应用。

应用详情　　± 导出CSV

	目标	标题	状态码	指纹	风险数目
›	http://127.0.0.1:11434		200	ollama:0.5.12	0
›	http://127.0.0.1:49734		404	-	0
›	http://127.0.0.1:50000		426	-	0
›	http://127.0.0.1:52419		404	-	0
›	http://127.0.0.1:8088	AI Infra Guard	200	-	0
›	http://127.0.0.1:51067		403	-	0
›	http://127.0.0.1:8680		404	-	0
›	http://0.0.0.0:5357	Service Unavailable	503	-	0
›	http://0.0.0.0:52416		403	-	0
›	http://0.0.0.0:80		307	dify:1.1.0	2
›	http://127.0.0.1:28317		200	-	0

图 6.8　本地评估应用详情

单击展开Dify对应行，可以看到对应的风险详情，如图6.9所示，这两个风险分别是存储型XSS漏洞和Pandas查询注入漏洞，都给出了具体的修复建议。

	目标	状态码	指纹	风险数目
⌄	http://0.0.0.0:80	307	dify:1.1.0	2

Dify 中的存储型 XSS 漏洞 (CVE-2024-11850) 中危

风险详情：

在 Dify 的聊天机器人中，启用了对用户输入的 SVG 标记支持。用户的输入在插入时未经任何验证或消毒，这允许攻击者插入 HTML 代码而不进行过滤。例如，攻击者可以通过插入恶意的 SVG 代码来执行 JavaScript，如果管理员查看了包含此恶意代码的聊天记录，攻击者可以执行如弹窗或窃取管理员凭据等恶意行为。

修复建议：

升级到最新版本的 Dify 或应用补丁来解决此问题，确保对用户输入进行适当的验证和消毒以防止 XSS 攻击。

参考链接：

https://huntr.com/bounties/893da115-028d-4718-b586-a2b77897a470
https://nvd.nist.gov/vuln/detail/CVE-2024-11850

Dify 工具 Vanna 模块的 Pandas 查询注入漏洞 (CVE-2025-0185) 高危

风险详情：

Dify 工具的 Vanna 模块中存在 Pandas 查询注入漏洞。该漏洞出现在函数 vn.get_training_plan_generic(df_information_schema) 中，该函数在执行 Pandas 库查询之前未能正确清理用户输入。如果被利用，这可能导致远程代码执行 (RCE)。攻击者可以通过绕过查询清理，在系统中执行任意代码。此漏洞风险重大，应尽快解决以防止未经授权的访问或数据泄露。

修复建议：

建议升级到最新版本的 Dify 工具或应用官方提供的安全补丁来解决此问题。同时，应检查并更新所有相关的依赖库以确保系统的整体安全性。

参考链接：

https://huntr.com/bounties/7d9eb9b2-7b86-45ed-89bd-276c1350db7e
https://huntr.com/bounties/ea4bc85e-9639-42be-8db9-c0738025cb32
https://nvd.nist.gov/vuln/detail/CVE-2025-0185

图 6.9　Dify风险详情

除了本地评估，AI-Infra-Guard还支持对远程服务进行评估。

将网页左边的下拉框选择为“远程评估”，输入要检测的地址，然后单击“开始评估”按钮。如图6.10所示，我们输入的内网服务http://192.168.3.11:3000存在一个高危风险。

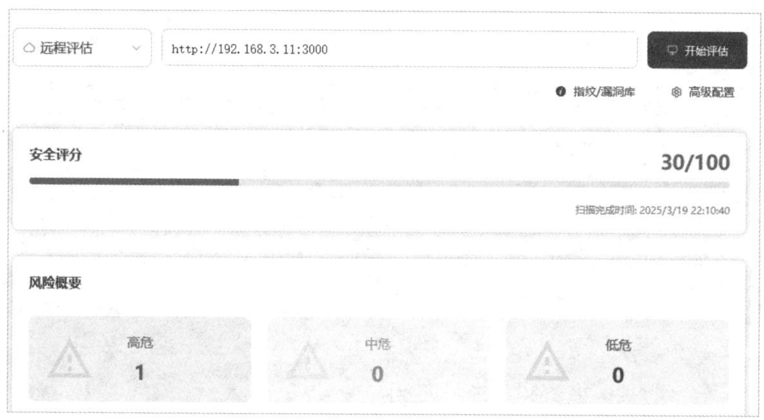

图6.10　远程评估报告

往下拉，可以看到风险详情，如图6.11所示，AI-Infra-Guard识别到了这个端口是一个Open WebUI的服务，且有一个高危风险，该风险是一个路径遍历漏洞导致的，且给出了修复建议。

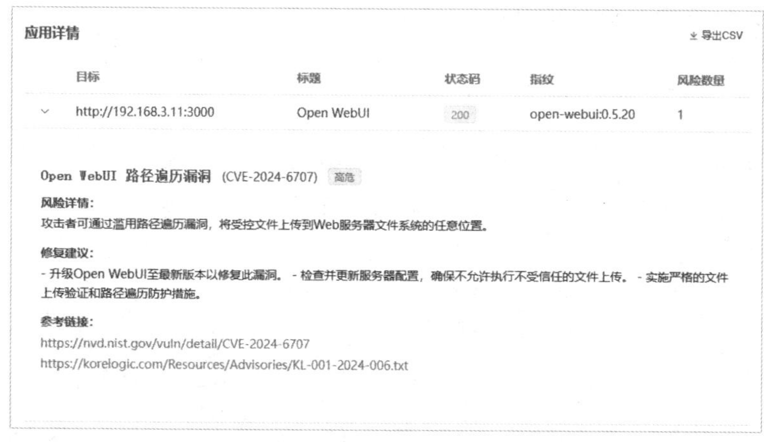

图6.11　Open WebUI风险详情

6.3.4 AI-Infra-Guard的命令行使用

除了Web方式的操作，AI-Infra-Guard还提供了命令行的相关操作。如图6.12所示，通过help可以看到它支持的各种操作。

```
PS D:\ai-infra-gurad> .\ai-infra-guard.exe --help
Usage of D:\ai-infra-gurad\ai-infra-guard.exe:
  -ai
        Enable AI analysis
  -check-vul
        Validate vulnerability templates
  -deepseek-token string
        DeepSeek API token
  -file string
        File containing target URLs
  -fps string
        Fingerprint templates file or directory (default "data/fingerprints")
  -header value
        HTTP headers, can specify multiple headers e.g.: -header "key:value" -header "key:value"
  -hunyuan-token string
        Hunyuan API token
  -lang string
        Response language zh/en (default "zh")
  -limit int
        Maximum requests per second (default 200)
  -list-vul
        List vulnerability templates
```

图6.12　AI-Infra-Guard help命令

要直接执行本地评估，则可以执行以下命令，效果如图6.13所示。

```
./ai-infra-guard.exe -localscan
```

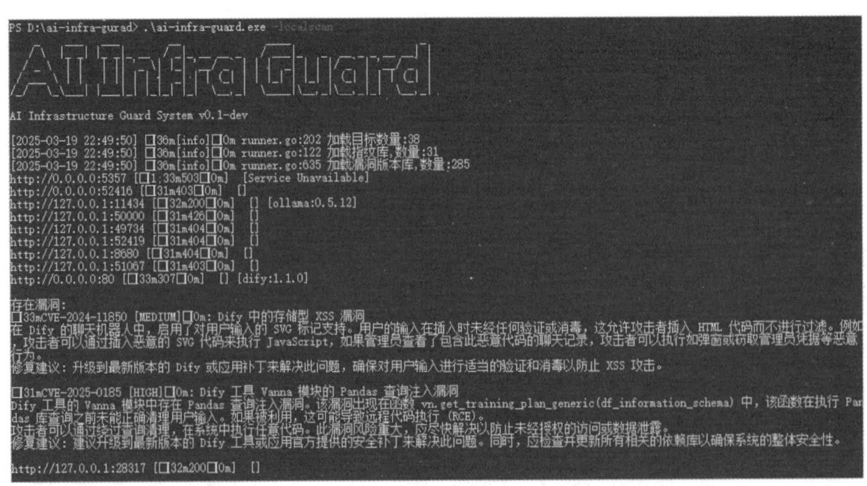

图6.13　命令行本地评估

要一次性评估多个远程目标，可以通过以下命令实现，具体效果如图6.14所示。

```
./ai-infra-guard.exe -target [IP/Domain] -target [IP/Domain]
```

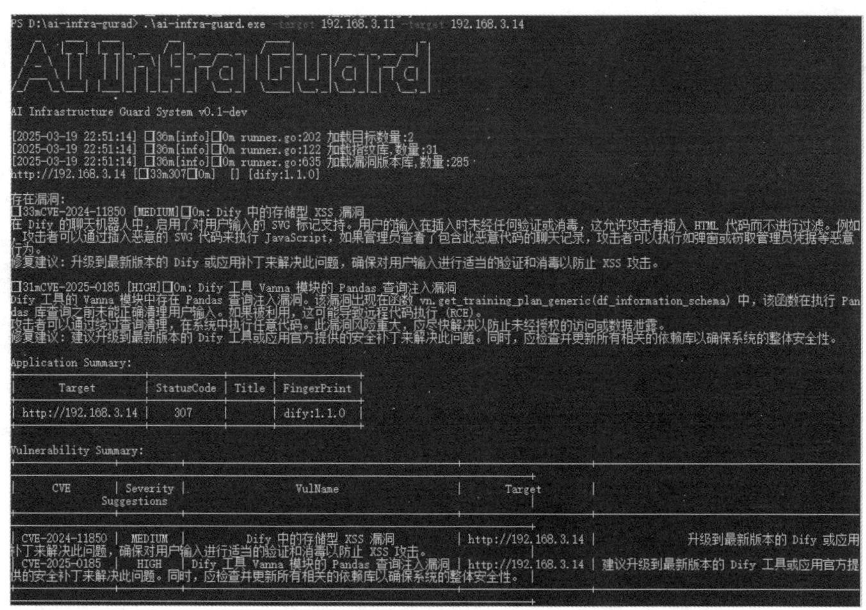

图6.14　命令行评估多个目标地址

也可以将服务地址直接写入某个文件，然后使用以下命令执行，执行效果和图6.14类似。

```
./ai-infra-guard.exe -file target.txt
```

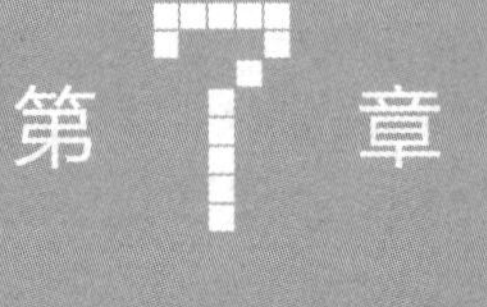

DeepSeek 本地应用实践

在前文中已经完成了基于Ollama的DeepSeek本地部署和运行，特别在第5.3.3小节中通过Ollama的命令行方式简单地与DeepSeek进行交互，该方式虽然直接，但存在交互性弱、可视化程度低等局限。

因此，本章介绍另外3种常用的DeepSeek应用方式，基于Chatbox客户端使用DeepSeek、基于REST API使用DeepSeek和基于Visual Studio Code插件使用DeepSeek。

7.1 基于 Chatbox 客户端使用 DeepSeek

Chatbox是一款开源免费的AI桌面客户端，支持Windows、Mac、Linux等多个平台，专为与本地运行的大型语言模型（如Ollama、Llama、Vicuna等）进行交互而设计，兼容DeepSeek、ChatGPT等多种主流AI模型。

它提供了一个简单易用的图形用户界面（GUI），具有本地化数据存储（保障隐私）、代码高亮、图片生成、联网搜索等功能，使用户能够更方便地与本地部署的语言模型对话，而无须编写复杂的代码或使用命令行工具。

7.1.1 下载 Chatbox

如图7.1所示，打开浏览器访问Chatbox官网首页（https://chatboxai.app/zh），单击“免费下载（for Windows）”按钮，开始下载Chatbox安装包。

图 7.1　Chatbox 官网首页

7.1.2 安装 Chatbox

双击已经下载完成的Chatbox安装包（Chatbox-1.10.4-Setup.exe），如图7.2所示，按照安装向导的提示逐步完成安装。安装完成后，在开始菜单中即可找到Chatbox应用程序。

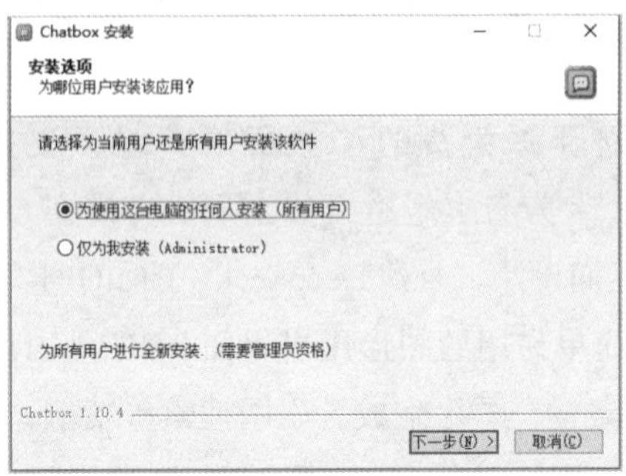

图7.2　双击打开Chatbox安装包

7.1.3 配置Chatbox

打开Chatbox，如图7.3所示，在Chatbox主页弹窗中单击“使用自己的API Key或本地模型”按钮，进入“选择并配置AI模型提供方”界面。

如图7.4所示，在“选择并配置AI模型提供方”界面中，找到并单击“Ollama API”选项，进入Chatbox设置界面。

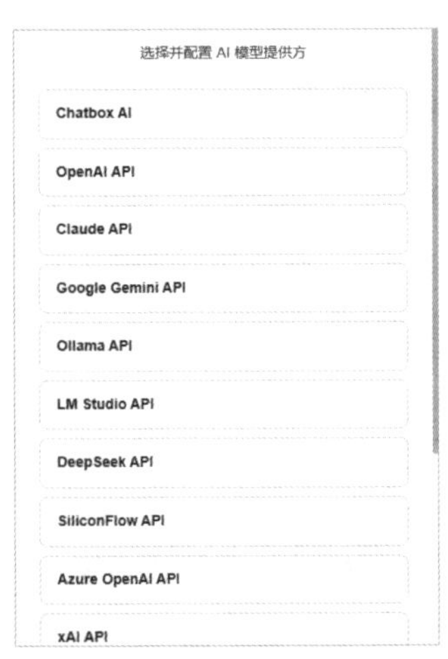

图7.3　Chatbox主页弹窗　　图7.4　选择并配置Chatbox的AI模型提供方

如图7.5所示，在Chatbox设置界面上设置如下参数。

◎ **模型提供方：**选择“OLLAMA API”。

◎ **API 域名：**填写 http://127.0.0.1:11434。

◎ **模型名称：**任意选择，在硬件条件允许下，选择参数规模越大的模型越好。

◎ **上下文的消息数量上限：**默认 20，表示对话历史中保留的上下文轮次。可根据需求调整为更高数值或“无限制”，但需注意内存占用会增加。

◎ **严谨与想象（Temperature）：**默认 0.7，调整严谨逻辑性与想象创造性的参数，如果是在法律解释和学术科研等严谨场景，建议调整为 0.3～0.6；如果是在诗歌创作和故事生成等想象场景，建议调整为 0.8～1.2。

图 7.5　Chatbox 设置

7.1.4 使用 Chatbox

全部配置完成后，就可以在 Chatbox 中与 DeepSeek-R1 模型进行对话交互了，如图 7.6 所示，在输入框中输入你的提示语，等待 DeepSeek-R1 的思考和回复。

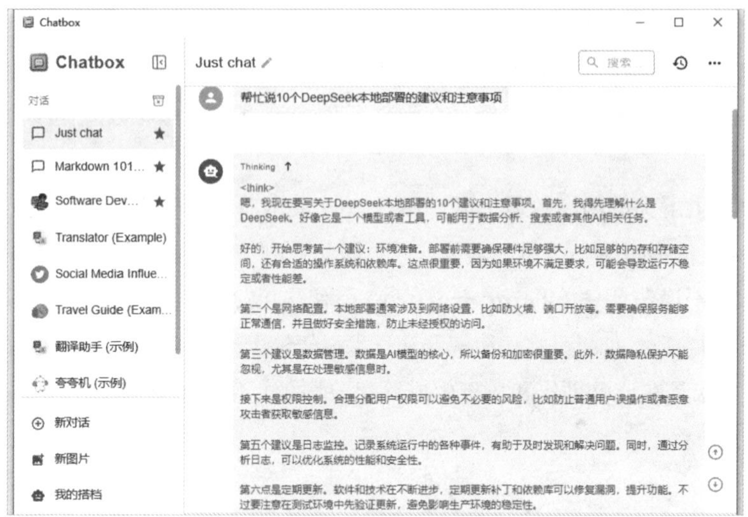

图 7.6　使用 Chatbox

7.2 基于 REST API 使用 DeepSeek

使用Ollama框架本地化部署DeepSeek等大模型时，会默认在本地启动一个无鉴权机制的Web REST API服务，该服务绑定11434标准通信端口，支持HTTP/HTTPS协议交互。开发者可通过REST API接口将DeepSeek大模型能力集成到各类应用程序中，实现灵活的功能扩展。

7.2.1 Ollama API 文档

在使用 Ollama 所提供的 REST API 前，深入了解该 API 是极为必要的。如表7.1所示，Ollama API文档主要有两个获取途径：一为Ollama官方API规范文档，但因该网站位于国外，所以访问速度可能较慢且稳定性欠佳；二为CSDN提供的中文翻译镜像文档，访问速度更快且稳定，但可能存在内容更新滞后或翻译不够精准的情况。综合考虑，建议优先参考官方文档，以获取最新的接口变更信息。

表7.1 Ollama API文档

资源类型	链接地址	优点	缺点
官方文档	https://ollama.readthedocs.io/api/	Ollama官方最新API规范文档	国外网站，访问不稳定
镜像文档	https://ollama.cadn.net.cn/api.html	国内网站，访问稳定	中文翻译镜像文档，文档可能不是最新的

7.2.2 REST API 分类和简述

Ollama REST API提供了丰富的功能接口，主要围绕模型管理和文本生成展开。

1. 模型管理

◎ **创建模型：** 通过POST /api/create接口，可以从一个ModelFle创建新模型，也可以从现有模型、safetensors文件或GGUF文件创建。

◎ **删除模型：** 通过DELETE /api/delete接口，可以删除指定的模型及其相关数据。

◎ **拉取模型：** 使用POST /api/pull接口，可以从Ollama库下载模型。

◎ **推送模型：** 通过POST /api/push接口，可以将模型上传到模型库。

◎ **复制模型：** 使用POST /api/copy接口，可以从现有模型创建一个具有其他名称的新模型。

◎ **列出本地模型：** 通过GET /api/tags接口，可以获取本地可用的模型列表，包括模型名称、修改时间、大小等信息。

◎ **显示模型信息：** 使用POST /api/show接口，可以查看模型的详细信息，如模型文件、模板、参数、许可证等。

◎ **列出正在运行的模型：** 通过GET /api/ps接口，列出当前已加载到内存中的模型。

2. 文本生成

◎ **生成文本：**通过POST /api/generate接口，可以基于给定的提示生成响应，支持流式传输和多种高级参数设置。

◎ **生成聊天：**使用POST /api/chat接口，可以生成与模型的聊天响应，支持对话记忆和工具调用。

3. 其他

◎ **生成嵌入：**通过POST /api/embed接口，可以生成文本的嵌入向量，支持单个文本和多个文本的嵌入生成。

◎ **查看版本：**通过POST/api/version接口，可以查看Ollama软件版本。

7.2.3 使用Curl快速测试API连通性

在使用Ollama REST API之前，测试其连通性是必要的步骤，以确保API服务已正确启动并可以正常访问。以下是3种常用的API测试工具。

◎ **Curl：**一个开源的命令行工具，用于通过URL语法传输数据，支持HTTP/HTTPS/FTP/FTPS/SFTP等数十种协议。

◎ **Postman：**一款流行的图形化API开发与测试工具，支持完整的API生命周期管理（设计、测试、文档、监控），提供团队协作、Mock服务、自动化测试等高级功能。

◎ **Apipost：**一款国产的API开发工具，类似于Postman，但更注重接口文档自动化和团队协作，支持生成接口文档、Mock服务、性能测试等功能，更适合中文开发者使用。

此处以Curl工具为例，通过调用POST /api/version接口来快速测试Ollama REST API的连通性。具体操作如下。

```
curl http://localhost:11434/api/tags
```

若API服务正常运行，将返回类似以下响应：

```
{"version":"0.7.12"}
```

这表明Ollama REST API已成功启动，并且可以通过该端点进行进一步的交互和开发。

7.2.4 使用 Apipost 调用 Ollama 生成文本接口

DeepSeek的核心功能就是能够与其对话和文本生成，该功能可以通过调用POST /api/generate接口或POST /api/chat接口实现。

考虑到这些接口所需的参数较多，使用图形化工具来进行操作会更加便捷，所以选择使用Apipost调用Ollama生成文本接口，应用如图7.7所示，所用的参数如下。

```
{
  "model": "deepseek-r1:7b",
  "prompt": "DeepSeek 本地部署的 3 个建议 ",
  "stream": false,
  "options": {
    "temperature": 0.5,
    "max_tokens": 40960
  }
}
```

图 7.7　使用 Apipost 调用 Ollama 生成文本接口

该接口所需的参数说明如下。

1. 必选参数

◎ **model：** 指定要使用的模型名称，明确调用的具体模型。

◎ **prompt：** 提供生成响应的提示信息，这是引导模型生成内容的关键输入。

2. 可选参数

◎ **format：** 用于指定返回响应的格式，当前仅支持 JSON 格式。

◎ **options：** 文档中列出的 ModelFle 中的其他模型参数，如 temperature。

◎ **system：** 系统消息（覆盖 ModelFle 中定义的内容）。

◎ **template：** 使用的提示模板（覆盖 ModelFle 中定义的内容）。

◎ **context：** 从先前请求 /generate 返回的上下文参数，可用于保持简短的对话记忆。

◎ **stream：** 布尔类型参数。如果为 false，响应将作为单个响应对象返回，而不是一系列对象。

◎ **raw：** 布尔类型参数。如果为 true，不会对提示进行任何格式化。如果你在请求 API 时指定了完整的模板提示，可以选择使用 raw 参数。

◎ **keep_alive：** 用于控制请求完成后模型在内存中保持加载的时间，默认值为 5 分钟。

7.2.5 使用 Python 调用 Ollama 生成聊天接口

除了借助 API 测试工具，开发者还能通过多种编程语言调用 Ollama 的 REST API 接口。此处，我们以 Python 语言为例，使用 requests 库函数来调用 Ollama 的 POST /api/chat 接口，该接口用于生成聊天内容。运行此代码后的效果如图 7.8 所示，示例代码如下。

```
import requests

response = requests.post(
```

```
    "http://localhost:11434/api/chat",
    json={
      "model": "deepseek-r1:32b",
      "messages": [
        {
          "role": "user",
          "content": "DeepSeek 本地部署的 3 个建议 "
        }
      ],
      "stream": False
    }
)
print(response.json())
```

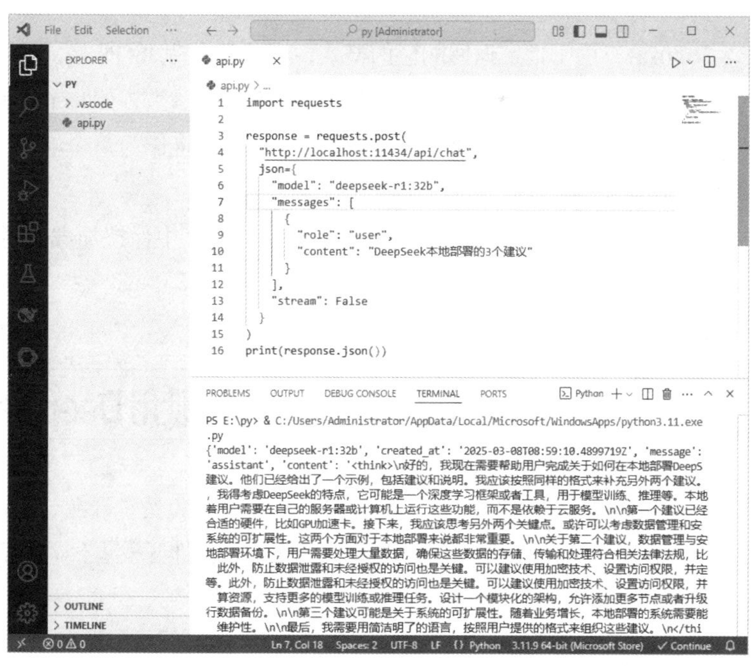

图 7.8　通过 Python 调用 Ollama 生成聊天接口

该接口所需的参数说明如下。

1. 必选参数

◎ **model：**指定要使用的模型名称，明确调用的具体模型。

◎ **tools：**JSON中供模型使用的工具列表（如果支持）

◎ **messages：**聊天的消息列表，可用于保存聊天记录。每个消息对象包含以下字段。

○ role：消息的角色，可以是“system”“user”“assistant”“tool”。

○ content：消息的具体内容。

◎ **images：**要包含在消息中的图像列表，适用于支持多模态的模型（如llava）。

◎ **tool_calls：**模型要使用的工具列表，以JSON格式表示。

2. 可选参数

◎ **format：**用于指定返回响应的格式，当前仅支持JSON格式。

◎ **options：**文档中列出的ModelFle中的其他模型参数，如temperature。

◎ **stream：**布尔类型参数。如果为false，响应将作为单个响应对象返回，而不是一系列对象。

◎ **keep_alive：**用于控制请求完成后模型在内存中保持加载的时间，默认值为5分钟。

7.3 基于Visual Studio Code插件使用DeepSeek

Visual Studio Code（VS Code）是微软开发的一款免费、开源、跨平台的代码编辑器，支持多种编程语言和开发工具，是软件开发者经常使用的开发工具之一。其主要特点如下。

◎ **轻量高效：**启动速度快，资源占用低。

◎ **智能功能：**代码补全、语法高亮、调试支持、Git集成等。

◎ **高度可扩展：**通过插件可增强功能（如集成AI工具DeepSeek）。

◎ **跨平台：**支持Windows、macOS和Linux。

7.3.1 VS Code 下载

如图7.9所示，打开浏览器访问VS Code官网首页（https://code.visualstudio.com/），单击中间“Download for Windows”按钮，开始VS Code安装包的下载。

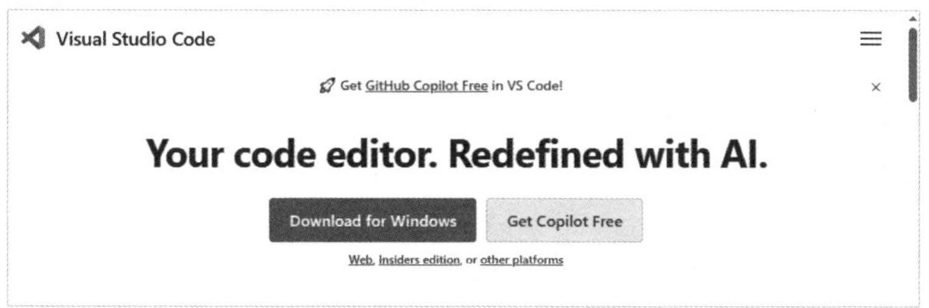

图7.9　VS Code官网首页

7.3.2 VS Code 安装

双击已经下载完成的VS Code安装包（VSCodeUserSetup-x64-1.98.0），如图7.10所示，按照安装向导的提示逐步完成安装。安装完成后，在开始菜单中即可找到VS Code应用程序。

图7.10　双击打开VS Code安装包

7.3.3 VS Code插件

VS Code通过插件生态扩展其核心能力，本节筛选4款支持本地化部署AI大模型的开源插件进行横向对比：Roo Code、twinny、Cline和DeepSeek-R1。4款插件均以开源、隐私保护和离线运行为核心优势，但在功能定位与技术实现上存在显著差异，具体对比如表7.2所示。

表7.2 VS Code四款插件对比

功能	Roo Code	twinny	Cline	DeepSeek-R1
离线运行	✔	✔	✔	✔
数据安全	✔	✔	✔	✔
代码生成	✔	✔	✔	✔
代码补全	✔	✔	✔	✔
上下文感知	✔	✔	✔	✕
多模型支持	✔	✔	✔	✕
自动化任务	✔	✕	✔	✕
工作模式	✔	✕	✕	✕
调试与恢复	✕	✕	✔	✕
自定义扩展	✔	✕	✔	✕
社区支持	活跃开源社区	小众但快速迭代	新兴项目	高下载量+成熟社区

综上所述，用户可以根据开发场景需求的优先级选择不同的插件扩展VS Code开发能力。

1. Roo Code

◎ **推荐场景：** 需兼顾代码生成、架构设计与跨角色协作（如开发者+产品经理）。

◎ **核心优势：** 多工作模式切换、上下文指令系统(@file/@folder)、资源消耗统计。

2. Cline

◎ **推荐场景：**涉及复杂自动化流程（如E2E测试+CI/CD部署）。

◎ **核心优势：**终端命令执行、浏览器操作监控、检查点回滚机制。

3. twinny

◎ **推荐场景：**分布式团队协作且重视数据去中心化。

◎ **核心优势：**Symmetry P2P 网络资源共享、低延迟实时交互。

4. DeepSeek-R1

◎ **推荐场景：**个人开发者快速集成轻量化AI辅助。

◎ **核心优势：**Ollama本地化部署友好、社区问题响应速度快。

7.3.4 使用 Roo Code 插件

Roo Code 是基于VSCode的 AI 编程助手插件，完全开源且支持本地离线运行，旨在通过自然语言交互和自动化功能提升开发效率。

1. 功能特点

Roo Code的功能特点如下。

◎ **自然语言交互：**Roo Code 支持通过自然语言生成代码、优化现有代码、解答技术问题等。

◎ **代码生成与优化：**能够根据自然语言描述生成代码片段，同时支持代码重构和调试。

◎ **文档编写与更新：**可以自动生成和更新代码文档。

◎ **自动化任务：**支持运行终端命令、自动化浏览器操作及重复性任务的自动化。

◎ **多模型支持：**兼容多种 AI 模型，如 OpenAI、DeepSeek、Google Gemini 等，并支持自定义 API。

◎ **上下文引用：**通过@file、@folder等方式快速提供上下文信息，提升交互效率。

◎ **自定义模式：**用户可以创建QA工程师、产品经理等角色的模式。

◎ **资源使用统计：**能够跟踪每个会话的Tokens和成本使用情况。

◎ **多种工作模式：**Roo Code提供多种预设模式，用户可以根据需求切换或自定义模式。

○ Code模式：专注于日常开发任务，如代码编写和问题修复。

○ Architect模式：用于系统设计与架构分析。

○ Ask模式：作为知识型助手，解答关于代码库或技术问题。

2. 安装步骤

VS Code安装Roo Code扩展插件如图7.11所示，具体步骤如下。

01 打开VS Code，在VS Code主页的左侧边栏找到并单击“Extensions”按钮。

02 打开扩展插件市场的窗口，在该窗口的搜索框中输入“Roo Code”。

03 选择“Roo Code”插件，并单击“Install”按钮，安装该插件。

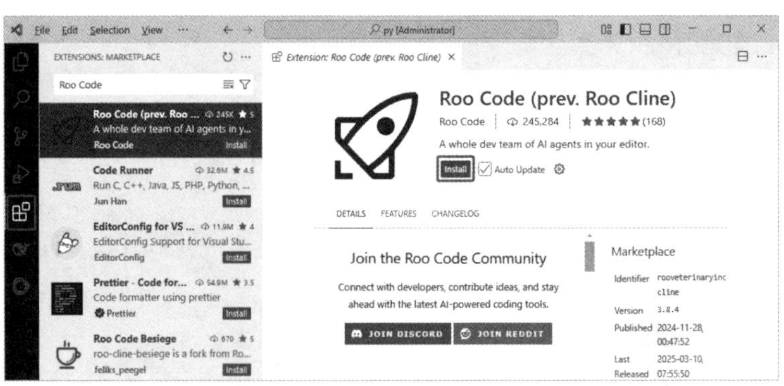

图7.11　VS Code安装Roo Code扩展插件

3. 配置模型

Roo Code插件配置模型如图7.12所示，具体步骤如下。

01 在VS Code左侧边栏选择并打开Roo Code插件。

02 在Roo Code插件页签中配置模型参数。

◎ **API Provider：**选择“Ollama”。

◎ **Base URL（optional）：**填写“http://localhost:11434”。

◎ **Model ID：**任意选择，在硬件条件允许的情况下，选择参数版本越大的模型越好。

03 单击“Let's go!”按钮即可。

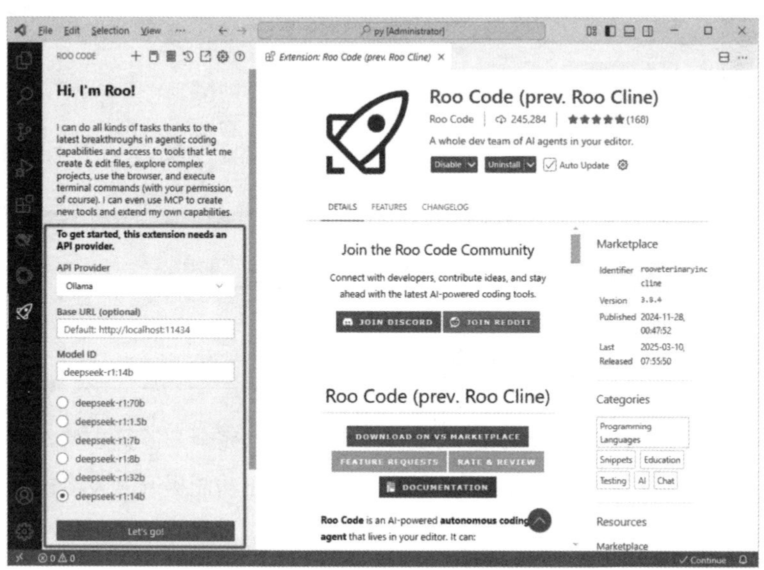

图 7.12　Roo Code插件配置模型

4. 具体使用

Roo Code插件的具体使用方法如图7.13所示，在输入框输入“使用Python调用Ollama生成聊天接口”，Roo Code能够根据自然语言描述快速生成代码片段。

关键的是，Roo Code不仅限于对话式交互，而是通过工作流（Task）的形式，将复杂的任务分解为多个清晰的步骤，逐步引导用户完成，包括运行脚本、执行终端命令、生成示例代码和处理文件等。

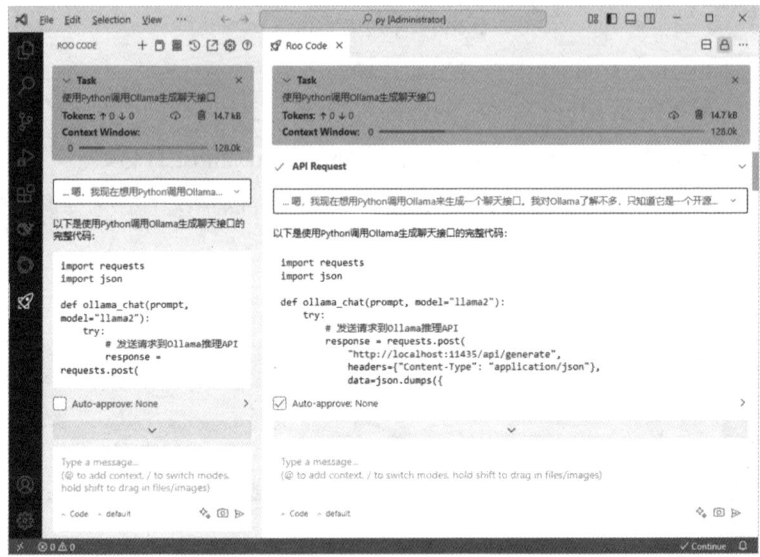

图 7.13　Roo Code插件的具体使用方法

7.3.5 使用 twinny 插件

twinny是基于VS Code的AI编程助手插件，完全开源且支持本地离线运行，确保用户数据的隐私，旨在通过强大的AI功能提升开发者的编程效率和体验。

1. 功能特点

twinny的功能特点如下。

◎ **中间代码补全：** twinny提供基于AI的实时代码建议，帮助开发者快速完成代码。

◎ **代码对话助手：** 通过侧边栏与AI交互，获取代码解释、测试生成、重构建议等功能。

◎ **工作区嵌入：** 利用工作区嵌入功能，能够根据代码上下文提供更精准的AI辅助。

◎ **Symmetry网络集成：** 连接去中心化的Symmetry网络，实现P2P

AI推理和资源共享。

◎ **高度可定制：** 支持自定义API端点、模型名称、端口号等设置，满足不同开发环境的需求。

2. 安装步骤

VS Code安装twinny扩展插件如图7.14所示，具体步骤如下。

01 打开VS Code，在VS Code主页的左侧边栏找到并单击“Extensions”按钮。

02 打开扩展插件市场的窗口，在该窗口的搜索框中输入“twinny”。

03 选择“twinny”插件，并单击“Install”按钮，安装该插件。

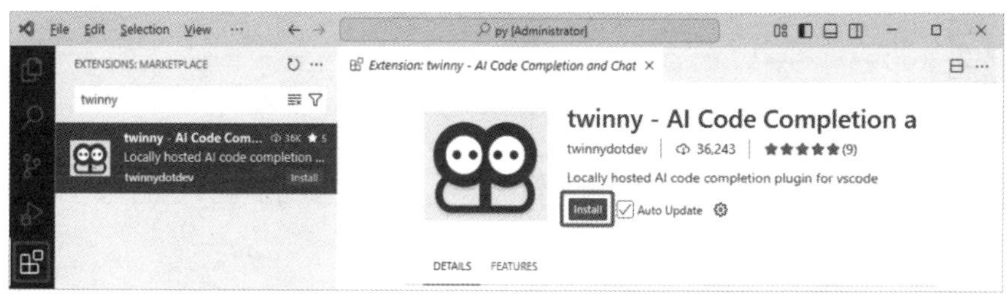

图7.14　VS Code安装twinny扩展插件

3. 配置模型

twinny插件选择模型如图7.15所示，具体步骤如下。

01 在VS Code左侧边栏选择并打开twinny插件。

02 twinny插件会自动搜索本地模型，只需在twinny插件输入框下方手动进行选择和切换即可。

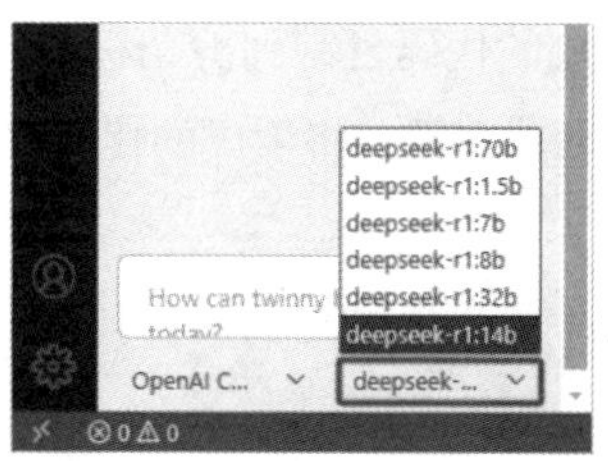

图7.15　twinny插件选择模型

4. 具体使用

twinny插件的使用相对简单，具体使用方法如图7.16所示。

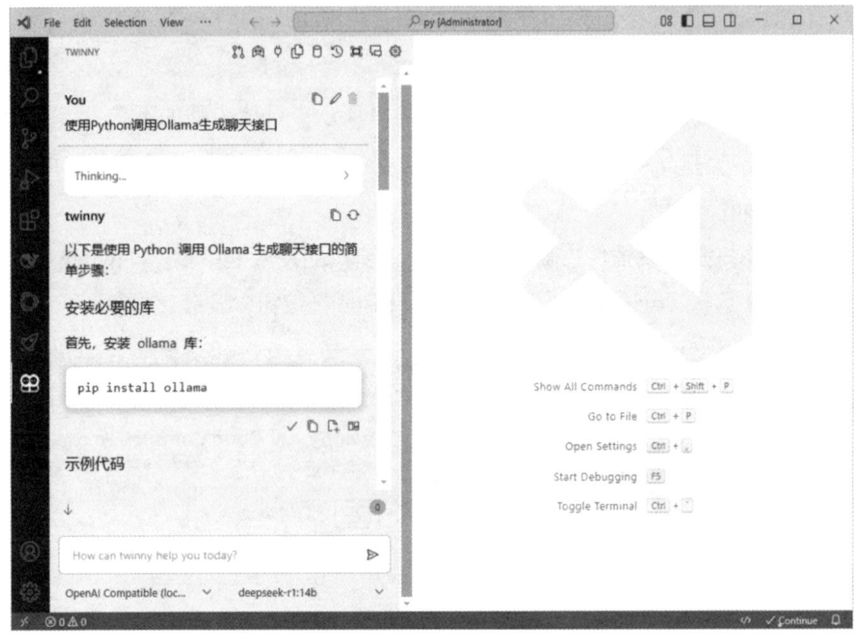

图7.16　twinny插件的具体使用方法

01 在VS Code左侧边栏找到并打开twinny插件。

02 在twinny插件的输入框中输入问题或需求，twinny会根据输入生成响应的文本和代码。

03 在twinny生成代码的下面有4个按钮。

◎ **追加代码到当前文件：** 将生成的代码复制添加到当前文件的末尾。

◎ **复制代码：** 将生成的代码复制到剪贴板，方便粘贴到其他位置。

◎ **复制到新文件：** 新建文件并将生成的代码复制到该文件中，如图7.17所示。

◎ **文件差异：** 查看生成代码与当前文件代码的差异。

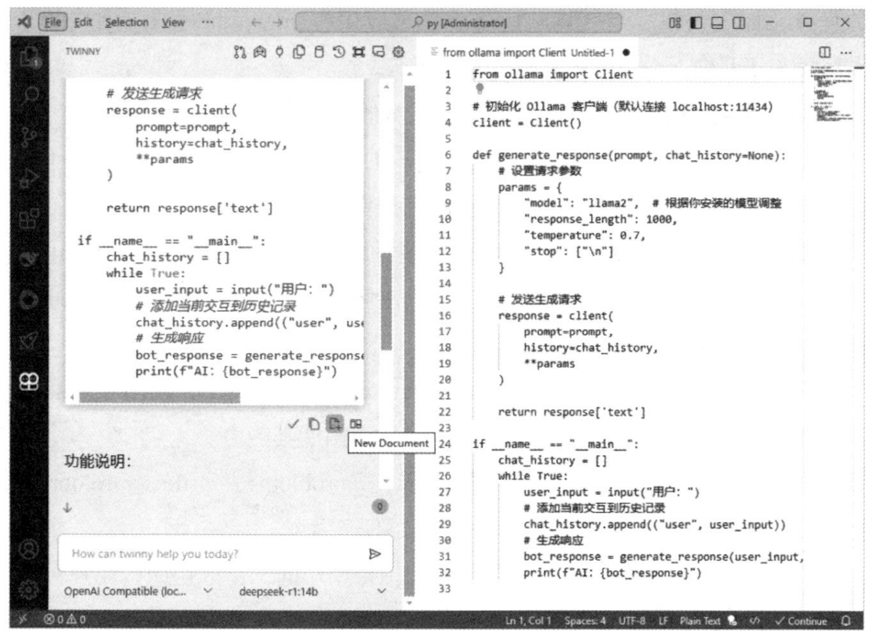

图 7.17 twinny 插件生成的代码直接复制到新文件

7.3.6 使用 Cline 插件

Cline 是基于 VS Code 的 AI 编程助手插件，完全开源且支持本地离线运行，通过多模态交互和智能代理能力重新定义了开发工作流。

1. 功能特点

Cline 的功能特点如下。

◎ **代码编辑与文件管理：** Cline 能够直接在用户的编辑器中创建和编辑文件，并展示更改的差异视图。用户可以在差异视图中编辑或恢复 Cline 的更改，Cline 还会监控 linter 和编译器错误，以便在过程中自行修复出现的问题。

◎ **终端命令执行：** 借助 VS Code v1.93 中的新终端 shell 集成更新，Cline 可以直接在用户的终端中执行命令并接收输出。这使它能够执行广泛的任务，如安装包、运行构建脚本、部署应用程序等，同时适应用户的开发环境和工具链。

◎ **浏览器操作：** Cline支持浏览器自动化，包括页面启动、元素点击、文本输入和滚动操作，并自动捕获每一步的截图和控制台日志。该功能适用于交互式调试、端到端测试及常规网页操作场景。

◎ **API和模型支持：** Cline 支持多种 API 提供商，如 OpenRouter、Anthropic、OpenAI 等。用户还可以配置任何兼容 OpenAI 的 API，或通过 LM Studio/Ollama 使用本地模型。

◎ **自定义工具扩展：** 通过 Model Context Protocol，Cline 可以创建和安装适合用户特定工作流程的自定义工具，从而拓展其能力。

◎ **上下文添加：** 用户可以通过 @url、@problems、@file、@folder 等指令为 Cline 添加上下文，使其更好地理解任务背景。

◎ **检查点与恢复：** Cline 会在每一步拍摄用户的工作区快照，用户可以使用“比较”按钮查看快照和当前工作区之间的差异，并使用“恢复”按钮回滚到该点。

2. 安装步骤

VS Code安装Cline扩展插件如图7.18所示，具体步骤如下。

01 打开VS Code，在VS Code主页的左侧边栏找到并单击“Extensions”按钮。

02 打开扩展插件市场的窗口，在该窗口的搜索框中输入“Cline”。

03 选择“Cline”插件，并单击“Install”按钮，安装该插件。

图7.18　VS Code安装Cline扩展插件

3. 配置模型

Cline插件选择模型如图7.19所示，具体步骤如下。

01 在VS Code左侧边栏选择并打开Cline插件。

02 如图7.19所示，在Cline插件的页面，单击“Use your own API key”按钮，选择使用本地大模型。

03 如图7.20所示，配置本地大模型的参数。

◎ **API Provider：**选择“Ollama”。

◎ **Base URL（optional）：**填写“http://localhost:11434”。

◎ **Model ID：**任意选择，在硬件条件允许的情况下，选择参数版本越大的模型越好。

◎ **Model Context Window：**模型上下文窗口，根据硬件条件按需设置。

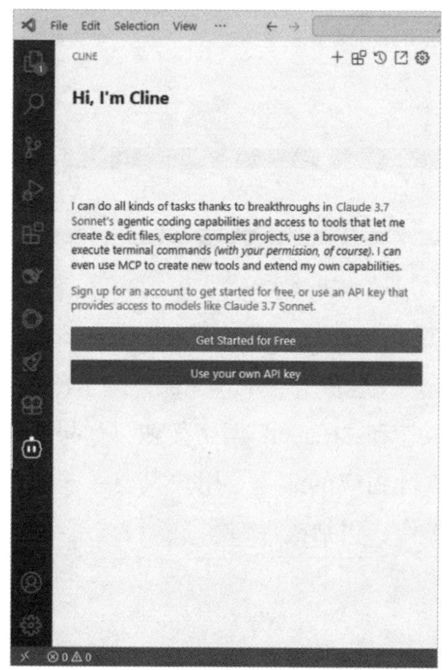

图7.19　Cline插件选择本地大模型

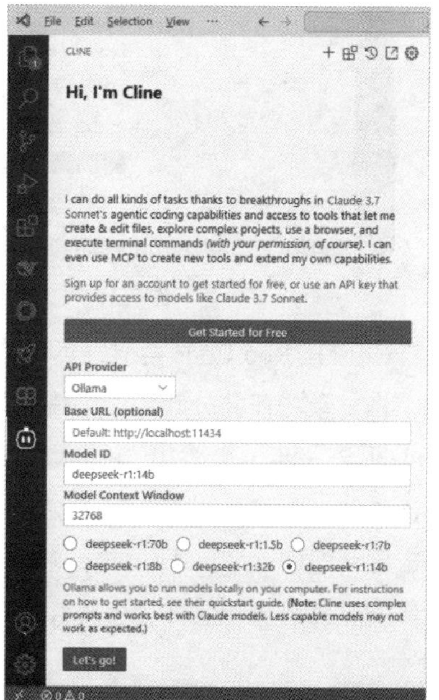

图7.20　Cline插件配置本地大模型

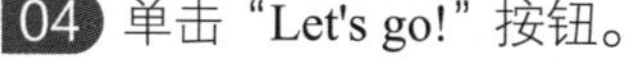

04 单击“Let's go!”按钮。

4. 具体使用

Cline插件的具体使用方法如图7.21所示，在输入框输入“使用Python调用Ollama生成聊天接口”，Cline能够根据自然语言描述快速生成代码片段。

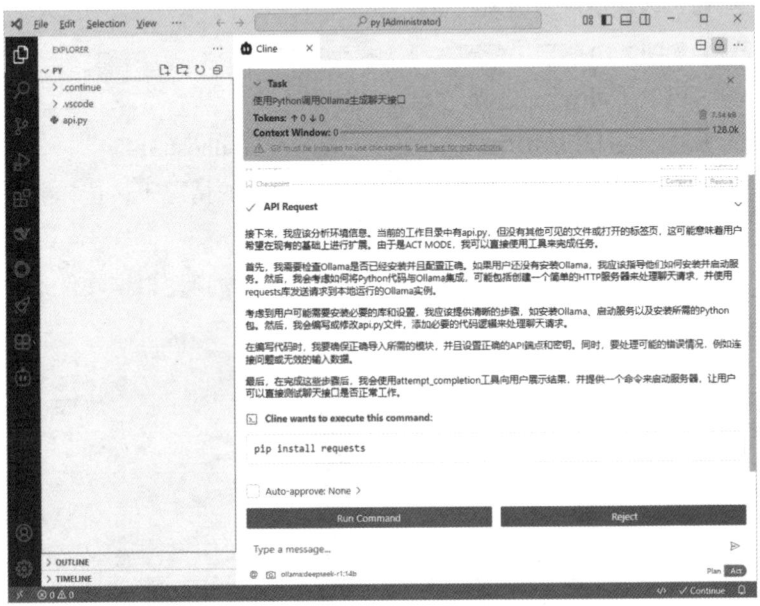

图7.21　Cline插件的具体使用方法

Cline同Roo Code类似，不仅是对话式的交互，而且能通过工作流的形式，将复杂的任务分解为多个清晰的步骤，逐步引导用户完成，甚至比Roo Code更进一步，会跳出“Run Command”和“Reject”两个按钮，如果用户单击“Run Command”，Cline会自动执行相应的命令。用户只要一步步地单击确认按钮，Cline即可执行响应的工作，包括执行脚本、执行终端命令、操作浏览器、操作文件、生成代码等。

7.3.7 使用 DeepSeek R1 插件

在VS Code中，DeepSeek R1插件是由开源社区的开发者colourafredi发

布并维护的，插件名称为vscode-deepseek，同样是完全开源且支持本地离线运行。

1. 功能特点

DeepSeek R1插件专注本地化部署和轻量级集成，具有如下优点。

◎ **使用灵活：** 支持通过Ollama加载DeepSeek-R1模型的本地化部署，同时也支持在线API调用，兼顾了用户对隐私保护的需求和灵活使用的场景。

◎ **辅助开发：** 提供代码补全、智能问答、测试用例生成等全栈开发辅助功能，有效提升开发效率。

◎ **自定义与离线支持：** 用户可以自定义提示词，满足个性化需求，同时支持离线使用，适应不同网络环境。

◎ **开源免费：** 作为开源项目，用户无须支付费用即可使用，并可参与二次开发，共同推动插件的持续改进。

◎ **社区认可：** 下载量已突破4万次，用户评分高，社区活跃，反馈及时，为插件的稳定性和功能扩展提供了有力保障。

2. 安装步骤

VS Code安装DeepSeek R1扩展插件如图7.22所示，具体步骤如下。

01 打开VS Code，在VS Code主页的左侧边栏找到并单击“Extensions”按钮。

02 打开扩展插件市场的窗口，在该窗口的搜索框中输入“DeepSeek”。

03 选择“DeepSeek R1”插件，并单击“Install”按钮，安装该插件。

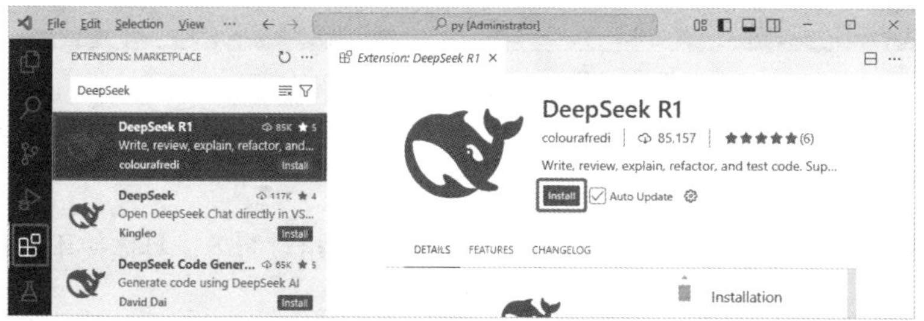

图 7.22 VS Code安装DeepSeek R1扩展插件

3. 配置模型

DeepSeek R1插件选择模型如图7.23所示，具体步骤如下。

01 如图7.23所示，打开VS Code，在VS Code主页的左侧边栏找到并单击“Extensions”按钮。

02 找到并打开DeepSeek R1插件的“Settings”界面。

03 “Settings”界面中有很多参数被允许设置，必填项如下。

◎ **Base URL：** 填写“http://127.0.0.1:11434”。

◎ **Model：** 输入“deepseek-r1:32b”，在条件允许的情况下，选择参数版本越大的模型越好。

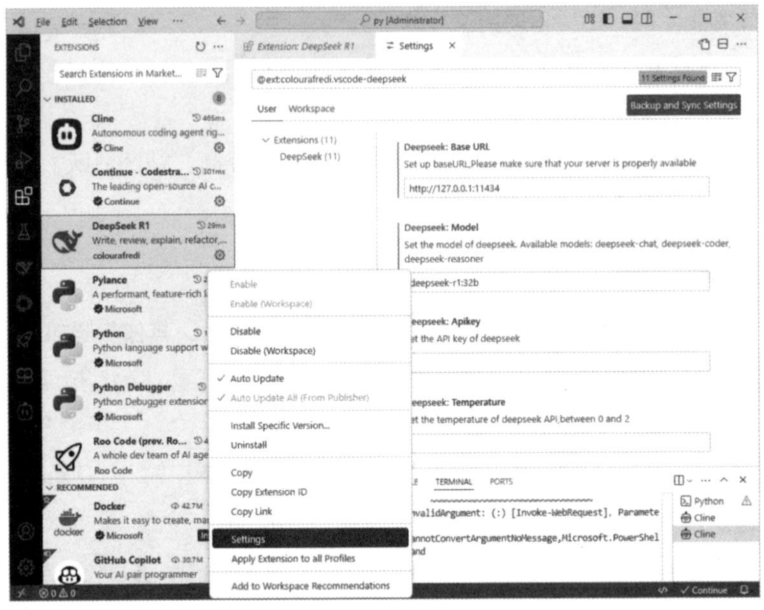

图7.23　DeepSeek R1插件选择模型

4. 具体使用

DeepSeek R1插件与twinny插件类似，使用相对简单，具体使用方法如图7.24所示。

01 在VS Code左侧边栏找到并打开DeepSeek R1插件。

02 在DeepSeek R1插件的输入框中输入问题或需求，DeepSeek R1会根据输入生成响应的文本和代码。

03 在DeepSeek R1生成代码的下面有三个按钮，从左到右分别如下。

◎ **复制代码：**将生成的代码复制到剪贴板，方便粘贴到其他位置。

◎ **追加代码到当前文件末尾：**将生成的代码直接添加到当前文件的末尾。

◎ **复制到新文件：**将生成的代码复制到一个新的文件中。

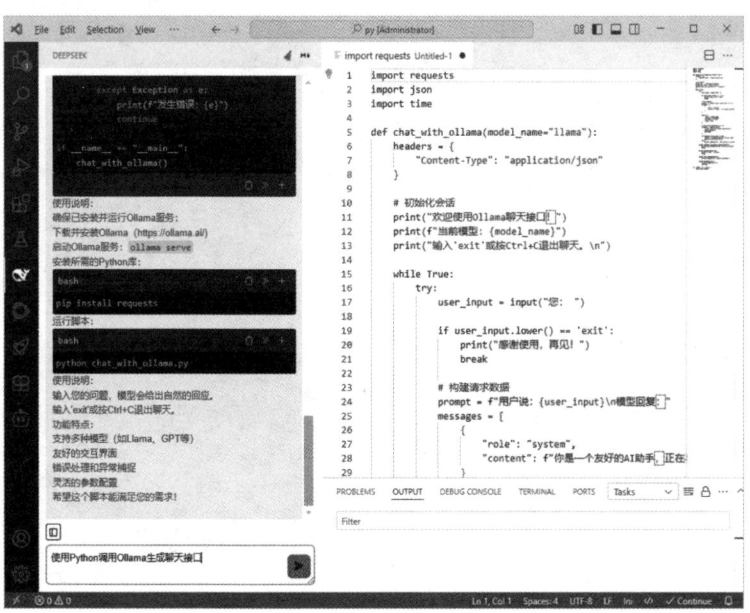

图7.24 DeepSeek R1插件的具体使用方法

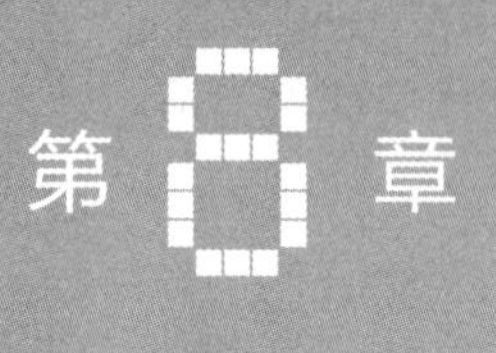

第8章 Open WebUI 应用实践

Open WebUI 是一款专为完全离线运行设计的开源AI平台，支持本地或私有化部署，适合企业级应用，功能与安全兼备。它提供了一套可扩展、用户友好的解决方案，无缝集成多种LLM运行环境（如Ollama和OpenAI API接口），并内置检索增强生成（RAG）引擎，让用户无须依赖云端服务即可实现复杂的AI交互。其主要功能特性如下。

- ◆ 灵活部署：支持Docker、Kubernetes等工具一键安装，支持Ollama和CUDA加速。
- ◆ 跨平台兼容：支持Ollama本地模型与OpenAI API无缝切换，满足多样化对话需求。
- ◆ 富文本增强：全面支持 Markdown、LaTeX 公式，让技术文档对话更专业。
- ◆ RAG增强检索：上传本地文档或通过 #URL 直接解析网页内容，精准提取上下文。
- ◆ 网页搜索集成：对接主流搜索引擎，实时获取最新信息并注入对话。
- ◆ 细粒度权限：支持用户组、角色分级，严格控制模型创建与访问权限。
- ◆ RBAC安全架构：确保敏感操作仅授权人员可执行。
- ◆ 响应式设计：适配手机、平板、计算机多端，界面流畅。
- ◆ 审计与追溯：记录所有模型调用和文档操作，支持事后分析与合规审查。
- ◆ 离线优先：无网络环境下仍可访问本地模型与历史记录。

8.1 基于 Windows 部署 Open WebUI

本节主要介绍如何基于Windows系统部署Open WebUI平台。

8.1.1 Docker Desktop 下载

如图8.1所示，打开浏览器访问Docker Desktop官网首页（https://www.docker.com/get-started/），单击中间“Download for Windows – AMD64”按钮，开始Docker Desktop安装包的下载。

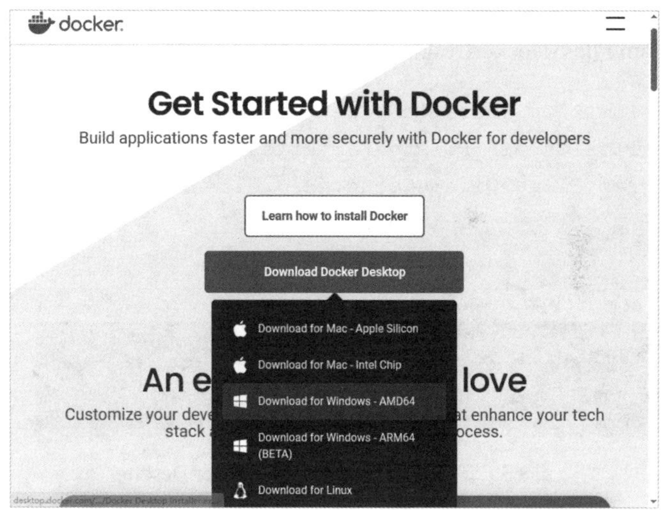

图 8.1　Docker Desktop 官网首页

8.1.2 Docker Desktop 安装

双击已经下载完成的Docker Desktop安装包（Docker Desktop Installer.exe），如图8.2所示，按照安装向导的提示逐步完成安装。有几点特别说明。

◎ 目前 Docker Desktop 安装过程中并无安装路径选择选项。

◎ 采用此方式安装，Docker Desktop将安装至C盘。

◎ Docker Desktop安装文件将占据近8GB的硬盘空间。

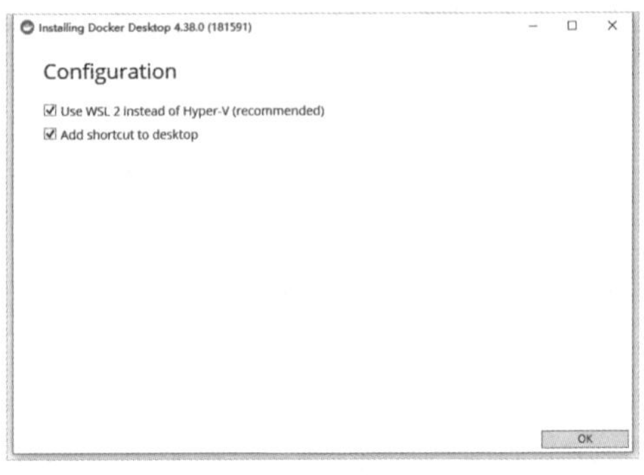

图8.2　双击打开Docker Desktop安装包

如果需要，如图8.3所示，通过命令行的方式可以指定Docker Desktop的安装路径。具体命令如下，其中”--installation-dir=“后接指定的Docker Desktop安装路径，比如，如下的命令是将Docker Desktop安装到D盘路径“D:\Program Files\DockerDesktop”中。

```
"Docker Desktop Installer.exe" install -accept-license
--installation-dir=D:\Program Files\DockerDesktop
D:\Program Files>OllamaSetup.exe /dir= “D:\Program Files\
Ollama”
```

图8.3　通过命令行方式安装Docker Desktop

当执行相应命令行后，此时系统仍会弹出Docker Desktop安装界面，耐心等待片刻，如图8.4所示，即为Docker Desktop安装完成界面。

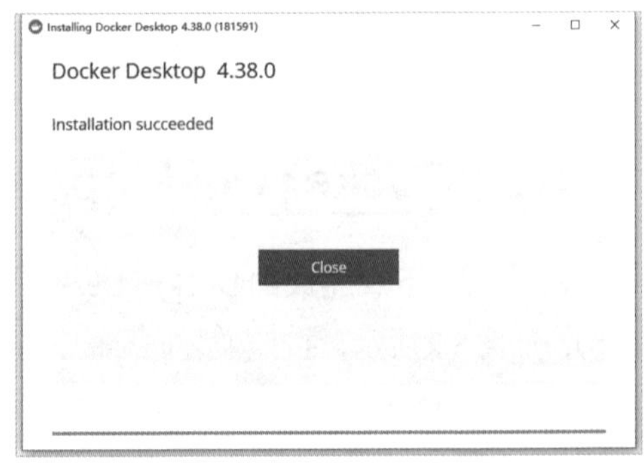

图8.4　Docker Desktop安装完成

8.1.3 Docker Engine 启动

双击打开Docker Desktop软件，如果出现“Docker Engine stopped”提示（见图8.5），则说明Docker未正常启动，出现异常，需要排查原因。

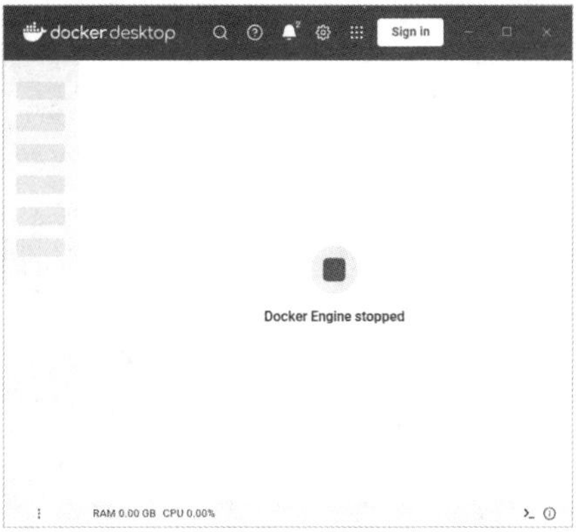

图 8.5 Docker Desktop 启动异常

可以从如下几个方面排查。

◎ **检查系统资源：** 确保你的机器有足够的内存和磁盘空间来运行Docker。如果资源不足，Docker 可能无法正常启动。

◎ **重置Docker 设置：** 在Docker Desktop 中，进入 Settings → Troubleshoot → Reset to factory defaults，这将恢复默认配置并可能解决启动问题。

◎ **启用Hyper-V和Windows Subsystem for Linux2（WSL2）：** 确保你的系统启用了Hyper-V 和 WSL 2。你可以在Windows功能中查看这两个功能是否已启用。

◎ **安装或更新WSL 2：** 在 Windows PowerShell 中输入“wsl --update”，安装或更新 WSL 2，如图8.6所示。

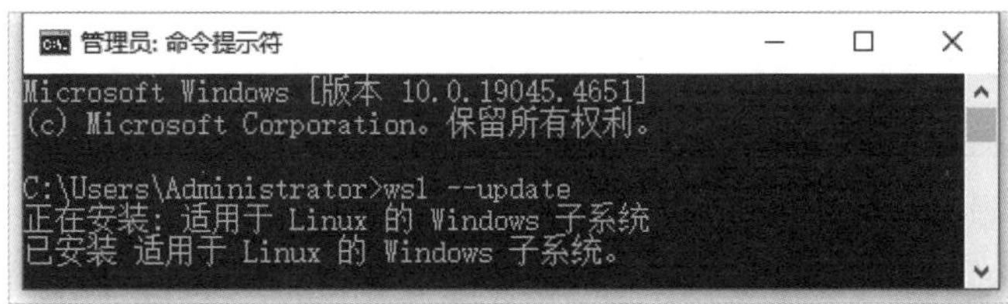

图 8.6 安装或更新 WSL 2

在确保系统资源充足、Docker Desktop设置正确和WSL 2已安装并启用的前提下，重新启动Docker Desktop，如果显示“Engine running”（见图8.7），则表明Docker Desktop已正常启动。

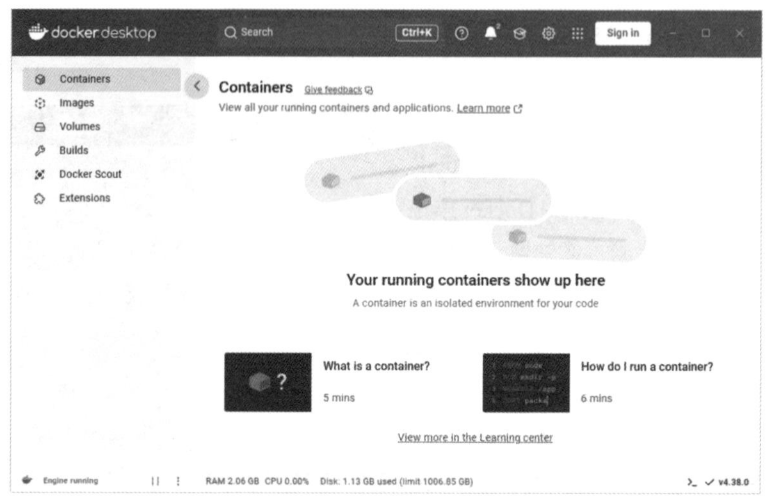

图8.7 Docker Desktop正常启动

8.1.4 Docker Engine镜像源

Docker默认的镜像仓库服务器位于海外，国内用户在拉取镜像时普遍存在以下问题：下载速度缓慢、连接不稳定导致频繁中断，以及大体积镜像拉取失败率高等。

因此，笔者建议在国内使用Docker的用户，配置Docker国内镜像加速器，用来提升镜像下载速度，同时保证传输稳定性。如图8.8所示，以下为详细配置流程。

01 在Docker Desktop主页，单击顶部状态栏的齿轮图标，进入设置（Settings）界面。

02 在设置（Settings）界面，选择左侧边栏的“Docker Engine”。

03 在Docker Engine设置界面，添加或修改“registry-mirrors”的值，如代码8.1所示。

04 单击底部“Apply & restart”按钮，等待Docker自动重启服务。

05 CMD终端执行 docker info ，验证Docker Registry Mirrors是否生效。

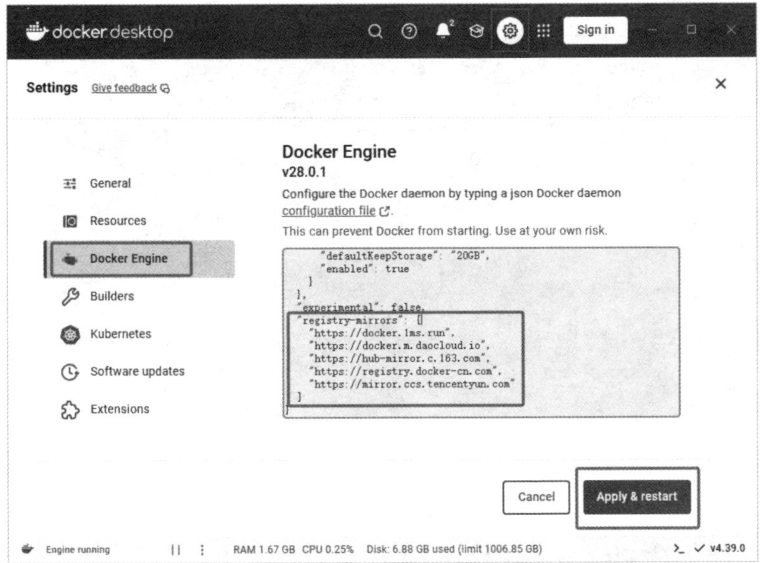

图 8.8 Docker 配置镜像源

代码8.1 国内镜像源地址

```
"registry-mirrors": [
  "https://docker.1ms.run",
  "https://docker.m.daocloud.io",
  "https://hub-mirror.c.163.com",
  "https://registry.docker-cn.com",
  "https://mirror.ccs.tencentyun.com"
]
```

8.1.5 拉取 Open WebUI 镜像

打开 Windows PowerShell 或 CMD，在其中输入以下命令，从服务器拉取 Open WebUI 镜像（见图 8.9）。

```
docker pull ghcr.io/open-webui/open-webui:main
```

图 8.9　Docker拉取Open WebUI镜像

8.1.6 启动 Open WebUI 容器

打开 Windows PowerShell或CMD，在其中输入以下命令，启动Open WebUI容器，Docker Desktop界面如图8.10所示则说明启动成功。

```
docker run -d -p 3000:8080 --add-host=host.docker.
internal:host-gateway -v open-webui:/app/backend/data
--name open-webui --restart always ghcr.io/open-webui/
open-webui:main
```

启动Open WebUI容器命令的参数说明如下。

◎ **-d**：后台运行容器。

◎ **-p 3000:8080**：将容器的 8080 端口映射到主机的 3000 端口。

◎ **--add-host=host. docker. internal:host-gateway**：使容器能够访问主机服务。

◎ **-v open-webui:/app/backend/data**：将 Open WebUI 的数据目录挂载到 Docker 卷 open-webui。

◎ **--name open-webui**：为容器命名。

◎ **--restart always**：设置容器始终自动重启。

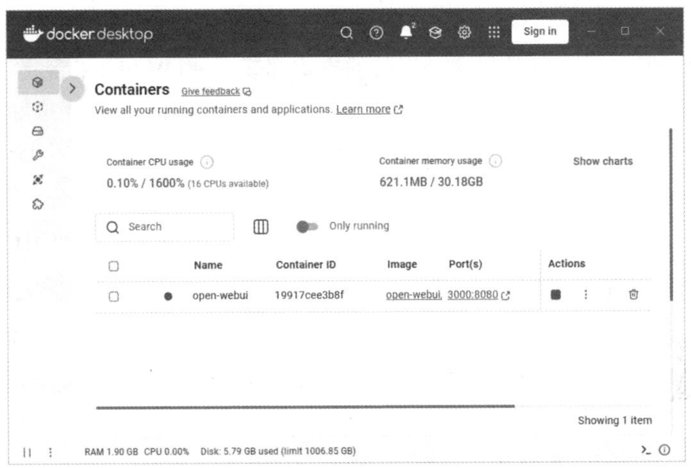

图 8.10 Docker 启动 Open WebUI 容器

8.1.7 停止 Open WebUI 容器

打开 Windows PowerShell 或 CMD，在其中输入以下命令，停止 Open WebUI 容器。

```
docker stop open-webui
```

8.1.8 删除 Open WebUI 容器

打开 Windows PowerShell 或 CMD，在其中输入以下命令，删除 Open WebUI 容器。

```
docker rm open-webui
```

8.2 基于 Linux 部署 Open WebUI

在 Linux 系统环境下，用户可以通过 Docker、Kubernetes 等方式自动部署Open WebUI，也可以通过手动安装的方式部署Open WebUI。本节主要介绍如何基于Linux系统使用手动安装的方式部署Open WebUI平台。

8.2.1 准备Conda环境

Open WebUI使用Python3.11开发，包含诸多依赖，建议使用Conda管理环境以避免依赖冲突。Conda有以下两个主要发行版。

◎ **Anaconda：** 包含大量预装科学计算库（如NumPy、Pandas），适合需要开箱即用的用户，但体积较大（约462MB）。

◎ **Miniconda：** 仅包含Conda和基础工具，体积轻量（约51MB），适合自定义环境，推荐服务器场景使用。

在Anaconda和Miniconda中，笔者建议选择Miniconda来管理Open WebUI的部署环境，因为它精简开发流程，更加灵活。Conda环境搭建的步骤如下。

01 在Linux系统的终端运行如下命令，使用wget下载Miniconda最新版的脚本。

```
wget https://repo.anaconda.com/miniconda/Miniconda3-
latest-Linux-x86_64.sh
```

02 在Linux系统的终端运行如下命令，赋予Miniconda脚本执行权限。

```
chmod +x Miniconda3-latest-Linux-x86_64.sh
```

03 在Linux系统的终端运行如下命令，执行Miniconda脚本。

```
bash Miniconda3-latest-Linux-x86_64.sh
```

执行脚本的过程中有几个关键步骤需要与用户交互。

◎ 阅读许可协议，输入“yes”同意。

◎ 安装路径默认为“~/miniconda3”，也可以自定义。

◎ 初始化Conda环境变量，输入“yes”，自动将路径写入“~/.bashrc”。

04 在Linux系统的终端运行如下命令，使Conda环境变量立即生效。

```
source ~/.bashrc
```

05 在Linux系统的终端运行如下命令，查询Conda版本号，验证安装是否成功，如图8.11所示。

```
conda --version
```

```
(base) [root@iZgw0bdpdtyqxyz77dha9nZ ~]# conda --version
conda 25.1.1
```

图8.11 查询Conda版本号

8.2.2 安装 Open WebUI 平台

安装Open WebUI环境搭建的步骤如下。

01 在Linux系统的终端运行如下命令，创建名为“webui”的独立虚拟环境，并指定在该环境中安装 Python 3.11 版本。

```
conda create -n webui python=3.11
```

02 在Linux系统的终端运行如下命令，激活名为 webui 的虚拟环境，后续操作（如安装包、运行程序）均在该环境中进行。

```
conda activate webui
```

03 在Linux系统的终端运行如下命令，在当前环境安装Open WebUI及其依赖。

```
pip install open-webui
```

04 在Linux系统的终端运行如下命令，启动Open WebUI服务，如图8.12所示。

```
open-webui serve --host 0.0.0.0 --port 4000
```

启动Open WebUI服务的参数具体作用如下。

◎ **--host 0.0.0.0**：指定服务监听的 IP 地址为“0.0.0.0”，允许来自

所有网络接口的访问。若省略此参数或将其设置为“128.0.0.1”，则仅允许本地访问。

◎ **--port 4000**：定义服务运行的端口号为4000，避免与默认端口冲突，且需要同步修改防火墙和安全组设置。

```
(webui) [root@iZgw0bdpdtyqxyz77dha9nZ ~]# open-webui serve --host 0.0.0.0 --port 4000
Loading WEBUI_SECRET_KEY from file, not provided as an environment variable.
Loading WEBUI_SECRET_KEY from /root/.webui_secret_key
/root/miniconda3/envs/webui/lib/python3.11/site-packages/open_webui
/root/miniconda3/envs/webui/lib/python3.11/site-packages
/root/miniconda3/envs/webui/lib/python3.11
INFO  [alembic.runtime.migration] Context impl SQLiteImpl.
INFO  [alembic.runtime.migration] Will assume non-transactional DDL.
INFO  [open_webui.env] 'DEFAULT_LOCALE' loaded from the latest database entry
INFO  [open_webui.env] 'DEFAULT_PROMPT_SUGGESTIONS' loaded from the latest database entry
WARNI [open_webui.env]

WARNING: CORS_ALLOW_ORIGIN IS SET TO '*' - NOT RECOMMENDED FOR PRODUCTION DEPLOYMENTS.

INFO  [open_webui.env] Embedding model set: sentence-transformers/all-MiniLM-L6-v2
WARNI [langchain_community.utils.user_agent] USER_AGENT environment variable not set, consider setting it to identify your requests.

OPEN WEBUI

v0.5.20 - building the best open-source AI user interface.
```

图8.12　Linux系统启动Open WebUI服务

8.3 Open WebUI基础应用

完成Open WebUI的部署后，可以通过浏览器访问该平台（网址为 http://localhost:3000），其界面如图8.13所示。本节将着重介绍Open WebUI的基础应用，包括但不限于以下关键功能：创建管理员账号、禁用OpenAI、用户管理、权限组管理、模型管理、知识库管理、提示词管理，以及在本地局域网内为多个用户提供Open WebUI应用服务等。

图8.13　Open WebUI平台界面

8.3.1 创建管理员账号

首次访问Open WebUI平台时，需要创建一个管理员账户以启动并管理整个系统。如图8.14所示，只需在相应的输入框中依次输入管理员的名称、电子邮箱和密码，即可完成创建过程。

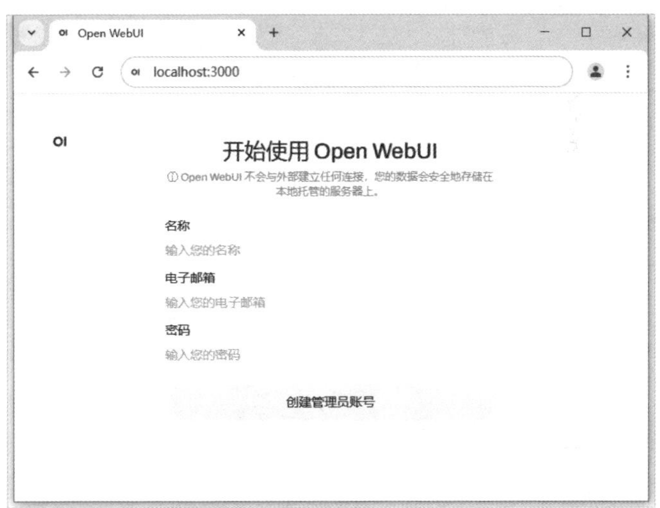

图 8.14　首次使用 Open WebUI

8.3.2 禁用 OpenAI

在初次登录Open WebUI平台时，可能会遇到一个较为常见的问题：页面长时间显示空白。出现这一现象是因为Open WebUI默认会尝试连接OpenAI的API，但是由于国内网络环境无法直接访问OpenAI，所以Open WebUI访问OpenAI等待响应直到超时，这段时间就导致长时间的白屏现象。

为快速解决这一问题，可以通过以下步骤进行操作：单击页面左下角管理员账户的头像，依次选择“管理员面板”→“设置”→“外部连接”，并关闭OpenAI API的连接选项，具体操作路径如图8.15所示。通过这一简单的设置调整，即可有效避免白屏问题，确保Open WebUI平台的正常使用。

图 8.15　禁用OpenAI外部连接

8.3.3 用户管理

Open WebUI的用户管理模块采用分层权限架构，支持多维度控制与精细化配置。

1. 用户列表

如图8.16所示，单击页面左下角管理员账户的头像，依次选择“管理员面板”→“用户”→“概述”，即可进入用户列表界面，该界面集用户创建、用户删除、用户修改、状态监控于一体，并支持按用户名／邮箱／状态／部门等条件进行智能搜索。

图 8.16　Open WebUI用户管理界面

2. 用户角色

Open WebUI定义了三种用户角色：管理员、用户和待激活。

◎ **管理员：** 首个注册账户自动成为管理员，拥有最高权限（用户管理、权限管理、模型管理、知识库管理和系统日志审计等）。

◎ **用户：** 通过管理员添加或审核的用户，仅能访问公共的或自身权限内已授权的功能、模型和知识库，无法修改系统配置或查看敏感数据。

◎ **待激活：** 等待邮箱验证或管理员审核的用户，当前状态不可登录。如果强行登录，会有“账号待激活，请联系管理员以获取访问权限”的提示，如图8.17所示。

图 8.17　Open WebUI账号待激活提示

3. 添加用户

在用户列表界面（见图8.16），单击右上角“+”按钮，即可跳出“添加用户”弹窗。Open WebUI添加用户的方式有两种：“手动创建”和“通过CSV文件导入”。

◎ **手动创建：** 在“添加用户”窗口选择“手动创建”选项栏，如图8.18所示。填写新用户的详细信息，包括权限组、名称、电子邮箱和密码。该方式适合逐个添加用户，操作简单且灵活。

图 8.18　Open WebUI平台通过手动创建添加用户

◎ **通过CSV文件导入：** 在“添加用户”窗口选择“通过CSV文件导入”选项栏，如图8.19所示。通过CSV文件导入适合批量添加用户，可以节省时间、提高效率。

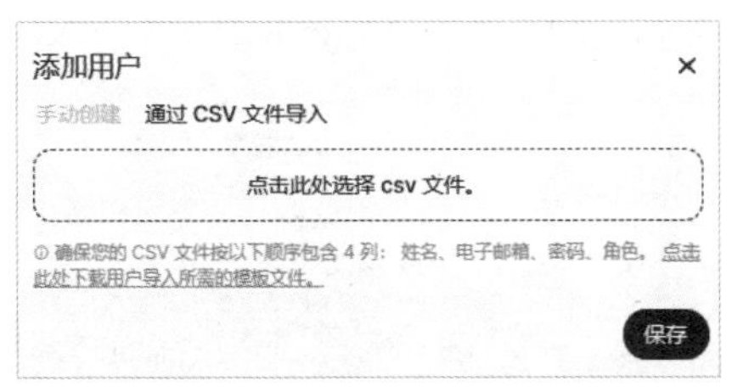

图 8.19　Open WebUI平台通过CSV文件导入添加用户

8.3.4 权限组管理

Open WebUI采用基于RBAC模型的权限管理系统，通过双重确认机制保障操作安全性，支持功能模块级与操作级的细粒度权限控制。

1. 权限组列表

系统管理员可通过以下路径进行权限组管理：单击页面左下角管理员账户的头像，依次选择“管理员面板”→“用户”→“权限组”，即可进入权限组列表界面（见图8.20）。权限组列表界面的功能：权限组创建/删除/修改操作、查看权限组成员数量、智能检索等。

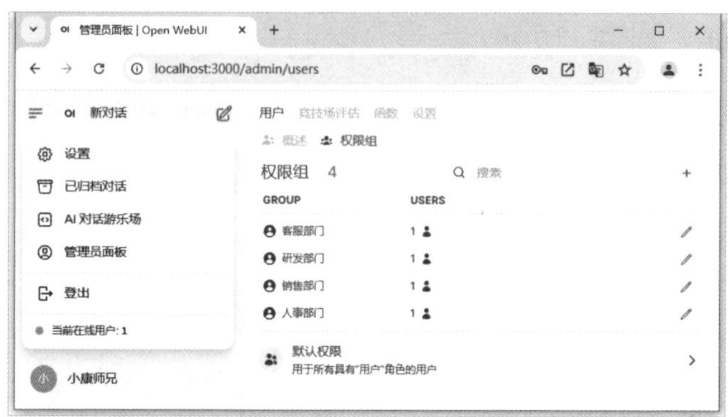

图8.20 Open WebUI平台权限组列表

2. 添加权限组

在权限组列表界面（见图8.20），单击右上角“+”按钮，即可跳出“添加权限组”弹窗（见图8.21）。输入权限组名称和描述即可创建权限组。

图8.21 Open WebUI平台添加权限组

3. 编辑权限组

单击权限组列表右侧边栏的编辑按钮，即可跳出“编辑用户组”弹窗，该窗口分为三个页签栏：通用、权限和用户，每个页签栏的功能都不相同。

◎ **通用：** 可以编辑修改权限组的名称和描述。

◎ **权限：** 如图 8.22 所示，支持细粒度权限控制，包含三大类权限，即工作空间权限、对话权限和功能权限；以及 12 项基础权限，即访问模型列表、访问知识库、访问提示词、访问工具、允许对话高级设置、允许上传文件、允许删除对话记录、允许编辑对话记录、允许临时对话、联网搜索、图像生成、代码解释器。

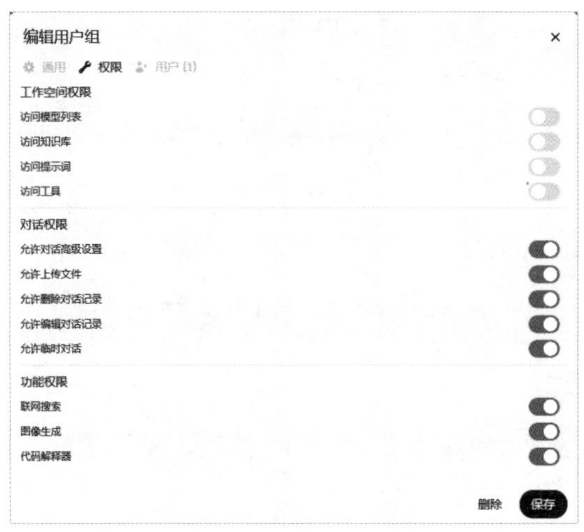

图 8.22　Open WebUI 平台编辑权限组的基础权限

◎ **用户：** 图 8.23 所示为可视化成员列表展示，支持多选用户添加进权限组和支持多选用户移除出权限组的操作。

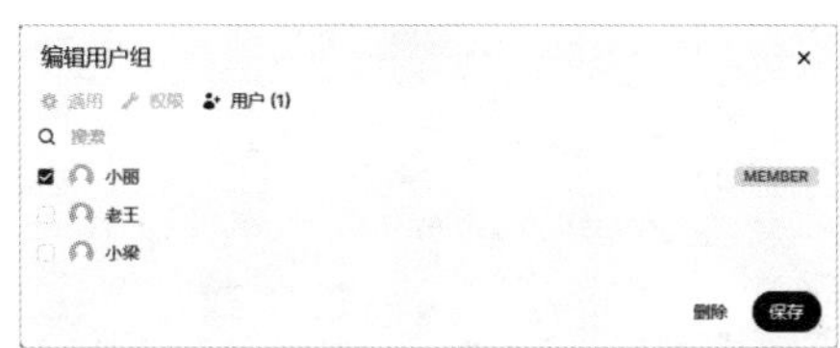

图 8.23　Open WebUI 平台编辑权限组的用户成员

8.3.5 模型管理

Open WebUI支持对LLM进行全面管理，包括模型的添加、删除、更新及权限设置等操作。

1. 模型列表

系统管理员可通过以下路径进行模型管理：单击页面左侧边栏“工作空间”，然后选择“模型”即可进入模型列表界面（见图8.24）。

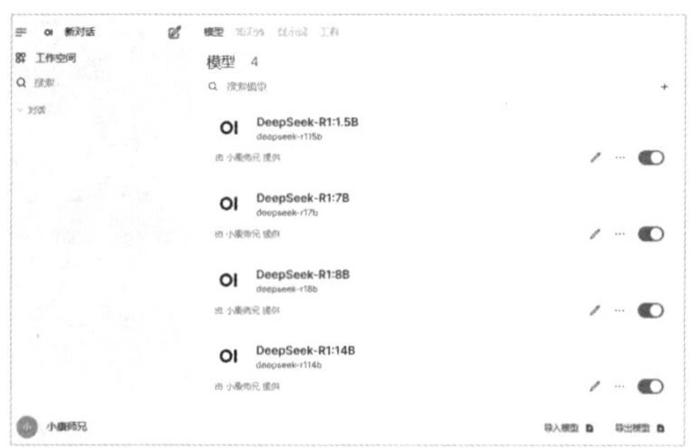

图8.24 Open WebUI平台模型列表

2. 添加模型

在模型列表界面，单击右上角“+”按钮，即可进入“添加模型”界面（见图8.25）。

图8.25 Open WebUI平台添加模型

在此界面需要输入或选择一系列与模型相关的重要信息，这些信息将对模型的特性、使用和功能起到关键的作用。输入或选择完成后，单击界面底部的“保存并创建”按钮，新的模型即可成功创建。以下是需要输入或选择的详细信息。

◎ **模型名称：**为模型设定一个简洁且具有辨识度的名称，便于后续管理和查找。

◎ **模型描述：**对模型的功能、应用场景、特点等进行详细的文字说明，有助于其他用户快速了解模型的用途。

◎ **模型标签：**通过添加标签，可以对模型进行分类和标记，便于后续的搜索和筛选。

◎ **模型可见性：**选择模型的可见范围，可设置为“Public”（公开）或“Private”（私有）。

◎ **系统提示词：**配置模型的系统提示词，以引导模型的输出方向，提升其响应的准确性。

◎ **高级参数：**根据需要调整模型的高级参数，提升其性能和输出质量。

◎ **提示词建议：**系统为用户提供的一些常用提示词示例，可作为用户输入的参考，提高使用效率。

◎ **知识库：**关联模型可访问的知识库，为其提供更丰富的信息支持。

◎ **工具：**选择模型可以使用的工具，扩展其功能范围。

◎ **过滤器：**设置过滤规则，对输入或输出的数据进行筛选和处理，以满足如法律合规检查等特定需求。

◎ **自动化：**配置模型的自动化任务和流程，提升使用效率。

模型可见性设置需要双重确认。首先，在权限组中勾选“访问模型列表”，然后在“模型管理”→“可见性”中设置为“Public”，并且关联目标权限组。只有同时完成这两步配置，用户才能访问指定模型。

基础模型的管理主要分为两类：一是可见性Public，二是可见性Private。

◎ **可见性Public：**举个例子，DeepSeek-R1:14B（见图8.26）及以下版本的模型占用算力较小，可以对所有用户开放。

◎ **可见性Private：**举个例子，DeepSeek-R1:32B（见图8.27）及以上

版本的模型占用算力较大，且并非所有员工都需要如此高性能的AI模型，因此限制其使用，设置可见性为Private，并关联权限组“研发部门”，仅供研发部门成员使用。

图 8.26　Open WebUI平台模型可见性Public

图 8.27　Open WebUI平台模型可见性Private

8.3.6 知识库管理

Open WebUI可以构建本地私有知识库，并支持对知识库进行全面管理，包括知识库的添加、删除、更新及权限设置等操作。

1. 知识库列表

系统管理员可通过以下路径进行知识库管理：单击页面左侧边栏“工作空间”，然后选择“知识库”即可进入知识库列表界面（见图8.28）。

图 8.28　Open WebUI平台知识库列表

2. 创建知识库

在知识库列表界面（见图8.28），单击右上角“+”按钮，即可进入“创建知识库”界面（见图8.29）。在此界面输入知识库名称和知识库目标，并选择知识库可见性后，单击界面底部的“创建知识”按钮，知识库即可成功创建。

知识库的可见性设置同模型一样需要双重确认。首先，在权限组中勾选“访问知识库列表”，然后在“知识库管理”→“可见性”中设置为“Public”，并且关联目标权限组。只有同时完成这两步配置，用户才能访问指定知识库。

创建知识库只是第一步，后续需要持续丰富和完善知识库内容。如图8.30所示，用户可以通过多种方式添加知识库内容，包括上传文件、上传目录、同步目录及添加文本内容。这一过程并非一蹴而就，而是需要长期积累和持续优化，以确保知识库的全面性和准确性。

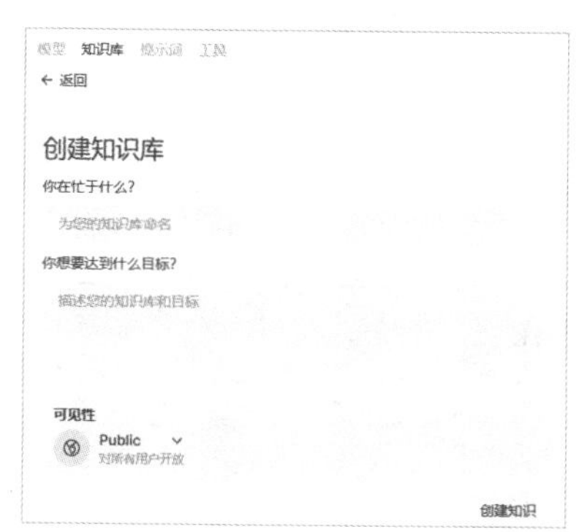

图8.29 Open WebUI平台创建知识库

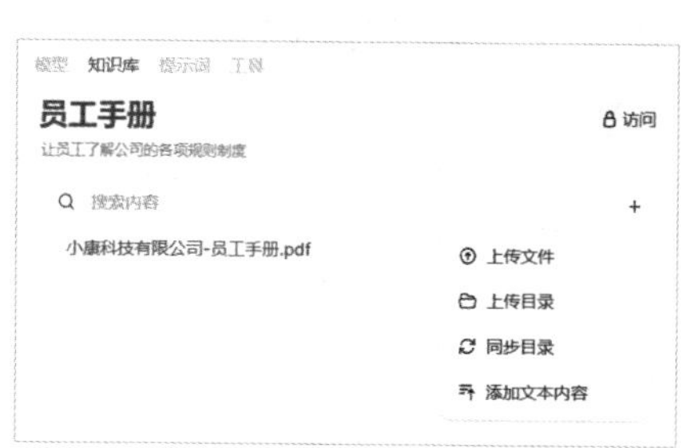

图8.30 Open WebUI平台知识库内容完善

3. 使用知识库

在使用Open WebUI知识库时，用户可以通过以下步骤高效获取所需信息，如图8.31所示。通过知识库，用户可以快速获取精准的答案，从而提升工作效率和信息获取的准确性。

01 新建对话：在平台中创建一个新的对话窗口。

02 选择知识库：在对话输入框中输入“#”号，随后选择对应的知识库。这一步确保了对话能够基于特定的知识库内容进行交互。

03 提出问题或需求：在输入框中清晰地输入您的问题或需求。

04 获取答复：提交问题后，等待DeepSeek-R1模型检索知识库内容生成并返回答复，如图8.32所示。

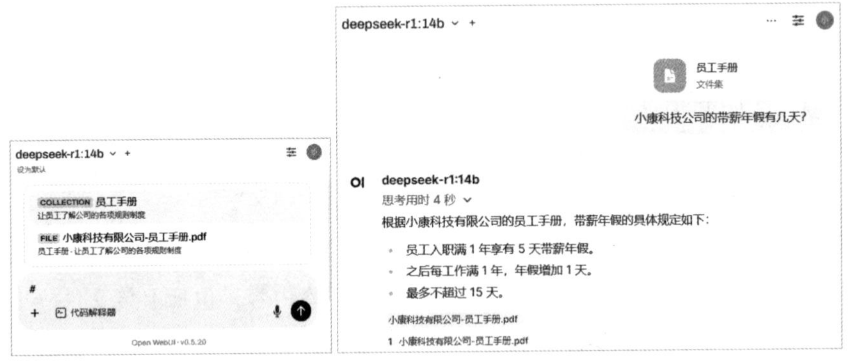

图8.31 Open WebUI平台使用知识库

图8.32 Open WebUI平台使用知识库对话

8.3.7 提示词管理

Open WebUI支持预设提示词，并支持对提示词进行全面管理，包括提示词的添加、删除、更新及权限设置等操作。

1. 提示词列表

系统管理员可通过以下路径进行提示词管理：单击页面左侧边栏“工作空间”，然后选择“提示词”，即可进入提示词列表界面（见图8.33）。

图8.33 Open WebUI平台提示词列表

2. 创建提示词

在提示词列表界面（见图8.33），单击右上角“+”按钮，即可进入

“创建提示词”界面（见图8.34）。在此界面输入提示词标题、提示词命令和提示词内容，并选择提示词可见性后，单击界面底部的“保存并创建”按钮，提示词即可成功创建。

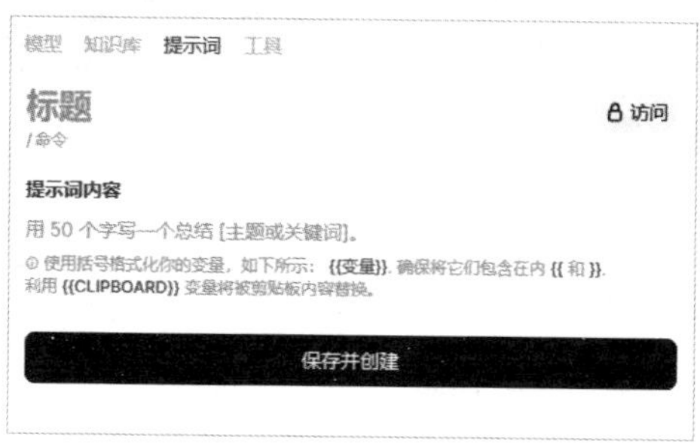

图8.34 Open WebUI平台创建提示词

提示词的可见性设置同模型一样需要双重确认，这里就不再赘述。

3. 使用提示词

在Open WebUI中使用提示词非常便捷，如图8.35所示，只需在对话窗口的输入框中输入“/”号，然后输入提示词对应的命令或选择对应的提示词选项，即可获得预先设置好的提示词。

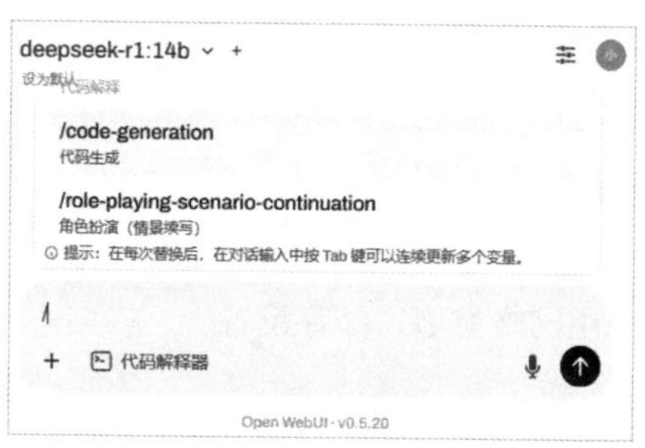

图8.35 Open WebUI平台使用提示词

8.3.8 本地局域网使用

当完成用户创建、权限编辑、模型添加后，即可在本地局域网内，提供给其他多个用户使用Open WebUI应用服务。

1. 服务器IP查询

如图8.36所示，打开Windows PowerShell或CMD，在其中输入以下命令，查找“IPv4地址”字段，获取本机服务器的IP地址为192.168.50.117。

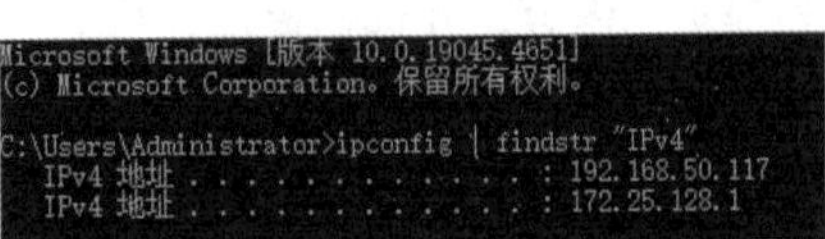

图8.36　查询本机服务器的IP地址

```
ipconfig | findstr "IPv4"
```

注意：建议在路由器端为服务器分配固定IP地址。

2. 防火墙设置

打开“控制面板”→“系统和安全”→“Windows Defender防火墙”进行防火墙设置。有如下两种方法。

（1）新建入站规则。

①高级设置→入站规则→新建规则。

②选择“端口”→指定TCP端口3000。

③选择“允许连接”→应用于域/专用/公共网络。

（2）允许应用通过防火墙。

①单击“允许应用或功能通过Windows Defender防火墙”→更改设置→允许其他应用。

②浏览并添加Open WebUI的Docker容器映射程序。

③勾选专用和公用网络类型，保存设置。

3. 局域网内使用

确保不同设备都在同一个局域网网段。

◎ **PC端：**浏览器输入http://服务器IP:3000，如图8.37所示，即可访问Open WebUI平台。

◎ **移动端：**浏览器访问相同地址，如图8.38所示，Open WebUI界面自适应移动端。

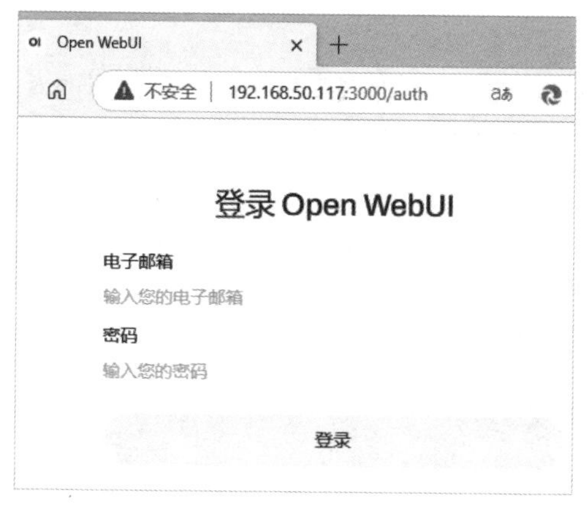

图 8.37 本地局域网内 PC 端使用 Open WebUI 服务

图 8.38 本地局域网内手机端使用 Open WebUI 服务

8.4 文档内容提取引擎

文档内容提取引擎是文档管理与知识库管理的核心组件，其能力直接影响非结构化数据的处理效率。Open WebUI 通过灵活的 get_loader 函数实现了引擎动态适配机制，支持 Apache Tika、Azure AI Document Intelligence 和 Unstructured 三大主流文件解析框架，同时内置多种格式的专用加载器作为补充。

8.4.1 动态适配源码解析

文档内容提取多引擎动态适配机制基于 get_loader 函数实现，get_loader 函数源码路径：open-webui-main\backend\open_webui\retrieval\loaders\main.py。

get_loader 函数源码（注释说明版）如代码 8.2 所示，流程如图 8.39 所示。内容提取引擎的优先级是 Apache Tika > Azure AI Document Intelligence > 默

认加载器，流程说明如下。

01 检查是否配置了Apache Tika内容提取引擎，如果是，则进入第2步；否则，跳转第3步。

02 判断是否为文本类型文件，如果是，则使用TextLoader通用文本加载器，避免Tika开销；如果不是，则启用TikaLoader通用解析服务，Tika能够处理1200多种格式。

03 检查是否配置了Azure Document Intelligence内容提取引擎，如果是，则进入第4步；否则，跳转第5步。

04 判断是否为pdf文件或Office类型文件（Word、Excel、PowerPoint等），如果是，则使用AzureAIDocumentIntelligenceLoader智能文本解析服务；如果不是，则跳转第5步。

05 进入默认文件加载器，根据不同的文件类型，使用不同的文件加载器。其中，rst、xml、epub、xls/xlsx、ppt/pptx等类型的文件使用Unstructured文件加载器。

代码8.2 get_loader函数（注释说明版）

```
#
#    根据文件类型和配置选择合适的文档加载器
#
#    参数：
#        filename (str): 文件名，用于确定文件扩展名
#        file_content_type (str): 文件的MIME类型，用于更准确
#        地识别文件格式
#        file_path (str): 文件的路径，用于加载器读取文件
#
#    返回：
#        loader: 一个文档加载器实例，用于解析和加载文件内容
#
def _get_loader(self, filename: str, file_content_type:
                str, file_path: str):
```

```
    # 提取文件扩展名并转换为小写
        file_ext = filename.split(".")[-1].lower()

    # 优先级 1: Apache Tika (需配置 TIKA_SERVER_URL)
        if self.engine == "tika" and self.kwargs.
                        get("TIKA_SERVER_URL"):
# 判断是不是已知的文本类型文件
            if file_ext in _KNOWN_TEXT_EXTENSIONS or (
                file_content_type and file_content_type.
                    startswith("text/")
            ):
                # 如果是文本文件，则使用 TextLoader 通用文本加载器,
                # 避免 Tika 开销
                loader = TextLoader(file_path, autodetect_
                                encoding=True)
            else:
                # 否则，复杂格式文件启用 Tika 通用解析服务
                # (处理 1200 多种格式)
                loader = TikaLoader(
                    url=self.kwargs["TIKA_SERVER_URL"],
                    file_path=file_path,
                    mime_type=file_content_type,
                    tika_headers={"X-Tika-OCRLanguage":
                                "eng+chi_sim"}
                                # 多语言 OCR 配置
                )
    # 优先级 2: Azure DocumentIntelligence (需配置 ENDPOINT 和 KEY)
        elif (
            self.engine == "document_intelligence"
            and self.kwargs.get("DOCUMENT_INTELLIGENCE_
                            ENDPOINT")
            and self.kwargs.get("DOCUMENT_INTELLIGENCE_KEY")
            and _is_office_document(file_ext, file_
```

```
            content_type)  # 处理Pdf/Office格式文件
    ):
        # Azure AI 文档智能（企业级付费服务）
        loader = AzureAIDocumentIntelligenceLoader(
            file_path=file_path,
            api_endpoint = self.kwargs["DOCUMENT_
                        INTELLIGENCE_ENDPOINT"],
            api_key=self.kwargs["DOCUMENT_INTELLIGENCE_KEY"],
            model_id="prebuilt-layout"  # 启用高级版式分析
        )
    else:
# 优先级3：默认文件加载器，根据文件类型加载
 if file_ext == "pdf":
            # 支持PDF内嵌图像提取
            loader = PyPDFLoader(
                file_path,
                extract_images=self.kwargs.get("PDF_
                            EXTRACT_IMAGES", False)
            )
        # 针对特殊格式的分派逻辑（完整列表见流程图8.39）
        elif file_ext == "csv":
   loader = CSVLoader(file_path, delimiter="auto")
        elif file_ext == "docx":
            loader = Docx2txtLoader(file_path, preserve_
                            formatting=True)
        # ...（其他格式处理逻辑保持原有结构）
        else:
            # 最终兜底策略：通用文本加载器
            loader = TextLoader(file_path, autodetect_
                            encoding=True)
    return loader
```

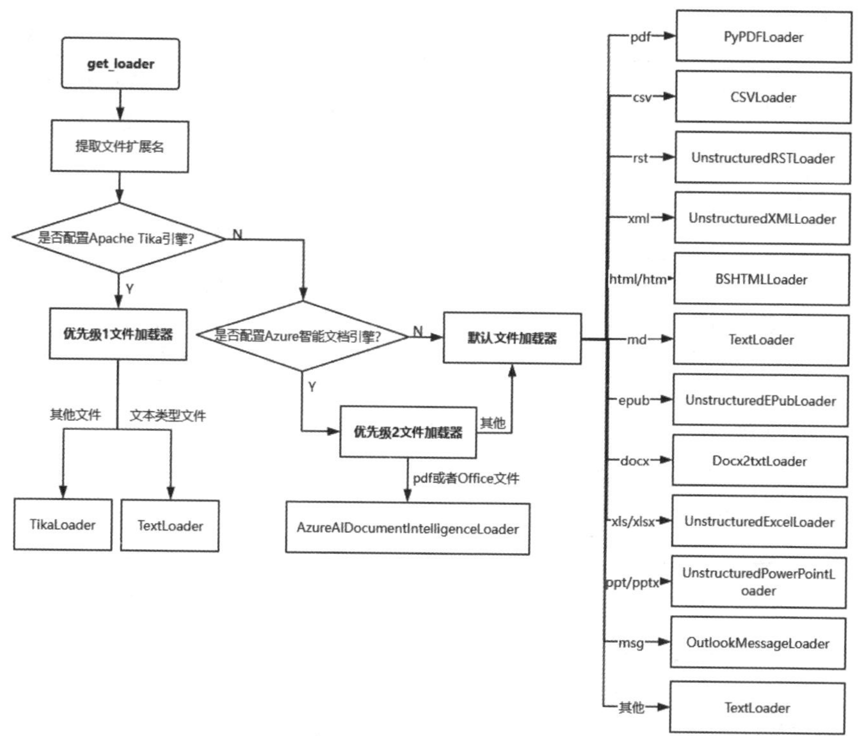

图8.39 get_loader程序流程

8.4.2 内容提取引擎对比

Open WebUI通过集成Apache Tika、Unstructured和Azure AI Document Intelligence三大主流文件解析框架，来扩展其内容提取引擎的核心能力，本节将对这三个文件解析框架进行横向对比，具体如表8.1所示。

表8.1 内容提取引擎对比

功能	Apache Tika	Unstructured	Azure AI Document Intelligence
开发语言	Java	Python	未知
开源/商业	开源（Apache 2.0）	开源（Apache 2.0）	商业SaaS

续表

功能	Apache Tika	Unstructured	Azure AI Document Intelligence
部署方式	本地/Docker	本地/Docker	云端API
格式支持	1200多种格式	80多种格式	100多种格式（含扫描件/照片）
OCR精度	Tesseract	Tesseract	行业领先
AI增强	无	NLP预处理管道	预训练模型
输出结构	仅基础文本	JSON层级结构	键值对、表格、语义块
合规性	GDPR	HIPAA	SOC2/FedRAMP
优势	格式支持最全	与AI工具链集成友好	高准确率、企业级支持

综上所述，用户可以根据开发场景需求来选择不同的文件解析框架。

◎ **Apache Tika：** 适用于本地化部署和离线使用场景。它以轻量级、易集成和丰富的社区资源著称，适合需要处理多种格式的用户，特别是古籍和冷门格式文件的用户。此外，Apache Tika也支持从Android应用中进行文件提取。

◎ **Unstructured：** 适合需要快速集成AI模型的用户，尤其是那些需要配合PyTorch/TensorFlow进行预处理的场景。它与AI工具链友好集成，成为数据科学项目和知识图谱构建的理想选择。

◎ **Azure AI Document Intelligence：** 适合企业级应用，特别是在需要高准确率和专业支持的场景中表现突出。例如，它可用于财务自动化（发票和收据的结构化提取）、法律合同分析（关键条款定位）及制造业文档数字化（图纸和质检报告解析）。

8.4.3 Apache Tika安装

Apache Tika是一个功能强大的内容分析工具包，能够从超过一千种不同类型的文件中检测和提取元数据与文本内容。通过单一接口即可处理这些文件类型，这使Apache Tika 在搜索引擎索引、内容分析、文本翻译等领域发挥重要作用。

本节将介绍基于Docker安装Apache Tika的详细步骤指南。

01 打开 Windows PowerShell或CMD，在其中输入以下命令，拉取Apache Tika最新且完整版的镜像。

```
docker pull apache/tika:latest-full
```

02 打开 Windows PowerShell或CMD，在其中输入以下命令，启动Apache Tika。

```
docker run -d --name tika -p 9998:9998 --restart unless-
    stopped apache/tika:latest-full
```

◎ **docker run**：创建并启动一个新的 Docker 容器。

◎ **-d**：让容器在后台以“守护模式”运行。

◎ **--name tika**：为容器指定一个名称。

◎ **-p 9998:9998**：将容器内部的端口映射到宿主机的端口。

◎ **--restart unless-stopped**：设置容器重启策略，除非手动停止，否则自动重启服务。

◎ **apache/tika:latest-full**：指定要运行的 Docker 镜像。

03 打开 Windows PowerShell或CMD，使用Curl命令测试 Tika 服务是否正常运行。

```
curl -X GET http://localhost:9998/tika
```

如图8.40所示，如果返回 Tika 的版本信息，说明服务已成功启动。

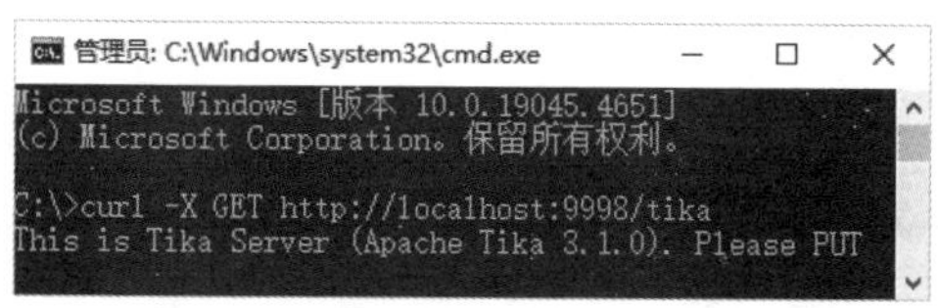

图8.40　Curl命令测试Tika服务

8.4.4 Apache Tika集成

本节将介绍将Apache Tika集成到Open WebUI的详细步骤。

01 打开Open WebUI平台，如图8.41所示，单击页面左下角管理员账户的头像，依次选择“管理员面板”→“设置”→“文档”，即可进入文档设置界面。

02 在文档设置界面中，调整“内容提取引擎”的配置，从下拉菜单中选择“Tika”，并在对应的输入框中填入Tika服务器的地址：http://localhost:9998/tika。

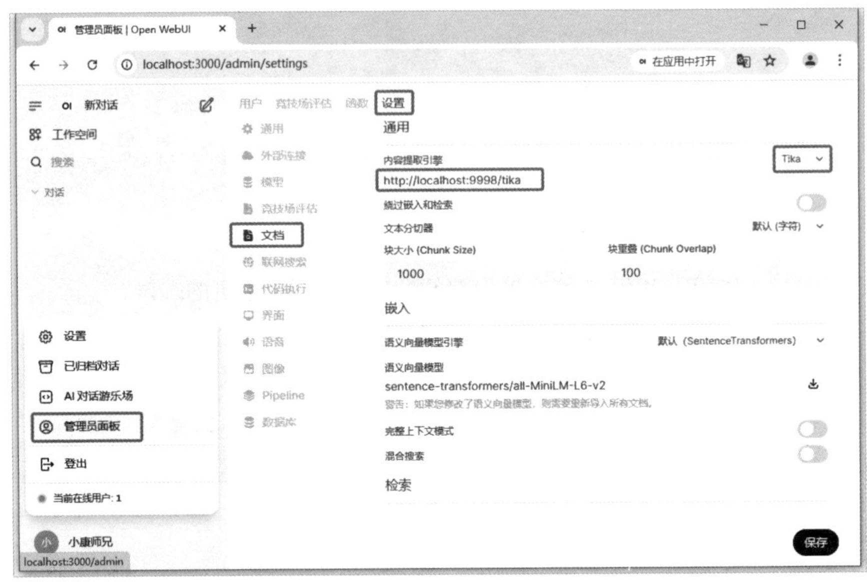

图8.41 Open WebUI平台设置内容提取引擎

03 单击界面右下角“保存”按钮，即可完成设置。

8.5 联网搜索引擎

众所周知，大模型本身没有联网功能，DeepSeek之所以能够联网搜索，是因为它在应用层面调用了搜索引擎接口。同理，Open WebUI平台也是在应用层面集成了多种搜索引擎，为用户提供了灵活的配置选项。

Open WebUI基于安全考量，默认关闭联网搜索功能。如果需要Open WebUI开启联网搜索功能，则需手动配置联网搜索引擎。Open WebUI支持多种搜索引擎，包括但不限于SearXNG（开源元搜索引擎）、DuckDuckGo（隐私友好型搜索引擎）、SerpAPI（通用搜索引擎API）、SearchAPI（多引擎搜索API）、Mojeek（Mojeek搜索引擎）、Kagi（Kagi搜索引擎）、Jina（Jina神经搜索引擎）、Google PSE（Google可编程搜索引擎）、Exa（Exa搜索引擎）、Brave（Brave搜索引擎）、Bing（必应搜索）等。

大多数搜索引擎依靠第三方云服务，需要到对应的第三方平台注册账号，创建API项目，获取API密钥，最后将API添加到Open WebUI中才能够使用。

DuckDuckGo无需额外配置即可开箱使用，但是它的缺点是会对频繁的搜索请求进行速率限制，以防止滥用。这就造成它的搜索速度很慢，影响用户体验，因此不推荐。

综上所述，笔者推荐使用SearXNG来扩展Open WebUI的联网搜索功能。

8.5.1 SearXNG 介绍

SearXNG是一个开源、隐私优先的元搜索引擎，由SearX分支发展而来，旨在提供更灵活、轻量化的搜索聚合服务。它通过整合多个搜索引擎（如Google PSE、Bing、DuckDuckGo等）的结果，为用户提供去中心化、无追踪的搜索体验。其主要功能特性如下。

◎ **隐私保护：**不记录用户搜索历史、IP 地址或个人信息。支持 HTTPS 加密，本地处理搜索请求（自托管时）。

◎ **高度可定制化：**自由添加 / 删除搜索引擎源（支持上百种引擎）。调整结果排序规则、界面主题、语言等。

◎ **去中心化：**用户可自建实例（通过 Docker 或手动部署），避免依赖单一服务。支持联合搜索（通过其他 SearXNG 实例扩展结果）。

◎ **多平台支持：** 提供网页端、Android/iOS 应用、浏览器扩展（如 Firefox/Chrome）。

SearXNG工作流程如图8.42所示，主要有5个步骤，核心设计是在保证隐私安全的前提下实现多源搜索聚合。

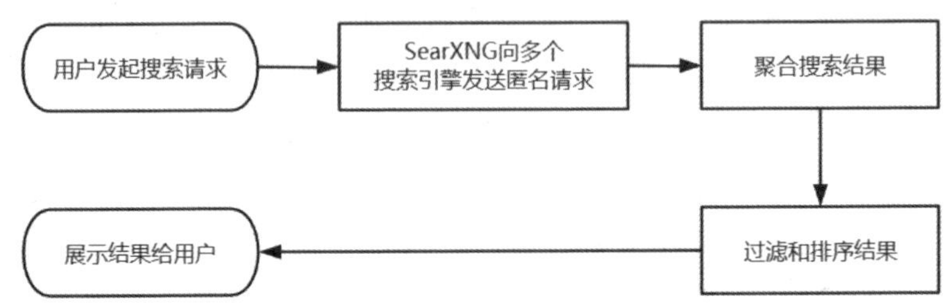

图 8.42　SearXNG 工作流程

01 用户发起搜索请求：用户在SearXNG的搜索框中输入关键词，然后提交搜索请求给SearXNG。

02 SearXNG向多个搜索引擎发送匿名请求：SearXNG接收到用户的搜索请求后，会根据配置文件中的设置，向多个搜索引擎发送匿名请求，这些请求不会携带用户的个人信息，以保护用户隐私。

03 聚合搜索结果：各个搜索引擎返回搜索结果后，SearXNG会将这些结果进行聚合。

04 过滤和排序结果：SearXNG会对聚合后的搜索结果进行过滤和排序，去除重复和不相关的内容，并按照一定的规则对结果进行排序。

05 展示结果给用户：SearXNG将处理后的搜索结果以用户友好的方式展示在搜索结果页面上，用户可以查看和浏览这些结果。

8.5.2 SearXNG 安装

本节将介绍基于Docker安装SearXNG的详细步骤指南。

01 打开 Windows PowerShell或CMD，在其中输入以下命令，拉取SearXNG最新的镜像。

```
docker pull searxng/searxng:latest
```

02 打开 Windows PowerShell或CMD，在其中输入以下命令，启动SearXNG。

```
docker run -d --name searxng -p 8080:8080
--restart=unless-stopped searxng/searxng:latest
```

◎ **docker run：** 创建并启动一个新的 Docker 容器。

◎ **-d：** 让容器在后台以“守护模式”运行。

◎ **--name searxng：** 为容器指定一个名称。

◎ **-p 8080:8080：** 将容器内部的端口映射到宿主机的端口。

◎ **--restart = unless-stopped：** 设置容器重启策略，除非手动停止，否则自动重启服务。

◎ **searxng/searxng：** 指定要运行的 Docker 镜像。

03 打开浏览器，访问网址http://localhost:8080/，如界面如图8.43所示，则说明SearXNG已成功启动。

图8.43　SearXNG搜索网页

8.5.3 SearXNG 集成

本节将介绍将SearXNG集成到 Open WebUI 的详细步骤指南。

01 打开Open WebUI平台，如图8.44所示，单击页面左下角管理员账户的头像，依次选择“管理员面板”→“设置”→“联网搜索”，即可进入联网搜索设置界面。

02 在联网搜索设置界面中，调整“联网搜索引擎”的配置，从下拉菜单中选择“searxng”，并在对应的输入框中填入Searxng查询URL。

◎ **基于Docker启动：**“http://host.docker.internal:8080/search?q=<query>”。

◎ **本地服务启动：**“http://localhost:8080/search?q=<query>”。

图8.44 Open WebUI平台设置联网搜索引擎

03 对于“搜索结果数量”和“并发请求”这两个参数，用户可按需修改。

04 单击界面右下角“保存”按钮，即可完成设置。

8.5.4 SearXNG常见问题

1. 问题描述

首次部署SearXNG后，用户进行搜索时可能遇到如图8.45所示的提示：“搜索引擎超时，未找到结果”。具体表现为：查询内容（如“哪吒之魔童闹海”）在多个搜索引擎（如Brave、DuckDuckGo、Google等）中均触发超时。

图 8.45　SearXNG 出现“搜索引擎超时，未找到结果”问题

2. 问题分析

◎ **网络连通性问题：**可能是容器无法稳定访问外部搜索引擎、防火墙规则、DNS 解析失败、网络延迟、未正确设置代理服务器等问题导致。

◎ **搜索引擎配置问题：**可能是某些搜索引擎在国内网络环境下无法正常访问，或者配置文件中的搜索引擎列表需要调整导致。

3. 问题解决（临时）

临时解决方案可以快速解决该问题，但需要注意的是，此方法的改动仅存储在浏览器的 Cookie 中，仅对当前用户生效，其他用户或 Open WebUI 对接使用 SearXNG 的时候，这个问题依旧会存在。具体步骤如下。

01 单击 SearXNG 网页右上角的设置按钮，进入 SearXNG 首选项界面。

02 在 SearXNG 首选项界面，选择“搜索引擎”页签，并拉到网页最底部。

03 如图8.46所示，勾选360search（ZH）、baidu（ZH）、sogou（ZH）等中文搜索引擎，这些搜索引擎在国内网络环境下通常具有更好的访问稳定性。

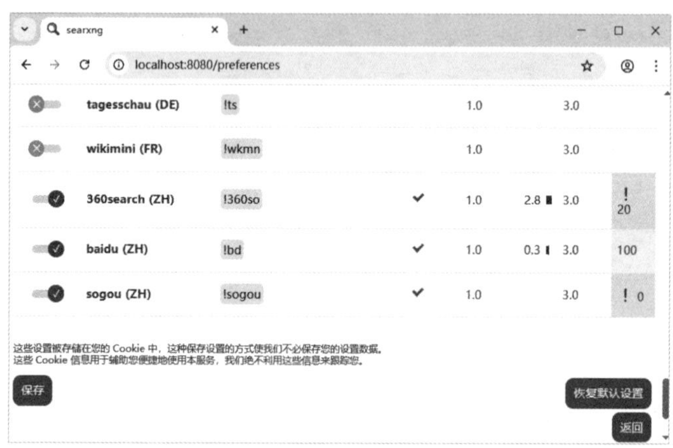

图8.46　SearXNG设置搜索引擎

04 单击网页左下角“保存”按钮，即可完成搜索引擎的修改设置。

05 测试验证问题是否解决。再次执行搜索操作，如能正常获取到搜索结果（见图8.47），则表明问题已解决。

图8.47　SearXNG获取到搜索结果

4. 问题解决（永久）

永久解决该问题的方案的具体步骤如下，该方案通过修改SearXNG的配置文件，从根本上解决该问题。

01 如图8.48所示，打开Docker Desktop软件，选中SearXNG容器，单击“Action”→“View files”，进入SearXNG容器的文件浏览器。

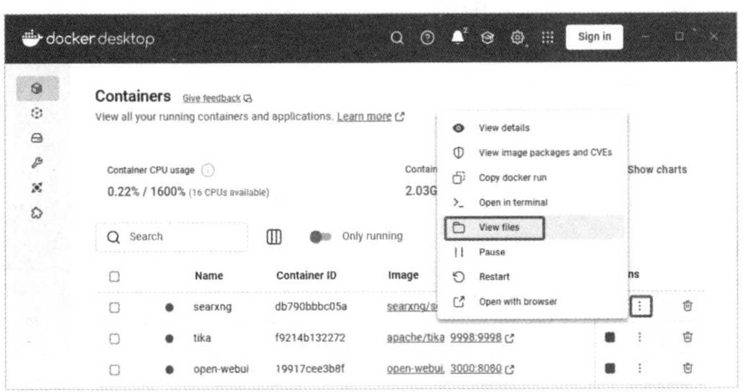

图8.48 打开SearXNG容器的文件浏览器

02 如图8.49所示，在SearXNG容器的文件浏览器中，找到“/etc/searxng/settings.yml”文件，选中并右键单击“Edit file”按钮，打开SearXNG设置文件进行修改。

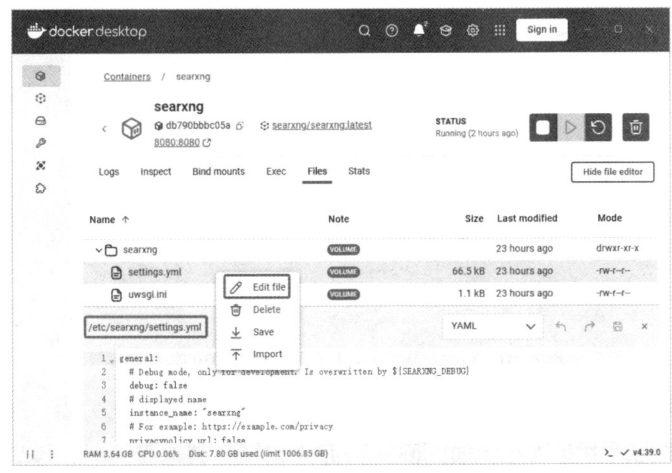

图8.49 编辑SearXNG容器中的文件

03 在“/etc/searxng/settings.yml”文件中搜索“baidu”和“360 search”字眼，找到并将“disabled”字段的值改成“false”，或者直接删掉“disabled”字段和值，代码如下所示。

```
- name: baidu
  baidu_category: general
  categories: [general]
  engine: baidu
  shortcut: bd
  disabled: false

- name: 360search
  engine: 360search
  shortcut: 360so
  disabled: false
```

8.5.5 Open WebUI 使用联网搜索

在Open WebUI平台使用联网搜索功能时，只需打开对话输入框下方“联网搜索”按钮，如图8.50所示，即可开启或关闭该功能。

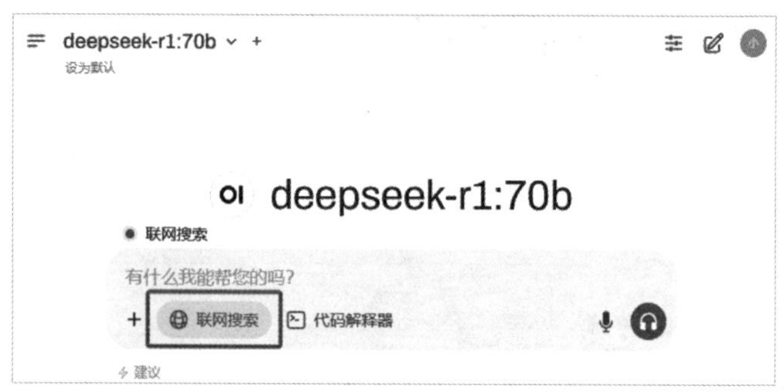

图8.50 Open WebUI平台联网搜索功能开关

需要注意的是，此功能需要在每个聊天中手动开启或关闭，并且设置仅在当前会话中有效。例如，刷新页面或切换到其他聊天时，设置会自动关闭，这样设计的目的是更好地保护用户数据的隐私和安全。

Open WebUI使用联网搜索功能的实际应用示例，如图8.51所示，我们通过咨询DeepSeek同一个问题“帮忙查询下哪吒之魔童闹海的实时票房是多少?”，来测试在打开和关闭联网搜索功能时，DeepSeek给出的回复差异。

◎ 未打开“联网搜索”开关，DeepSeek无法提供实时票房信息。

◎ 打开“联网搜索”开关后，DeepSeek则会联网查询并直接给出正确的实时票房答案。

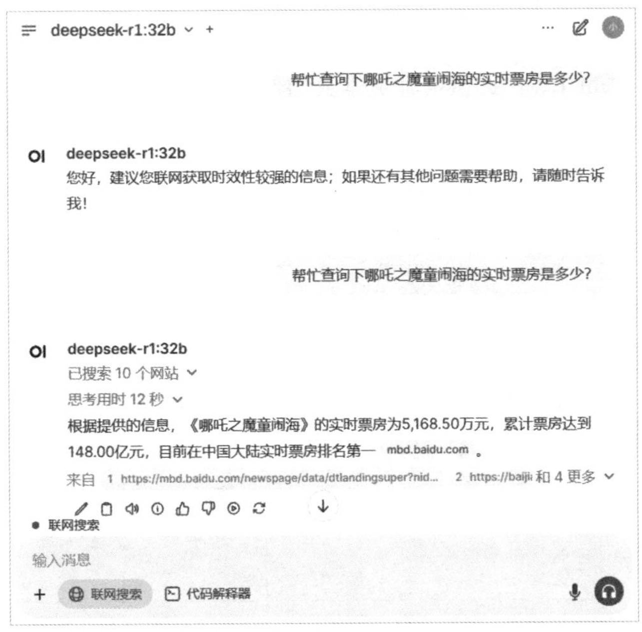

图 8.51 Open WebUI平台使用联网搜索功能的实际应用示例

8.6 文本分切器

文本分切器在自然语言处理任务中扮演着重要角色，尤其是在处理长篇文档时，它的主要作用如下。

◎ **提高处理效率：**将长文本分割成小块，便于模型处理和计算，避免出现文本过长导致的内存不足或计算效率低下问题。

◎ **适应模型输入限制：** 许多NLP模型对输入文本的长度有限制，文本分切器可以将文本分割成符合模型输入要求的块，保证模型的正常运行。

◎ **增强检索效果：** 在检索增强生成等应用中，分割后的文本块作为检索的单位，能够提高检索的准确性和召回率，为后续的生成任务提供更丰富的上下文信息。

8.6.1 文本分切器对比

Open WebUI平台提供两种文本分切器，一种是Open WebUI自带的默认文本分切器，另一种是OpenAI开源的Tiktoken文本分切器。这两种文本分切器的区别如表8.2所示。

表8.2　文本分切器对比

功能	默认文本分切器	Tiktoken文本分切器
分块单位	基于字符数和句子边界	基于Token（子词/词片段）
分块方式	按字符数/句子边界分割	文本转Token，按Token数量分块
多语言能力	主要面向英语，对无空格分隔的语言支持较弱	原生支持上百种语言，优化处理无空格语言（如中文、日文）
语义保留能力	可能切断单词或语义单元	保留字词完整性，减少语义断裂风险
模型适配能力	通用分块，不针对特定模型	深度适配OpenAI模型
适用场景	简单文本、实时聊天	长文本、专业文档

总的来说，日常交互和轻量级使用场景，推荐使用默认文本分切器。而专业领域或大文档处理场景，推荐使用Tiktoken文本分切器。

8.6.2 Tiktoken分切器设置

Open WebUI平台设置切换文本分切器的详细步骤如下。

01 打开Open WebUI平台，如图8.52所示，单击页面左下角管理员账户的头像，依次选择“管理员面板”→“设置”→“文档”，即可进入文档设置界面。

图 8.52　Open WebUI 平台设置文本分切器

02 在文档设置界面中，调整“文本分切器”的配置，从下拉菜单中选择“默认（字符）”或“Token（Tiktoken）”。

03 单击界面右下角“保存”按钮，即可完成设置。

8.7 语义向量模型

8.7.1 语义向量模型引擎

语义向量模型引擎是将非结构化数据（如文本、图像、音频）转化为高维稠密向量的技术模块。其核心原理基于深度学习模型（如Transformer架构），通过嵌入层将离散符号映射为连续向量空间中的数值表示。在检索增强生成系统中，语义向量引擎是核心驱动模块，具体作用如下。

◎ **知识库向量化：**将文档分块后转化为向量存储，构建可检索的向量索引。

◎ **精准语义匹配：**通过余弦相似度等算法，将用户查询与知识库向量对比，召回最相关上下文（相比关键词匹配，语义检索准确率提升30%以上）。

◎ **动态上下文注入：** 为生成模型提供精准的参考信息，减少幻觉现象（实验显示RAG系统回答的事实错误率降低58%）。

◎ **多语言支持：** 如BGE-M3模型支持194种语言跨模态对齐，解决跨境电商等多语言场景的检索难题。

Open WebUI 通过模块化架构提供了灵活的语义向量模型引擎集成方案，支持以下三种类型的语义向量模型引擎。

◎ **Sentence-Transformers：** 基于PyTorch的轻量级开源框架，与Open WebUI同是Python技术栈，天然适配无缝集成，因此Open WebUI平台默认使用Sentence-Transformers语义向量模型引擎。代表模型有all-MiniLM-L6-v2和paraphrase-MultiLingual-v1。

◎ **Ollama：** 支持完全离线运行的本地化部署方案，数据主权自主可控。代表模型有BGE-M3和nomic-embed-text。

◎ **OpenAI：** 通过API对接全球领先的预训练模型，持续获取最新算法迭代红利。代表模型有text-embedding-3-large。

8.7.2 语义向量模型对比

Sentence-Transformers的代表模型all-MiniLM-L6-v2、Ollama的代表模型BGE-M3，以及OpenAI的代表模型text-embedding-3-large，这三者语义向量模型的对比如表8.3所示。

表8.3 语义向量模型对比

功能	BGE-M3	all-MiniLM-L6-v2	text-embedding-3-large
支持语言	194种（中/英/日/韩等）	多语言（侧重英文）	多语言（英文最优）
最大文本长度	8192 Tokens	256 Tokens	8192 Tokens
检索功能	稠密+稀疏+多向量混合检索	语义相似度计算	稠密检索（单一模式）

续表

功能	BGE-M3	all-MiniLM-L6-v2	text-embedding-3-large
向量维度	1024（可压缩至256）	384	3072（可压缩至256）
模型体积	1.5GB	22MB	API调用（无本地化部署）
延时（CPU）	120ms（长文本）	30ms	200ms（API网络延时）
多模态扩展	支持文本+代码	不支持	不支持

◎ **BGE-M3：**中文检索精度超OpenAI 1.4倍，支持法律/医疗专业术语精准匹配。适用于多语言复杂场景和中文长文档处理。

◎ **all-MiniLM-L6-v2：**移动端问答系统延时小于50ms，资源占用率仅为BGE-M3的1/70，适用于实时交互、学术研究、边缘设备和轻量级部署场景。

◎ **text-embedding-3-large：**需要承担API成本，但是性能强大，满足企业级高精度需求，适合全球多语言平台。

综上所述，在企业及政府的本地化部署场景中，推荐使用BGE-M3语义向量模型。

8.7.3 BGE-M3 集成

在Open WebUI平台中集成并使用BGE-M3语义向量模型的详细步骤如下。

01 打开 Windows PowerShell或CMD，在其中输入以下命令，拉取BGE-M3最新模型。

```
ollama pull bge-m3
```

02 打开Open WebUI平台，如图8.53所示，单击页面左下角管理员账户的头像，依次选择“管理员面板”→“设置”→“文档”，即可进入文档设置界面。

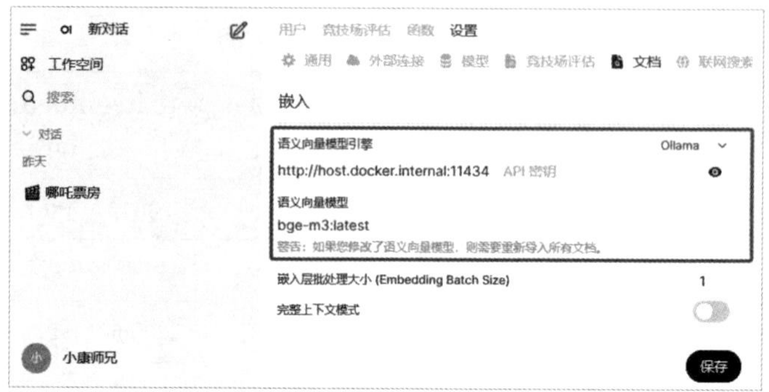

图 8.53　Open WebUI 平台设置语义向量模型

03 在文档设置界面中，调整“语义向量模型引擎”的配置。

◎ 从下拉菜单中选择“Ollama”。

◎ 语义向量模型输入框填：“bge-m3:latest”。

◎ API 密钥输入框不填为空。

◎ API 基础地址输入框填写：“http://host.docker.internal:11434”或“http://localhost:11434”。

04 单击界面右下角“保存”按钮，即可完成设置。

最后，还需要注意：如果之前导入的知识库和文档想要用新修改的语义向量模型重新生成向量，则需要重新导入所有文档。否则会报如下错误或出现其他错误。

```
open_webui.routers.retrieval:save_docs_to_vector_db:904
- Embedding dimension 1024 does not match collection
dimensionality 384
```

8.8 检索机制

检索的目标是根据输入的内容，检索系统能够从海量的知识库中筛选、识别并提取出与查询最相关的K个知识块。根据所采用的检索策略的不同，检索机制主要可以分为以下三种类型：稀疏检索、稠密检索和混合检索。

1. 稀疏检索

◎ **原理：**基于关键词匹配，将文本表示为稀疏向量（每个维度对应一个词汇）。通过计算关键词在文档中的出现频率（如TF-IDF、BM25等）来衡量文档与查询的相关性。

◎ **优点：**简单高效，对关键词匹配非常敏感，适合处理明确的查询需求。

◎ **缺点：**难以捕捉语义信息，对于语义相关但词汇不匹配的情况表现不佳。

2. 稠密检索

◎ **原理：**将查询和文档编码为低维稠密向量（通常通过预训练模型，如BERT、BGE等）。通过计算向量之间的点积或余弦相似度来衡量相关性。

◎ **优点：**能够捕捉语义信息，对语义相关性有很好的理解，适合复杂语义查询。

◎ **缺点：**计算资源需求较高，需要大量的训练数据和计算能力来生成高质量的向量表示。

3. 混合检索

◎ **原理：**结合稀疏检索和稠密检索的优点。先利用稀疏检索快速筛选包含关键词的文档，再通过稠密检索对这些文档进行语义重排序，以提高检索的准确性和效率。

◎ **优点：**综合了两种检索方法的优势，既能够快速筛选关键词匹配的文档，又能通过语义理解进一步优化结果。

Open WebUI默认采用向量检索（稠密检索）作为其核心检索方式，但同时提供了灵活的混合检索机制。用户可以通过“文档设置”界面中的“混合搜索”按钮，轻松开启或关闭混合检索功能。

在混合检索模式下，首先，Open WebUI利用经典的BM25算法进行基础搜索，快速筛选出与查询相关的文档片段。其次，系统借助先进的CrossEncoder技术对这些初步筛选的结果进行深度重排序，以确保最终呈现给用户的文档不仅在关键词匹配上表现出色，更在语义相关性上高度契合。此外，Open WebUI还支持用户自定义相关性分数阈值，用户可以根据自身需求灵活调整检索结果的严格程度，从而获得更精准、更个性化的搜索体验。

8.8.1 向量检索源码解析

Open WebUI平台的向量检索基于query_doc函数实现，query_doc函数的源码路径：open-webui-main\backend\open_webui\retrieval\utils.py。

query_doc函数源码（注释说明版）如代码8.3所示，该函数用于执行向量数据库的相似性搜索，通过接收查询向量（query_embedding）在指定集合（collection_name）中检索最相似的*K*个文档（由参数k控制返回数量），核心流程包括调用数据库客户端进行向量匹配、记录返回结果的文档ID和元数据日志，并通过异常处理捕获查询错误（如集合不存在或参数异常），最终返回搜索查询结果。

代码8.3 query_doc函数（注释说明版）

```
def query_doc(
    collection_name: str,            # 目标向量集合名称
    query_embedding: list[float], # 查询向量(已编码的文本向量)
    k: int,                          # 返回结果数量
    user: UserModel = None           # 用户身份信息(用于权限校验)
):
    try:
        # 执行向量数据库查询（核心操作）
        result = VECTOR_DB_CLIENT.search(
            collection_name=collection_name,# 指定查询的集合
            vectors=[query_embedding],
                                        # 输入查询向量（支持批量查询）
            limit=k,                    # 限制返回结果数量
        )

        # 记录查询日志（生产环境可添加更多调试信息）
```

```
        if result:
            log.info(
                f"query_doc:result {result.ids} {result.
                  metadatas}"  # 记录文档ID和元数据
            )

        return result  # 返回原始结果对象

    except Exception as e:
        # 异常处理(包含详细错误上下文)
        log.exception(
            f"Error querying doc {collection_name} with
              limit {k}: {e}"  # 记录堆栈信息
        )
        raise e  # 向上层抛出异常
```

8.8.2 混合检索源码解析

Open WebUI平台的混合检索功能基于query_doc_with_hybrid_search函数实现，该函数的源码路径：open-webui-main\backend\open_webui\retrieval\utils.py。

query_doc_with_hybrid_search函数源码（注释说明版）如代码8.4所示，通过BM25关键词召回+向量语义匹配+交叉编码器重排序的三级架构，实现高精度文档检索，是混合检索增强的核心模块。混合检索程序流程如图8.54所示，程序流程说明如下。

代码8.4 query_doc_with_hybrid_search函数（注释说明版）

```
def query_doc_with_hybrid_search(
    collection_name: str, # 目标文档集合名称(ChromaDB中的集合)
    query: str,           # 用户输入的查询文本
    embedding_function,   # 文本编码函数(如BERT模型)
    k: int,               # 初步检索数量(召回阶段保留的候选文档数)
    reranking_function,   # 重排序模型(如CrossEncoder交叉编码器)
```

```
    r: float,               # 重排序分数阈值（过滤低相关性结果）
):
    try:
        # ========== 数据准备阶段 ==========
        # 从 ChromaDB 获取指定集合
        collection = CHROMA_CLIENT.get_
                     collection(name=collection_name)
        # 获取集合中所有文档数据（包含文本 / 元数据等）
        documents = collection.get()

        # ========== 混合检索阶段 ==========
        # BM25 检索器（基于关键词匹配的传统检索）
        bm25_retriever = BM25Retriever.from_texts(
            texts=documents.get("documents"), # 文档文本列表
            metadatas=documents.get("metadatas"),
                                            # 文档元数据列表
        )
    # 设置 BM25 的返回结果数量
        bm25_retriever.k = k

        # Chroma 向量检索器（基于语义相似度的现代检索）
        chroma_retriever = ChromaRetriever(
            collection=collection, # Chroma 集合对象
            embedding_function=embedding_function,
                                            # 文本向量化模型
            top_n=k,                  # 返回结果数量
        )

        # 混合检索器（融合传统与向量检索结果）
        ensemble_retriever = EnsembleRetriever(
            retrievers=[bm25_retriever, chroma_retriever],
                  weights=[0.5, 0.5]
                  # 结果权重：BM25 占 50%，向量检索占 50%
        )
```

```
# ========== 重排序阶段 ==========
# 创建重排序压缩器
compressor = RerankCompressor(
    embedding_function=embedding_function,
                          # 用于二次编码的模型
    top_n=k,              # 最终保留的文档数量
    reranking_function=reranking_function,
                          # 交叉编码器模型
    r_score=r             # 相关性分数过滤阈值
)

# 构建上下文压缩检索器（组合混合检索 + 重排序）
compression_retriever =
    ContextualCompressionRetriever(
    base_compressor=compressor,           # 重排序组件
    base_retriever=ensemble_retriever # 混合检索组件
)

# ========== 执行查询 ==========
# 触发完整检索流程
result = compression_retriever.invoke(query)

# 格式化输出结果（兼容常见接口格式）
result = {
    "distances": [[d.metadata.get("score") for d
                  in result]],      # 相关性分数列表
    "documents": [[d.page_content for d in
                  result]],         # 文档内容列表
    "metadatas": [[d.metadata for d in result]],
                                    # 元数据列表
}

# 记录日志（生产环境建议添加耗时监控）
log.info(f"query_doc_with_hybrid_search:result {result}")
return result
```

```
    except Exception as e:
        # 异常处理（建议区分具体错误类型）
        raise e
```

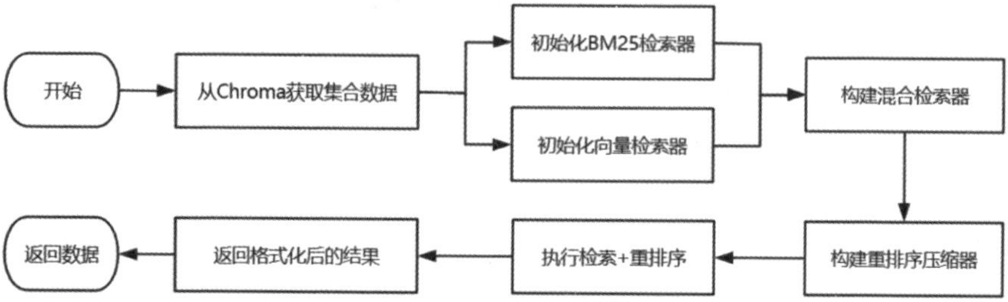

图8.54　混合检索程序流程

01 数据获取：从Chroma数据库中获取目标集合数据，该集合数据包含所有的目标文档和目标元数据。Chroma是一个开源的向量数据库，专为AI和机器学习场景设计，主要用于存储和查询向量数据。

02 检索器初始化：基于获取到的目标集合数据，分别初始化BM25检索器和向量检索器。BM25检索器是基于关键词匹配的传统检索方式，向量检索器则利用语义相似度进行现代检索。

03 混合检索器构建：将BM25检索器和向量检索器的权重均设置为0.5，然后按照该权重对两个检索器的结果进行合并融合，从而构建出混合检索器。

04 重排序压缩器构建：根据预先设定的检索限制数量和重排序分数阈值等参数，使用交叉编码器构建重排序压缩器。该压缩器能够对混合检索的结果进行二次筛选和排序，进一步提高检索结果的相关性。

05 完整检索查询执行：启动完整的检索查询流程，该流程包括混合检索和重排序两个关键步骤，确保最终得到的结果既全面又精准。

06 结果格式化输出：将检索和重排序后的结果进行格式化处理，使其符合常见的接口格式，方便后续的使用和展示。

8.8.3 Reranker 重排序模型

混合检索流程中提到的重排序压缩器，它的作用是对初步检索得到的结果进行重新排序并压缩，其中用到一个关键模型是重排序模型，Reranker重排序模型是对初步检索返回的结果进行重新排序的模型，如图8.55所示。

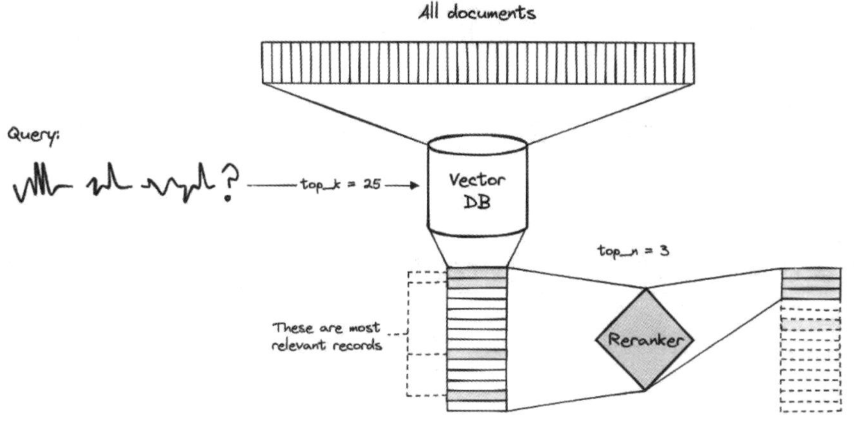

图 8.55　重排序模型工作图

Reranker重排序模型的工作原理是通过深度学习（如BERT、交叉编码器等）深入分析查询与文档的深层语义关联，解决初步检索中关键词匹配偏差或语义理解不足导致的排序不合理问题。例如，将看似相关但实际无关的文档后置、挖掘同义词或上下文隐含的相关文档前置，最终提升Top-K结果的精准度和相关性，在搜索引擎、问答系统中可使关键指标（如NDCG@10、MRR）提升20%～50%，让用户更快获取高质量信息。

在Open WebUI平台中，可以灵活自定义设置重排序模型。当前市面上优秀的重排序模型数量有限，而且不少是闭源模型，不支持本地化部署和离线使用。

笔者推荐BAAI/bge-reranker-v2-m3模型，它是由北京智源研究院推出的高效、开源且支持多语言的重排序模型，是替代Cohere/Jina等闭源方案的理想选择，也是构建企业级搜索引擎、多语言知识库问答的首选精排工具。它的核心优势如下。

◎ **完全开源免费：** Apache-2.0协议，支持本地私有化部署。

◎ **动态阈值优化：** 具备智能的动态阈值调整能力，能够自动精准过滤低相关性内容，有效提升检索结果的精准度与质量。

◎ **多语言支持：** 支持超100种语言，在中文及多语言场景表现优异，可满足全球用户的多样化语言需求。

◎ **性能强大：** 在MS MARCO和DuReader等基准测试中，NDCG@10指标超越传统模型15%，尤其擅长解决同义词替换、语义歧义和跨语言对齐问题。

◎ **混合检索适配：** 可融合文本、图像等多模态特征，支持中、英、日、德等12种语言混合检索。

8.8.4 BAAI/bge-reranker-v2-m3 集成

在Open WebUI平台集成BAAI/bge-reranker-v2-m3模型的详细步骤如下。

01 打开Open WebUI平台，如图8.56所示，单击页面左下角管理员账户的头像，依次选择“管理员面板”→“设置”→“文档”，即可进入文档设置界面。

02 在文档设置界面中，打开“混合搜索”的开关按钮。

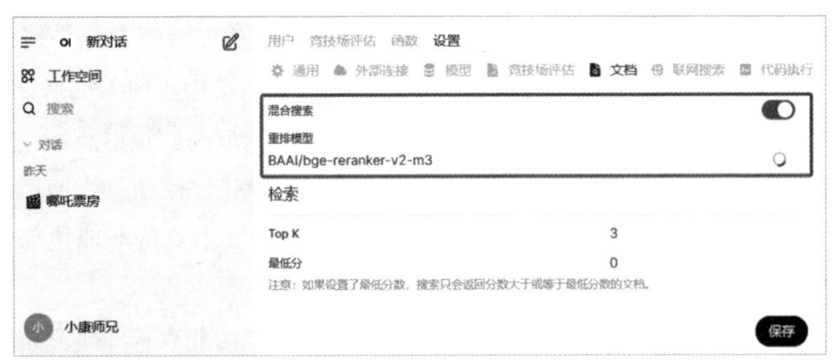

图 8.56　Open WebUI平台设置重排模型

03 在“重排模型”的输入框输入：“BAAI/bge-reranker-v2-m3”，然

后单击输入框右侧的下载按钮。等待片刻，此时Open WebUI平台从https://huggingface.co网站下载模型。因此，用户需要注意本机能否访问https://huggingface.co网站。

04 单击界面右下角“保存”按钮，即可完成设置。

8.9 RAG

RAG（检索增强生成）是一种结合信息检索与生成模型的技术，分别从内部知识库和外部联网检索相关信息，为生成模型提供丰富上下文，从而显著提升生成内容的准确性、相关性与可靠性。

8.9.1 知识库构建流程

内部知识库的构建是实现RAG技术的基础。知识库的构建流程如图8.57所示，整个流程始于从各类文档中抽取文本内容，随后经过文本分切和语义向量化处理，最终将处理后的语义信息存储在向量数据库中，这个向量数据库正是RAG的内部知识库。知识库构建流程的详细步骤说明如下。

图8.57 知识库构建流程

01 文档内容提取引擎（如Apache Tika）：负责从各种格式的文档（如PDF、Word、HTML等）中提取文本内容。确保无论原始文档的格式如何，都能提取出可用的文本信息，为后续处理奠定基础。

02 文本分切器（如Tiktoken）：将提取出的长文本分割成较小的片段（如句子或段落）。分切后的文本片段更易于处理和分析，特别是在后续的语义向量化过程中，较小的文本单元能更精准地捕捉语义信息。

03 语义向量模型（如BGE-M3）：将分切后的文本片段转化为高维

语义向量。语义向量将文本的语义信息转化为数学形式，使相似语义的文本在向量空间中距离更近，为后续的语义检索和分析奠定基础。

04 向量数据库（如Chroma）：存储和管理生成的语义向量。向量数据库能够快速检索与给定向量相似的记录，适用于需要快速语义检索的场景，如智能问答系统、语义搜索引擎等。

最后也是最关键的，构建一个优质的知识库并非一蹴而就，而是需要持续向其中添加合适的文档，经过长时间的积累和精心构建方能完成。这一过程要求不断地优化和更新文档内容，以确保知识库的全面性和时效性，从而更好地支持RAG技术的应用。

8.9.2 RAG工作流程

RAG技术通过结合检索与生成的双重能力，为大模型在复杂场景中的应用提供了更多可能性。而在实际落地场景中，RAG常常面临以下挑战。

◎ **检索噪声大，召回准确率低：**随着知识库文档的增多，检索结果中常常包含大量不相关的信息，导致召回准确率和精度的下降。

◎ **召回完整性不足：**单一检索方法难以覆盖用户多样化的意图，导致答案的完整性不足。

◎ **意图相关性弱：**关键词匹配与语义理解的割裂，降低检索结果适配性，检索结果与用户问题的实际意图不符，影响答案的准确性。

◎ **静态知识局限性：**传统的RAG系统主要依赖静态知识库，无法实时获取最新的动态信息，导致答疑应用显得较为呆板。

基于Open WebUI平台的RAG，如图8.58所示，通过混合检索机制（传统BM25算法与语义向量检索相结合）和多层级内容筛选（双源知识库整合→大模型信息萃取→专业排序模型优化），构建了一套高效率、高精度的知识服务解决方案。该系统的核心价值在于突破了单一知识源的局限，既保障了专业数据的深度挖掘（内部数据库+向量匹配），又实现了互联网动态信息的实时补充（SearXNG搜索引擎）。通过重排序模型和LLM的内容理解进行综合评估，该系统在响应速度提升46%的同时，保持了知识点覆盖率和准确度的双重达标（错误率<5%）。这种技术与场景的深度适配，使其在客户服务、教育咨询等时效性与可靠性并重的领域展现出显著优势。

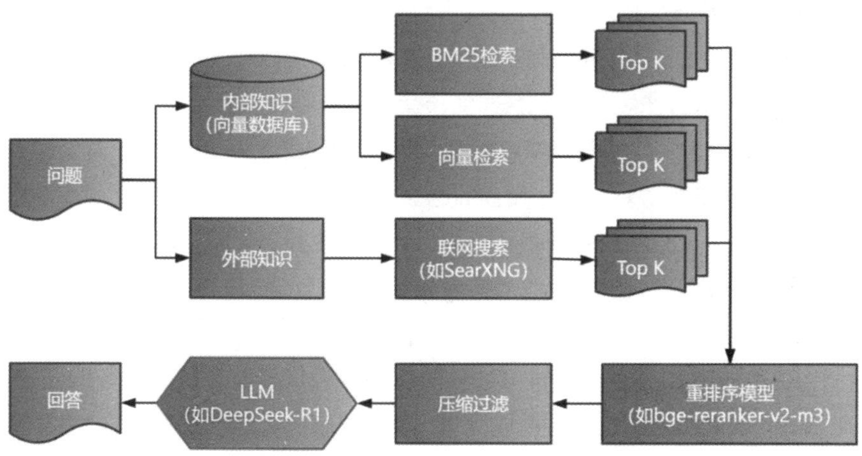

图 8.58　RAG 检索增强生成工作流程

RAG 工作流程的详细步骤说明如下。

01 问题：用户输入问题是整个流程的起点。

02 多数据源：分为内部知识和外部知识。

◎ **内部知识：**基于向量数据库存储结构化知识（如知识图谱、标准文档），支持高维语义检索。

◎ **外部知识：**通过 SearXNG 等搜索引擎接入实时数据（如新闻、行业报告），打破静态知识壁垒。

03 混合检索并行召回：系统同步执行三类检索策略，兼顾效率与覆盖面。

◎ **BM25 检索：**基于关键词匹配的传统算法，擅长处理精确术语匹配。

◎ **向量检索：**通过嵌入模型将查询和文档转换为向量，计算余弦相似度，捕捉语义关联和语义匹配。

◎ **联网搜索：**调用搜索引擎（如 SearXNG）获取实时或外部信息（如新闻、最新数据）。

04 多层初步筛选：每条检索路径独立筛选出 Top K 结果，减少冗余并保留高相关性候选。

05 跨源融合重排序：使用重排序模型（如bge-reranker-v2-m3）对合并后的候选集进行精细化评分，综合语义相关性、权威性、时效性等指标。输出最终排序后的Top K结果，提升答案准确性。

06 压缩过滤：对二次筛选的检索结果再次进行精简（如删除冗余信息）或过滤（如去除低置信度段落），优化输出质量。

07 答案生成：LLM（如DeepSeek-R1）基于重排序结果生成连贯回答，融入上下文理解与逻辑推理，给出思考过程和答案。

08 回答：将LLM生成的答案作为回复返回给用户，完成整个RAG系统的流程。

RAG的核心价值在于知识边界的动态扩展与多模态信息的智能融合。通过混合检索、意图感知与生成优化，其不仅解决了传统大模型的“知识固化”问题，更在复杂场景中实现了“精准性、实时性、可解释性”的平衡，为AI落地的“最后一公里”提供了关键技术支撑。

8.9.3 RAG 应用示例（办公助手）

RAG核心在于LLM和知识库的协同配合。因此，要实现完整的RAG系统，需要构建三个基础管理模块：模型管理、知识库管理及权限组管理（保障企业知识库敏感数据的安全性）。关于这三个基础管理模块的具体使用，读者可参考本书8.3节“Open WebUI基础应用”的详细讲解，这里不再赘述。

本小节将通过一个企业办公助手的具体案例，演示基于Open WebUI的RAG应用。具体操作步骤如下。

01 进入模型列表界面：单击页面左侧边栏“工作空间”，然后选择“模型”，即可进入模型列表界面（见图8.24）。

02 在模型列表界面，单击右上角“+”按钮，即可进入“添加模型”界面（见图8.25）。

03 如图8.59所示，在添加模型界面输入以下信息。

◎ **模型名称：**办公助手。

◎ **模型描述：**回答公司各项规则制度。

◎ **模型可见性：**设置为“Public”（公开）。

◎ **高级参数：**

○ 温度（Temperature）：适当调低。为了抑制LLM幻觉，确保回答的严谨性。

○ 最大 Token 数：适当调高，因为知识库的文档通常较大。

○ 其他参数：按需设置。

◎ **知识库：**关联“员工手册”。

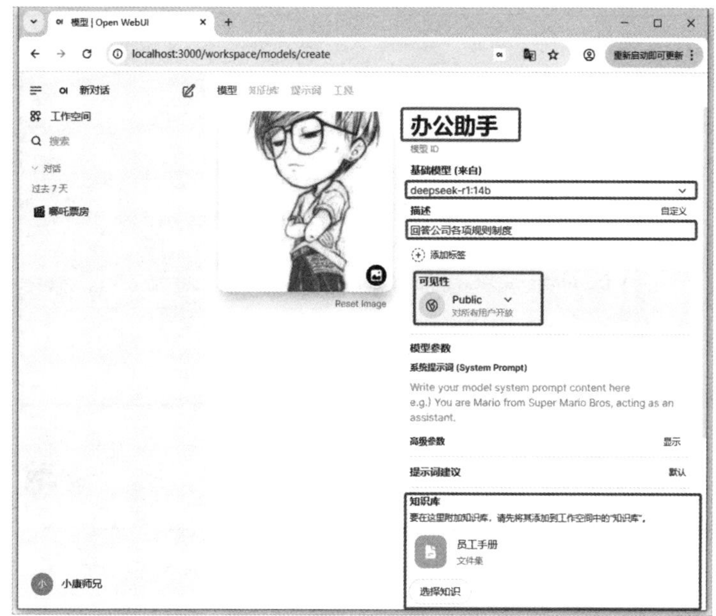

图 8.59　Open WebUI 平台添加RAG模型

04 如图8.60所示，新建一个对话，分别对“DeepSeek-R1:14B”和“办公助手”两个模型咨询同样的问题：“小康科技公司的带薪年假有几天？”。

05 滚动到页面底部，单击“保存并更新”即可完成“办公助手”的创建。

06 DeepSeek-R1:14B模型（知识库为空）无法给出答案。

07 办公助手模型（因为关联了员工手册知识库）则给出了正确答案。

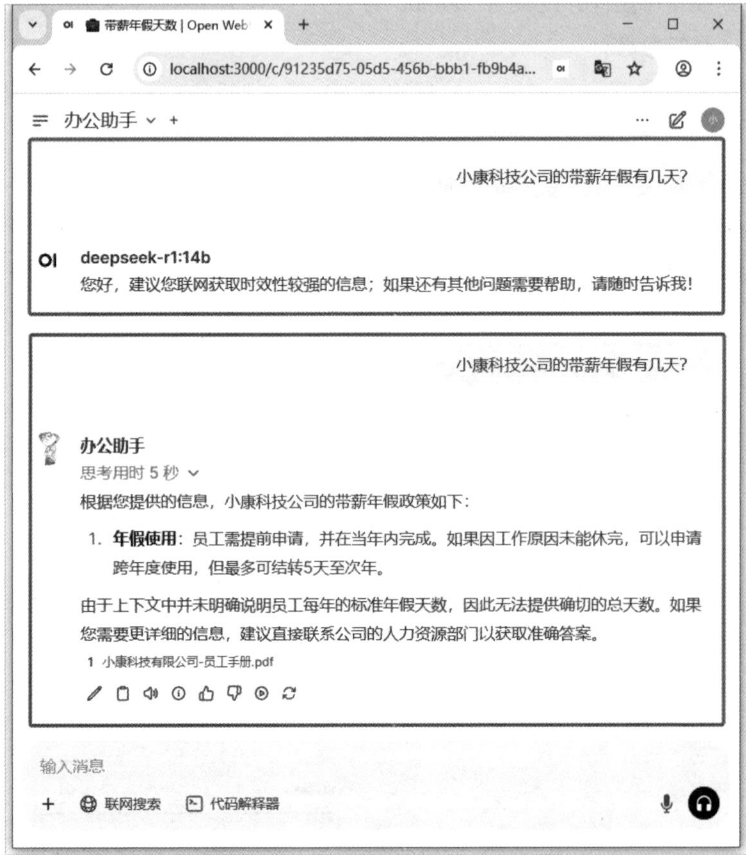

图 8.60 Open WebUI平台RAG应用示例（办公助手）

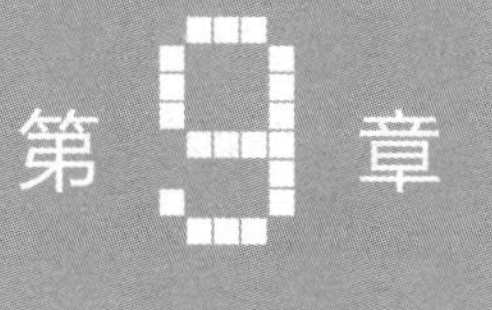

Dify应用实践

在本章，将介绍Dify的核心概念和优势，以及如何快速在本地搭建部署Dify，然后使用Dify创建一个基于私人知识库的AI聊天室。

9.1 Dify 概述和核心价值

近年来，AI技术飞速发展，各项AI应用也层出不穷，让人眼花缭乱。Dify作为其中的佼佼者脱颖而出，以其独特优势在这股AI浪潮中占据重要地位。它是一个开源的AI应用开发平台，旨在帮助开发者与企业快速构建、部署和管理基于大模型的智能应用，名字源自“Develop It For You”，充分彰显以用户为中心的理念。

9.1.1 Dify 概述

Dify 是一款开源的LLM应用开发平台，旨在简化生成式 AI 应用的开发、部署和运维流程。它融合了后端即服务（Backend as a Service，BaaS）和 LLMOps 的理念，提供从模型管理、知识库构建、工作流编排到应用发布的全生命周期支持。作为当下最热门的开源项目，截至2025年3月2日，Dify 在 GitHub 上已获得超过 76k Star，成为大模型应用开发领域的热门工具。

BaaS是一种云服务模式，通过提供预构建的后端功能和基础设施，帮助开发者快速构建和部署应用程序。在Dify中，BaaS的理念使开发者无须从零开始搭建后端系统，而是可以利用Dify提供的模型管理、知识库构建、工作流编排等功能，快速构建生产级的生成式AI应用。

LLMOps是指针对LLM的开发、部署、维护和优化的一整套实践和流程。它涵盖了模型训练、部署、监控、更新、安全性和合规性等方面，旨在确保高效、可扩展和安全地使用这些强大的 AI 模型来构建和运行实际应用程序。在Dify中，LLMOps的理念体现在提供可视化的工具和流程，使开发者能够对LLM驱动的系统进行可视化的运维、监控、标注和持续优化，从而提升AI应用的效率和表现。

通过融合BaaS和LLMOps，Dify为开发者提供了一个完整的解决方案，使他们能够专注于创新和业务需求，而无须担心底层技术细节。这使即便是非技术人员，也能参与到 AI 应用的定义和数据运营过程中。

9.1.2 Dify 核心价值

◎ **模块化设计：**支持按需组合知识库检索、智能体（Agent）、工作流（Workflow）等功能模块。

◎ **多模型兼容：**集成 OpenAI、文心一言、通义千问等主流大模型，支持本地化部署（如 Ollama）和云端 API 调用。

◎ **知识库增强：**通过文档分段、向量化检索和语义重排，解决大模型"幻觉"问题，提升回答准确性。

◎ **低代码开发：**可视化编排工具允许开发者通过拖曳节点定义 AI 逻辑，减少代码编写需求。

◎ **企业级支持：**支持私有化部署、权限管理和数据隔离，满足企业安全需求。

9.2 Dify 的核心架构与技术实现

本节将介绍 Dify 的系统设计、技术选型等内容，剖析 Dify 如何实现高效的 AI 应用开发支持。

9.2.1 知识库管理系统

Dify 的 RAG 服务旨在提升 LLM 在处理特定领域或私有数据时的准确性和相关性。其核心流程包括以下步骤。

◎ **文件加载：**Dify 支持多种文件格式，如 TXT、PDF、HTML 等，利用 unstructured 和 pypdfium2 等库解析文件内容，确保不同格式的文档都能被有效处理。

◎ **预处理与清洗：** 在此阶段，系统会去除冗余字符、修正编码错误，并优化文本结构，以提高后续处理的效率和准确性。

在知识库录入环节，Dify提供了灵活的分段与索引功能，支持多种策略配置，便于知识的高效组织与检索。

◎ **自动分段：** 根据语义将文档切割成约 500 字符的段落，确保每个段落都包含完整的信息单元。

◎ **问答模式：** 通过大语言模型生成问答对，实现"问题匹配问题"的高效检索，提升查询的相关性和准确性。

◎ **混合检索：** 结合向量搜索（语义匹配）、全文搜索（关键词匹配）及混合模式，利用重排序模型优化检索结果，确保返回最相关的信息。

除了索引策略，Dify还提供了两种索引模式。

◎ **高质量模式：** 使用嵌入模型（Embedding Model）将文本转换为向量，适用于对精度要求较高的场景。

◎ **经济模式：** 基于倒排索引，减少计算资源消耗，适用于对性能要求较高、对精度要求相对宽松的场景。

通过以上流程，Dify 的 RAG 服务能够有效地构建和管理知识库，提升LLM在特定领域或私有数据上的表现。

在实际应用中，开发者可以根据业务需求选择合适的索引模式和检索策略，以实现最佳的检索效果。

9.2.2 工作流引擎

Dify的工作流引擎支持复杂的任务编排，帮助开发者构建高效的自动化流程。其主要功能如下。

◎ **条件分支：** 根据用户输入或系统状态，动态选择执行路径，实现灵活的业务逻辑处理。

◎ **工具集成：** 支持调用搜索引擎、数据库或自定义 API，扩展功能，满足多样化的业务需求。

◎ **并行处理：** 通过多线程执行网页抓取、内容提取等 I/O 密集型任务，提高处理效率。

此外，Dify 的工作流引擎提供了丰富的逻辑节点，如代码节点、IF/ELSE 节点、模板转换、迭代节点等，方便构建复杂的自动化流程。同时，工作流引擎还支持定时和事件触发的能力，方便构建自动化流程。

9.2.3 模型管理

Dify 提供了完善的模型管理功能，支持多种模型的接入和推理优化。

◎ **模型接入：**支持通过 API 密钥配置第三方模型（如 OpenAI），或本地化部署模型（如 Llama、DeepSeek）。模型不同，其能力表现、参数类型也会不一样，开发者可以根据不同情景的应用需求选择适合的模型供应商。

◎ **推理优化：**提供 Function Calling 和 ReAct 两种推理模式，适配不同模型能力。对于支持 Function Calling 的模型（如 GPT-3.5、GPT-4），建议使用此模式以获得更好、更稳定的性能。对于不支持 Function Calling 的模型，Dify 提供了 ReAct 推理框架作为替代方案，以实现类似的功能。

9.3 Dify的部署

本节将在本地化部署一套私有的Dify服务。

9.3.1 环境准备

部署Dify需要满足以下要求。

◎ **硬件要求：**建议2核CPU、4GB内存、50GB存储（知识库规模较大时需扩展）。

◎ **依赖工具：**Docker、Docker Compose、Git、Ollama。

上述工具的安装方法，详细内容可查阅前两章，在此不再赘述。接下来，为大家介绍系统部署环节。本次部署以 Windows 10 操作系统为例展开讲解。

我们采用Docker进行部署安装，Docker具有跨平台的特性，因此，Mac和Linux系统的用户同样能参照本教程进行操作，轻松完成部署任务。在后续步骤中，会对各操作环节进行细致说明，为大家顺利搭建所需环境提供助力。

9.3.2 克隆代码库

在开展后续操作前，请确保您的计算机硬盘剩余可用空间达到400MB。以笔者个人计算机为例，选择E盘作为操作盘。

01 请在Windows操作系统的开始菜单中，找到“Windows PowerShell”或“命令提示符”程序。

02 启动相应程序后，输入以下指定命令，便可看到实际效果，效果示例如图9.1所示。借助这种方式，我们就能快速开展系统部署的前期工作。

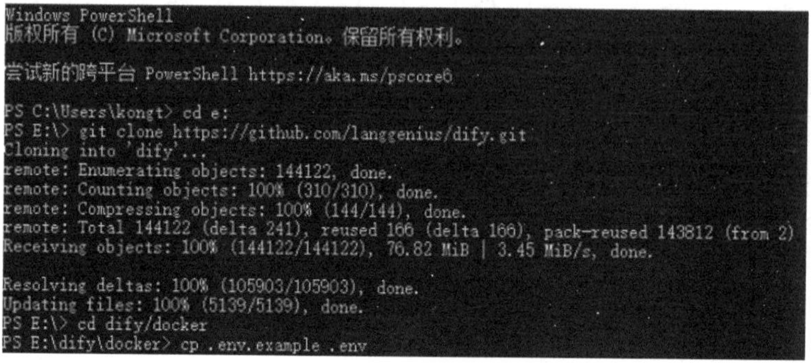

```
Windows PowerShell
版权所有 (C) Microsoft Corporation。保留所有权利。

尝试新的跨平台 PowerShell https://aka.ms/pscore6

PS C:\Users\kongt> cd e:
PS E:\> git clone https://github.com/langgenius/dify.git
Cloning into 'dify'...
remote: Enumerating objects: 144122, done.
remote: Counting objects: 100% (310/310), done.
remote: Compressing objects: 100% (144/144), done.
remote: Total 144122 (delta 241), reused 166 (delta 166), pack-reused 143812 (from 2)
Receiving objects: 100% (144122/144122), 76.82 MiB | 3.45 MiB/s, done.

Resolving deltas: 100% (105903/105903), done.
Updating files: 100% (5139/5139), done.
PS E:\> cd dify/docker
PS E:\dify\docker> cp .env.example .env
```

图9.1 克隆Dify代码库

当然，不同操作系统版本在操作界面上或许存在细微差异，但整体操作逻辑保持一致，各位在操作时只需留意界面提示，便可顺利完成操作。

```
# 进入E盘
cd e:
# 使用git命令从GitHub上拉取最新的代码到本地
# 命令执行完，通过我的电脑进入E盘，你会发现一个Dify的目录
git clone https://github.com/langgenius/dify.git
                                              # 进入Docker目录
cd dify/docker
```

```
# 复制配置文件，Dify 的一些配置文件都在这个 .env 文件中
# 正常情况下我们不用动这个配置文件，如果遇到一些问题再来改这个配置文件
cp .env.example .env
```

9.3.3 启动服务

打开PowerShell，输入以下命令来启动Dify服务。

```
# 启动相关服务
docker compose up
```

当您输入命令并按下回车键后，Docker便会立即开始拉取相关镜像。由于镜像文件大小不同，拉取过程可能需要一定时间。在此期间，您不妨稍作休息，耐心等待。

镜像拉取完成后，Docker 会自动启动 Dify 运行所需的各项服务。此时，您可以通过两种方式，查看容器的启动状态。第一种方法是在命令行中输入指定命令，第二种方法则是打开Docker Desktop进行可视化查看。指定命令如下，当您执行命令后，命令行界面将呈现出结果，如图9.2所示。正常情况下，各个容器的 Status 状态均显示为 Up，这表明 Dify 各项服务已成功启动，可以正常使用 。

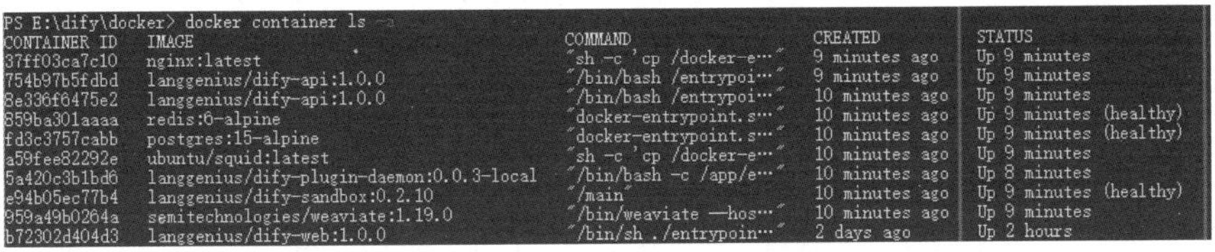

```
PS E:\dify\docker> docker container ls -a
CONTAINER ID   IMAGE                                       COMMAND                  CREATED          STATUS
37ff03ca7c10   nginx:latest                                "sh -c 'cp /docker-e…"   9 minutes ago    Up 9 minutes
754b97b5fdbd   langgenius/dify-api:1.0.0                   "/bin/bash /entrypoi…"   9 minutes ago    Up 9 minutes
8e336f6475e2   langgenius/dify-api:1.0.0                   "/bin/bash /entrypoi…"   10 minutes ago   Up 9 minutes
859ba301aaaa   redis:6-alpine                              "docker-entrypoint.s…"   10 minutes ago   Up 9 minutes (healthy)
fd3c3757cabb   postgres:15-alpine                          "docker-entrypoint.s…"   10 minutes ago   Up 9 minutes (healthy)
a59fee82292e   ubuntu/squid:latest                         "sh -c 'cp /docker-e…"   10 minutes ago   Up 9 minutes
5a420c3b1bd6   langgenius/dify-plugin-daemon:0.0.3-local   "/bin/bash -c /app/e…"   10 minutes ago   Up 8 minutes
e94b05ec77b4   langgenius/dify-sandbox:0.2.10              "/main"                  10 minutes ago   Up 9 minutes (healthy)
959a49b0264a   semitechnologies/weaviate:1.19.0            "/bin/weaviate --hos…"   10 minutes ago   Up 9 minutes
b72302d404d3   langgenius/dify-web:1.0.0                   "/bin/sh ./entrypoin…"   2 days ago       Up 2 hours
```

图9.2　命令查询启动的Docker容器

Dokcer Desktop上的结果应该如图9.3所示。至此，恭喜您成功完成Dify 服务部署。完成这一操作后，即可正式使用 Dify 服务开展相关业务活动。

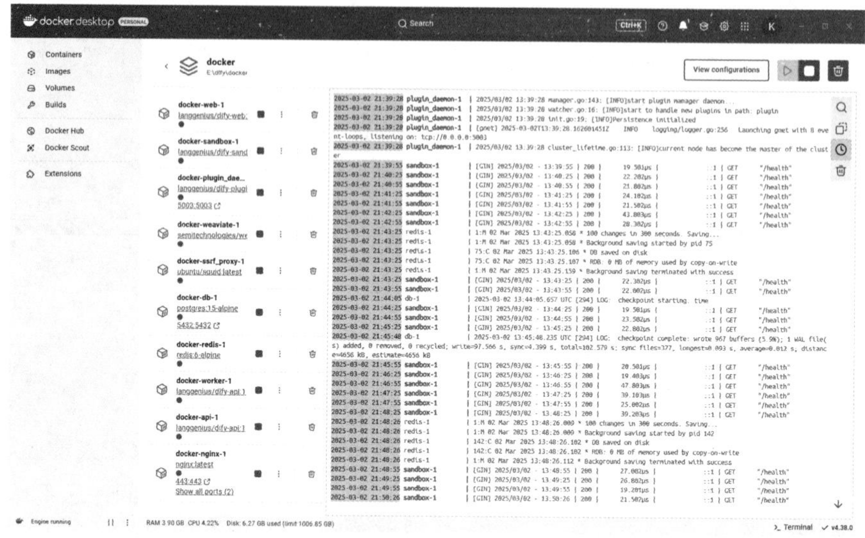

图 9.3　Docker Desktop 查看启动的 Docker 容器

部分使用者可能对 Dify 启动大量容器的情况感到疑惑。下面将对这些容器的作用进行简要阐释。这部分内容为拓展知识，若想深入了解容器的具体功能，可查看下列表；若无意了解，可直接跳过此部分，不会对 Dify 的正常使用造成任何影响 。

◎ **nginx:latest：** 对应容器名称为 docker-nginx-1，主要作用是作为反向代理服务器，处理 HTTP/HTTPS 请求并将其路由到后端服务。

◎ **langgenius/dify-api:1.0.0：** 对应容器名称为 docker-api-1，主要作用是作为 Dify 后端 API 服务，处理核心业务逻辑和进行 AI 模型调用。

◎ **langgenius/dify-worker:1.0.0：** 对应容器名称为 docker-worker-1，主要作用是作为异步任务工作节点（Celery Worker），执行如模型推理这类耗时任务。

◎ **redis:6-alpine：** 对应容器名称为 docker-redis-1，主要作用是作为缓存数据库，存储高频访问数据并提供消息队列功能。

◎ **postgres:15-alpine：** 对应容器名称为 docker-db-1，主要作用是

作为主数据库，持久化存储用户、应用配置等结构化数据。

◎ **ubuntu/squid:latest**：对应容器名称为 docker-ssrf_proxy-1，主要作用是作为 SSRF 防护代理，防止服务端请求伪造攻击。

◎ **langgenius/dify-plugin-daemon:0.0.3-local**：对应容器名称为 docker-plugin_daemon-1，主要作用是作为插件守护进程，管理 Dify 插件的加载和运行。

◎ **langgenius/dify-sandbox:0.2.10**：对应容器名称为 docker-sandbox-1，主要作用是作为代码沙箱环境，安全执行用户提交的代码（如自定义函数）。

◎ **semitechnologies/weaviate:1.19.0**：对应容器名称为 docker-weaviate-1，主要作用是作为向量搜索引擎，支持 AI 模型生成的向量数据存储与检索。

◎ **langgenius/dify-web:1.0.0**：对应容器名称为 docker-web-1，主要作用是作为 Dify 前端服务，提供用户交互界面（Web UI）。

9.3.4 常见问题排查

问题 1：Git 拉取速度慢或无法拉取

在代码拉取阶段，有些读者可能会因为网络问题卡在 Git 拉取源码阶段，或者拉取速度很慢。如果遇到这个问题，大家也可以如图 9.4 和图 9.5 所示，自行前往 GitHub 下载 zip 包，然后解压再进行后面的操作。

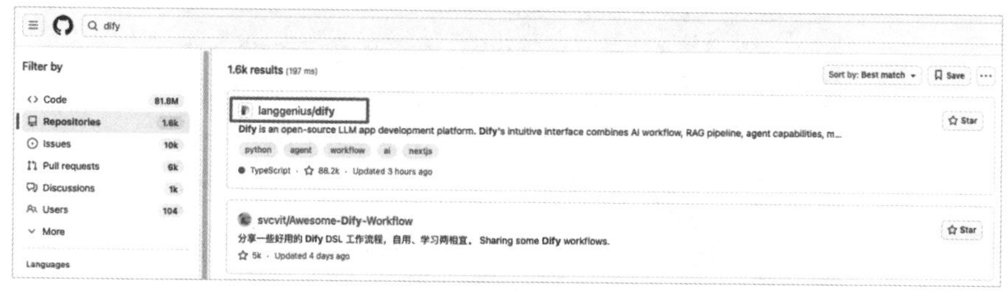

图 9.4　GitHub 搜索 Dify 项目

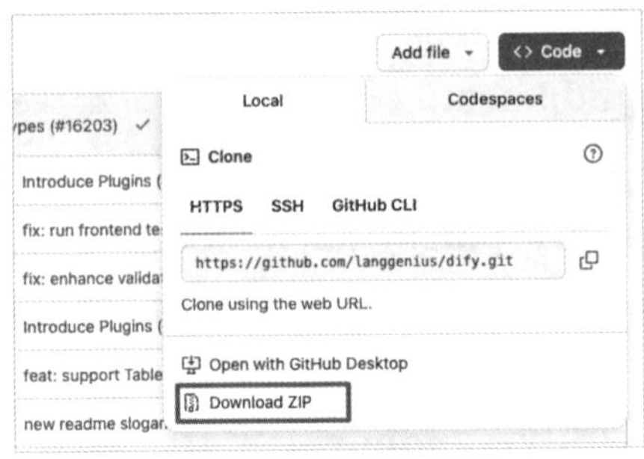

图9.5　手动下载zip包

问题2：Docker拉取镜像慢或失败

在使用Docker拉取镜像过程中，若因网络问题导致下载失败，或者拉取速度过于缓慢，可配置国内的Docker镜像源，以显著提升拉取速度。关于如何设置其他镜像源，在前两章已有详细介绍，可前往查阅具体操作步骤，参照指引完成镜像源切换，解决拉取镜像异常的问题。

问题3：启动端口被占用

当镜像成功拉取，进入容器启动环节时，可能会出现容器无法正常启动的情况，这大概率是启动端口被占用导致。此时，可通过命令查看容器的错误日志，快速定位和解决问题。具体操作方法如图9.6所示，借助容器的ID来查看日志。在终端中输入相应的日志查看命令，即可获取详细的错误信息，根据这些信息进一步分析和处理端口冲突问题。

```
  Container docker-nginx-1                          Running
PS E:\dify\docker> docker container ls -a
CONTAINER ID   IMAGE
37ff03ca7c10   nginx:latest
754b97b5fdbd   langgenius/dify-api:1.0.0
3e336f6475e2   langgenius/dify-api:1.0.0
359ba301aaaa   redis:6-alpine
fd3c3757cabb   postgres:15-alpine
a59fee82292e   ubuntu/squid:latest
5a420c3b1bd6   langgenius/dify-plugin-daemon:0.0.3-local
e94b05ec77b4   langgenius/dify-sandbox:0.2.10
059a49b0264a   semitechnologies/weaviate:1.19.0
672302d404d3   langgenius/dify-web:1.0.0
PS E:\dify\docker> docker container logs 37ff03ca7c10
```

图9.6　命令查看容器日志

如果使用Docker Desktop，可以直接在界面查看容器日志，如图9.7所示，单击某个容器，即可显示容器日志。

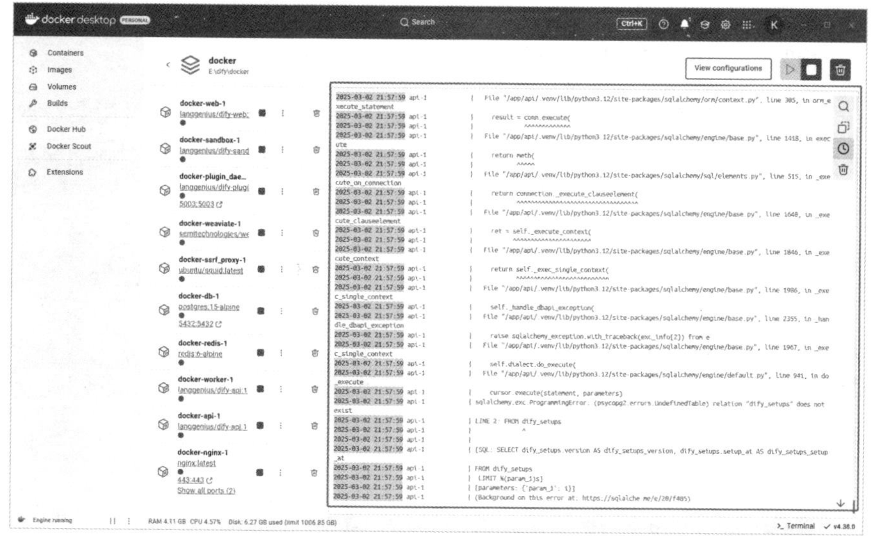

图9.7 Docker Desktop查看容器日志

若在检查过程中，发现容器启动失败，并且日志中出现“bind:Address already in use”错误提示，这表明本地有其他程序正在占用对应的端口。此时，为了顺利启动 Dify 服务，避免端口冲突，可通过修改.env 文件中的启动端口来解决该问题。

以 80 端口发生冲突为例，使用文本编辑器打开 dify/docker/.env 文件。在文件中找到相应端口配置项，通过修改配置，将 80 端口调整为其他未被占用的端口号，便能解决冲突问题，确保 Dify 服务正常运行。下面展示端口配置项的具体位置及修改示例：

```
NGINX_PORT=80
```

将这一配置项数值修改为其他未被占用的端口。确定新端口时，可通过系统自带的网络工具，比如，Windows 系统的“netstat -ano”命令，或第三方工具，扫描当前系统正在使用的端口，筛选出未被占用的端口号进行配置。如此一来，便可有效解决端口冲突问题，让 Dify 服务顺利启动。

```
NGINX_PORT=8089
```

问题 4：Mac 用户启动失败

对于使用 Mac 操作系统的用户而言，在启动 Docker 时，可能会遭遇报错的情况。当出现此类问题时，往往会影响后续 Dify 服务的正常部署与使用。

```
Error response from daemon: error while creating mount
source path '/Users/xxxx/dify/docker/volumes/certbot/
www': chown
/Users/xxx/dify/docker/volumes/certbot/www: permission
denied
```

此时，可以通过以下两个步骤解决。

01 chmod -R 777 /Users/xxxx/dify/docker/volumes。

02 修改docker-compose.yaml文件，在失败的容器配置中指定user，假设redis启动失败，报上面的错误，可以按图9.8所示修改。

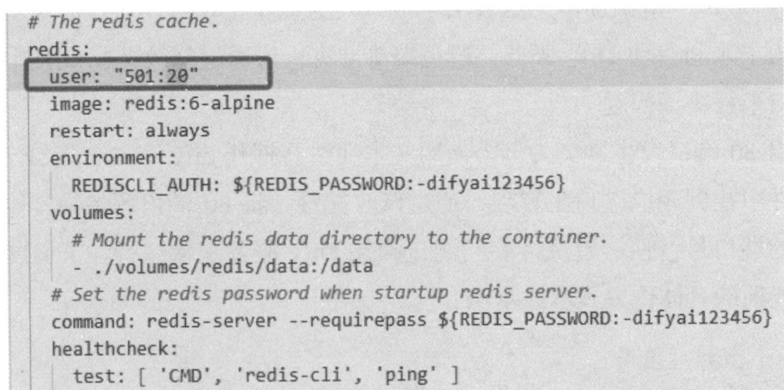

```
# The redis cache.
redis:
  user: "501:20"
  image: redis:6-alpine
  restart: always
  environment:
    REDISCLI_AUTH: ${REDIS_PASSWORD:-difyai123456}
  volumes:
    # Mount the redis data directory to the container.
    - ./volumes/redis/data:/data
  # Set the redis password when startup redis server.
  command: redis-server --requirepass ${REDIS_PASSWORD:-difyai123456}
  healthcheck:
    test: [ 'CMD', 'redis-cli', 'ping' ]
```

图 9.8　修改 docker-compose.yaml 文件

图9.8中显示的“501”和“20”分别对应您当前的用户 ID 和组 ID。若您想要获取这些信息，可在终端中输入“id”命令，执行该命令后，系统会在终端界面显示出相应的用户 ID 和组 ID 信息，方便您进行确认与后续操作。

9.4 使用 Dify 搭建 AI 聊天助手

通过本节，您可以了解到如何将Dify和本地化部署的DeepSeek联系起来，搭建一个AI聊天助手应用。

9.4.1 初始化 Dify

在保持默认配置、未对端口进行修改时，Dify 服务的访问端口为 80。当 Dify 成功部署并启动后，打开常用浏览器，在地址栏输入“http://localhost/install”，按下回车键，即可进入 Dify 初始化页面。页面加载完成后，系统将自动跳转至管理员账户设置页面，具体页面样式如图 9.9 所示。

图 9.9　Dify install 界面

在初始化页面，需设置管理员账号与密码。值得注意的是，由于是本地化部署，Dify 不会对所填邮箱进行验证，因此邮箱栏可任意输入内容。在完成信息填写后，单击确认按钮，便可顺利完成 Dify 的初始化设置，开启使用。

只需输入邮箱、用户、密码，即可创建成功，然后进入Dify首页，如图9.10所示。

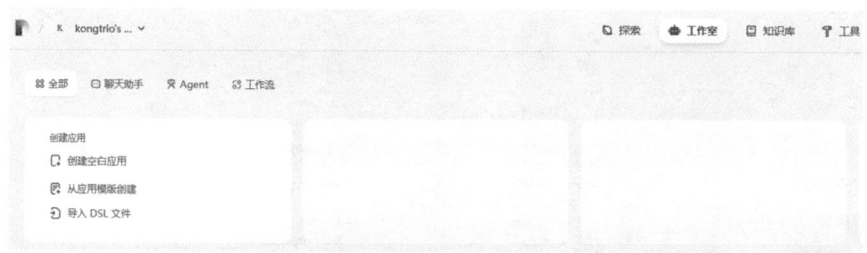

图 9.10　Dify 首页

9.4.2 添加模型供应商

从界面中可以看到，当前面板几乎处于空白状态。在搭建AI聊天室前，需要将DeepSeek本地化模型添加到Dify平台。具体操作步骤如下。

01 找到并单击页面右上角的用户头像图标，弹出菜单栏。

02 在弹出的菜单栏中选择并单击“设置”选项，如图9.11所示，进入设置界面。

03 成功进入设置界面后，在界面中找到“模型供应商”选项并单击。在展开的“安装模型供应商”列表里，找到“Ollama”并单击“安装”按钮，即可启动Ollama模型供应商的安装流程。具体操作的界面如图9.12所示。

图9.11 单击菜单栏中“设置”按钮

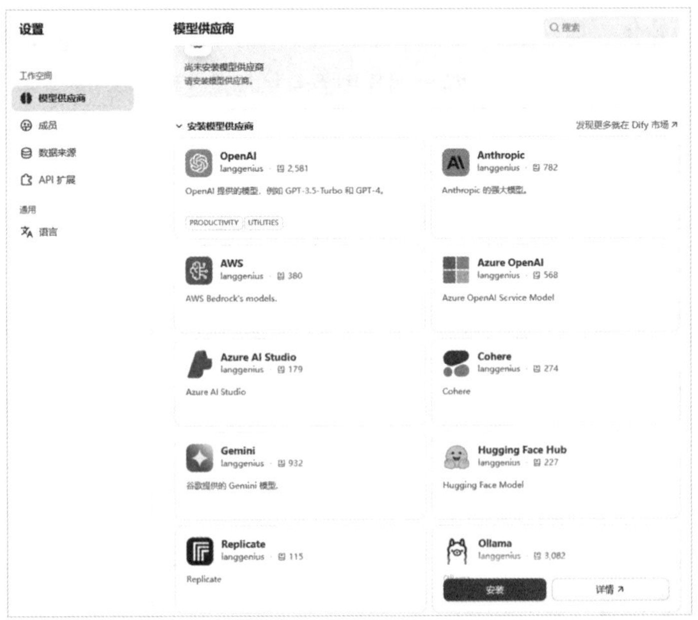

图9.12 安装Ollama

04 安装完后，刷新下页面，就可以看到Ollama在已安装的模型供应商中，如图9.13所示。

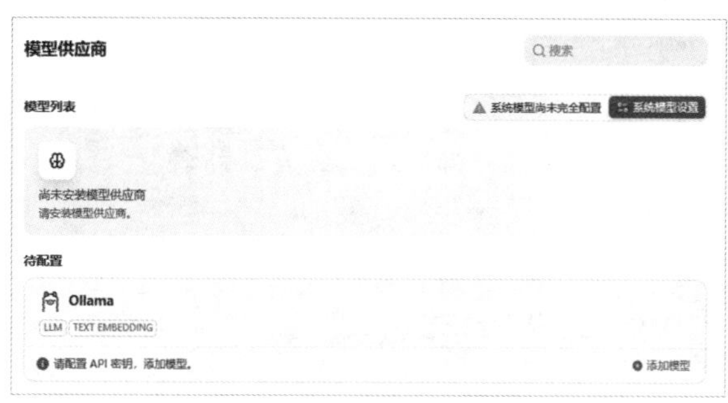

图9.13 Ollama展示

05 单击Ollama右下角的添加模型，添加之前部署好的DeepSeek模型，如图9.14所示。

在此步骤中，需要填写模型名称和基础URL。模型名称可填写为“deepseek-r1:1.5b”，基础URL则应填写“http://host.docker.internal:11434”。这里的11434是Ollama的默认端口，需特别注意，不要填写“http://129.0.0.1:11434”。因为Dify是部署在容器内的，使用“129.0.0.1”这个IP地址无法访问宿主机上的Ollama服务。而使用“host.docker.internal”，Docker容器就能够访问宿主机的服务。

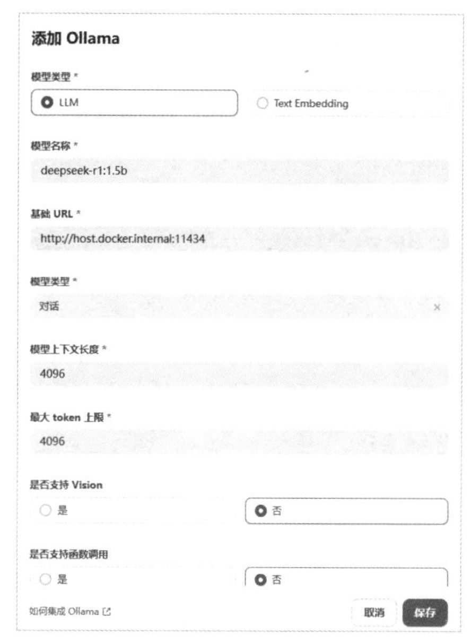

图9.14 添加Ollama DeepSeek模型

9.4.3 创建聊天助手

完成模型添加后，可返回 Dify 首页，在首页中找到并单击“创建空白应用”按钮，开启新应用的创建流程。具体操作位置和界面如图9.15所示。

图9.15　创建空白应用

在创建页面，选择“聊天助手”选项，随后输入应用名称。单击“创建”按钮后，便会进入聊天室调试界面。在该调试界面的右上角，能看到Dify已自动选取之前添加的DeepSeek-R1模型。此时，您就可以尝试与AI进行互动对话了，具体的对话效果如图9.16所示。

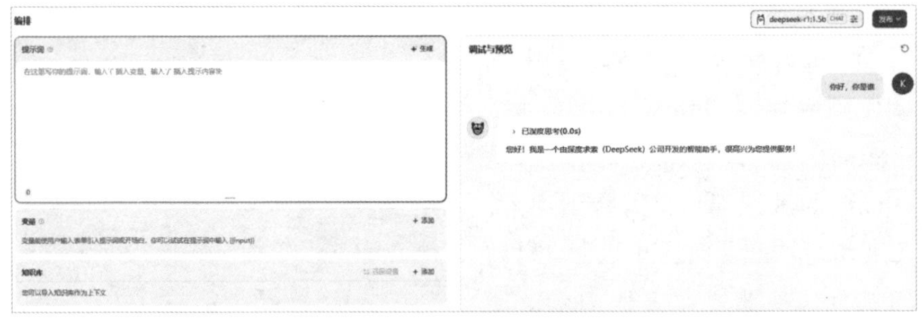

图9.16　AI聊天室

从图9.16中可以看到，该界面布局清晰，功能分区明确。左侧为菜单区域，可通过菜单快速访问不同功能；中间部分可用于配置大模型的初始提示词及选择要使用的知识库，以此对模型输出进行更精准的引导；右侧是类似聊天室的界面，您可以在此输入问题并实时查看AI的回复。在这个页面，您能够便捷地进行各项调试工作，优化与AI的交互体验。

9.4.4 发布聊天助手

当您确认所有配置和调试工作都已完成且运行正常后，若希望将该应用开放给其他伙伴使用，可在当前界面找到右上角的“发布”选项。在展开的菜单中，单击“运行”按钮即可将应用正式发布。具体操作位置和界面如图9.17所示，按照图示指引操作，能顺利完成应用的发布流程，让更多人使用该聊天应用。

Dify 会自动为您生成一个独一无二的专属聊天室界面，并配套一个专属链接。您只需单击这个链接，就能直接进入该聊天室，与他人展开互动交流。相关的专属聊天室界面样式如图9.18所示，图中清晰展示了聊天室的布局和功能模块，让您提前了解进入后的界面情况 。

图9.17　运行AI聊天室

图9.18　AI聊天室界面

到这里，或许有读者会发现，当前的访问地址仍是“localhost”，这意味着只有本机能够访问，无法供其他伙伴使用。

确实，我们还需要对访问地址进行修改。对处于同一局域网内的用户，可直接将“localhost”替换为本机的内网 IP 地址。获取内网 IP 地址的方法是，打开 PowerShell 命令行工具，通过特定命令查询。具体查询命令及界面如图9.19所示，图中红色方框所标注的内容即为 IPv4 格式的内网地址。将访问地址中的“localhost”替换为该内网 IP 后，同一局域网内的其他伙伴就能通过该地址访问专属聊天室了。

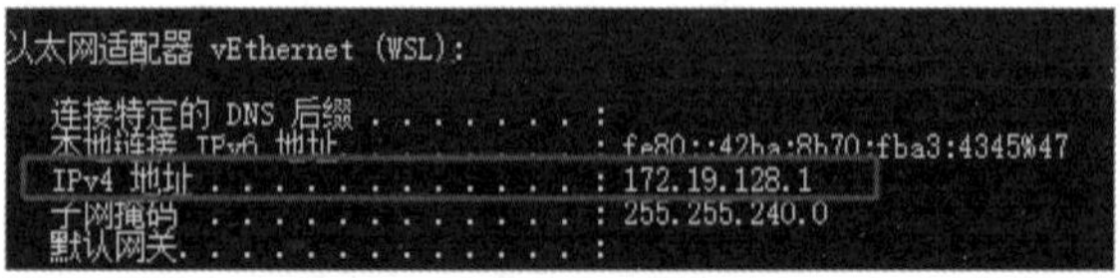

```
以太网适配器 vEthernet (WSL):

   连接特定的 DNS 后缀 . . . . . . . :
   本地链接 IPv6 地址. . . . . . . . : fe80::42ba:8b70:fba3:4345%47
   IPv4 地址 . . . . . . . . . . . . : 172.19.128.1
   子网掩码  . . . . . . . . . . . . : 255.255.240.0
   默认网关. . . . . . . . . . . . . :
```

图9.19　命令行获取内网IP

在此，笔者的内网IP地址为172.19.128.1。对与笔者处于同一局域网内的用户而言，仅需在浏览器地址栏中输入“http://172.19.128.1/chat/7tSkm0FoEI38UnZp”，即可顺利访问笔者所创建的AI聊天室

要实现在外网访问该AI聊天室，则操作相对复杂。由于本书篇幅有限，无法对其进行详细阐述。若读者对此抱有浓厚兴趣，则可自行在互联网上搜索相关资料，探索实现外网访问的方法。值得一提的是，您甚至可以向刚刚部署好的DeepSeek模型咨询相关操作要点，或许能获得有价值的建议和指导。

9.5 知识库的使用

上节介绍了如何创建AI聊天助手，本节将更深入一层，介绍如何使用Dify引入知识库，让您创建的AI聊天助手可以基于您的知识库进行问答。

9.5.1 新建知识库

此前，已成功搭建起简易的AI聊天室。然而，该聊天室尚未与知识库建立关联。

在Dify平台首页顶部，设有“知识库”栏目。单击此栏目，选择“创建知识库”选项，系统将引导进行文件上传操作。如图9.20所示，Dify支持三大类数据源导入：本地文件、Notion数据，以及网页内容。借助本地文件导入，用户能上传计算机中存储的各类文档，实现数据本地化整合；利用Notion导入功能，可将Notion笔记内容纳入知识库，方便跨平台数据使用；而网页内容导入功能，支持抓取特定网页的信息，极大地丰富了知识库的数据来源，为 AI 聊天室的互动提供更全面、翔实的数据支撑。

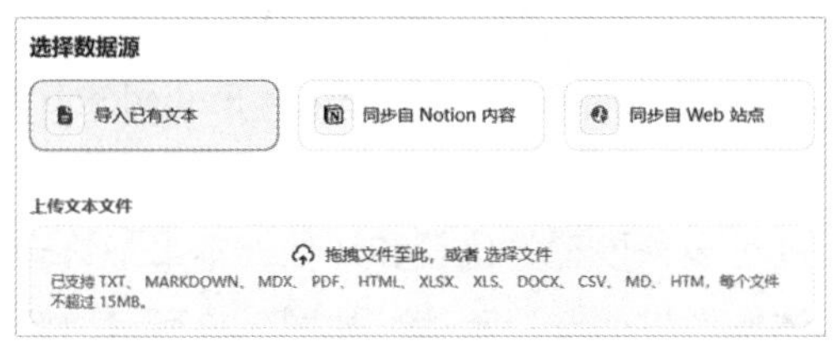

图 9.20　知识库创建页面

在进行测试时，选择使用本地文件的方式。可任意挑选一个适用于知识库的文件，选定后，单击“下一步”按钮，进入后续操作流程。

在进入下一步操作界面后，会发现索引方式的两项选项呈置灰状态，无法进行选择，具体情况如图 9.21 所示。出现这种情况的原因在于尚未安装 Embedding 模型。

分段设置
通用
通用文本分块模式，检索和召回的块是相同的
分段标识符　\n\n
分段最大长度　500 tokens
分段重叠长度　50 tokens
文本预处理规则
替换掉连续的空格、换行符和制表符
删除所有 URL 和电子邮件地址
使用 Q&A 分段，语言 Chinese
预览块　重置
父子分段
使用父子模式时，子块用于检索，父块用作上下文
索引方式
高质量
经济
每个数据块使用10个关键词进行检索，不会消耗任何tokens，但会以降低检索准确性为代价。

图 9.21　知识库配置页面

Embedding 模型是一种特殊的大模型，其主要功能是将文本信息编码为向量形式。通过这种编码方式，后续的检索程序能够更加精准地定位到与查询相关的文本片段。当检索到目标文本后，再将其提供给大模型进行处理和分析，从而提高信息检索的准确性和效率，为知识库的高效利用提供有力支持。

9.5.2 安装 Embedding 模型

为实现知识库索引的高效性，需要引入 Embedding 模型。Ollama 平台是寻找合适 Embedding 模型的理想选择，该平台提供了丰富多样的模型供用户挑选。经过对多种模型的比较和评估，本书最终选择bge-m3模型。选择该模型的具体操作界面及展示情况如图9.22所示，此图清晰呈现了在Ollama平台上选定bge-m3模型的过程，能为使用者提供直观的操作指引。

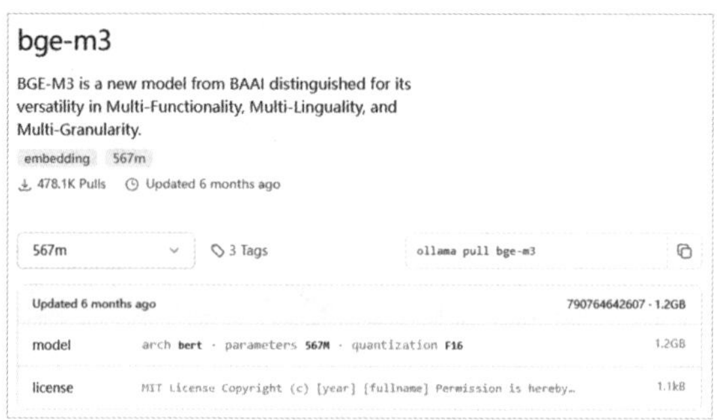

图 9.22　Ollama bge-m3 模型展示

依旧进入PowerShell执行命令：Ollama pull bge-m3。成功下载完模型后，我们再次进入模型供应商界面，添加bge-m3模型，如图9.23所示。

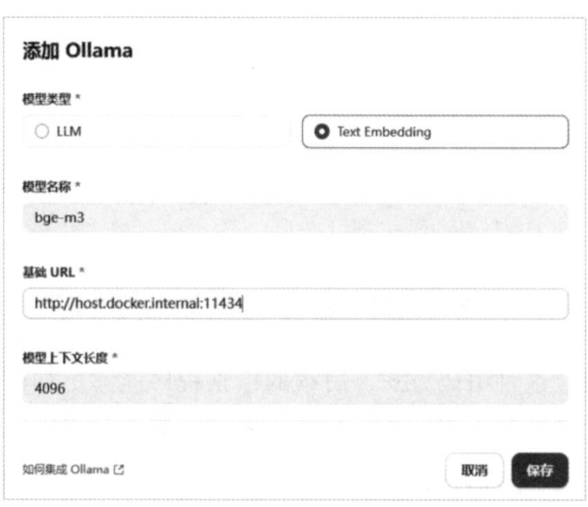

图 9.23　添加Embedding模型

9.5.3 在聊天室中配置知识库

完成模型选择后，再次访问知识库页面。在该页面执行文件上传操作时会发现，此前呈置灰状态的索引方式选项已可正常选择，具体页面展示如图 9.24 所示。这一变化表明，Embedding 模型的成功配置，有效激活了知识库索引方式的定制功能。

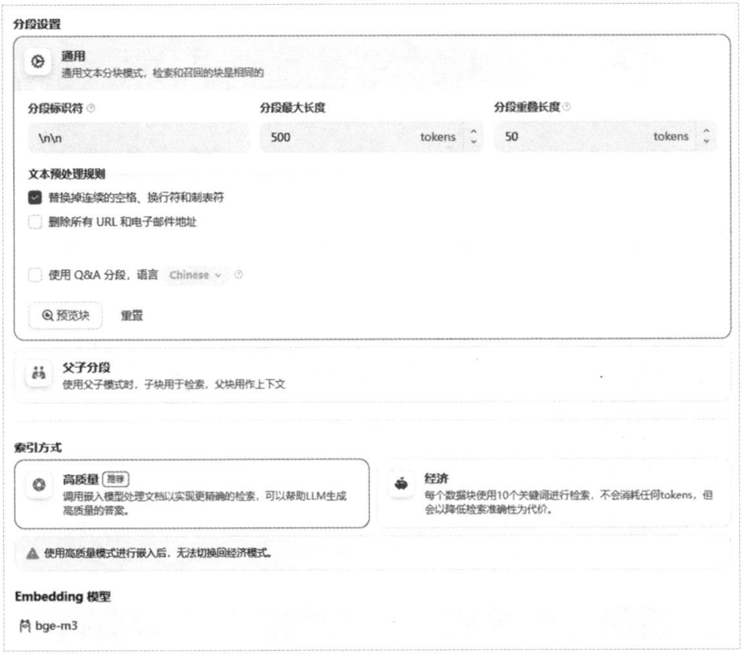

图 9.24 索引方式

在完成文件上传且索引方式可选后，选择“高质量”索引选项，其余设置保持默认状态。随后，单击“保存并处理”按钮，Dify 平台便会对上传的文件进行处理。在文件处理过程中，需要耐心等待一段时间。处理完成后呈现的界面状态如图 9.25 所示。

至此，已成功创建一个基础的知识库。接下来，需将该知识库与 AI 聊天室进行关联。具体操作是，前往 AI 聊天室的调试页面。在该页面的操作步骤如图 9.26 所示。在聊天室界面，引用之前上传的“行程安排”文档，使

AI 能够基于该知识库中的信息进行交互，为用户提供更精准、更贴合实际需求的回复，进一步提升 AI 聊天室的实用性和智能性。

图 9.25　索引完成界面　　　　图 9.26　选择知识库

9.5.4 知识库效果展示

完成知识库配置后，可尝试向 AI 聊天室提出问题，问题内容限定于知识库文件涵盖的特定知识领域，如图 9.27 所示。借助这类问题，验证 AI 能否依托所配置的知识库，准确、高效地理解并回应查询，进而检验知识库与 AI 聊天室集成的实际效果 。

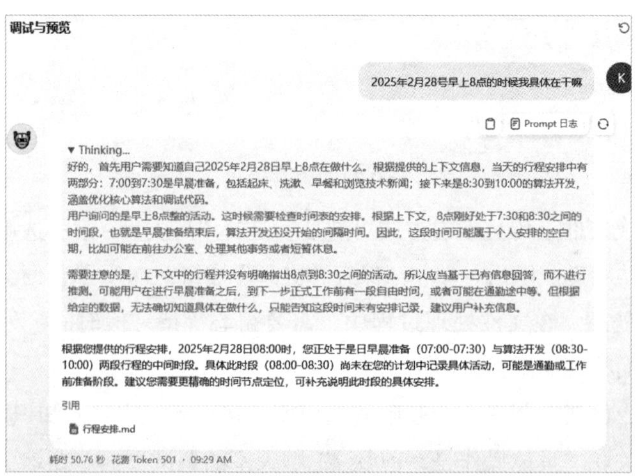

图 9.27　提问知识库中的内容

此前，已将一份虚构的行程安排文档上传至知识库，该行程安排涉及的日期为 2025 年 2 月 28 日。基于此，向 AI 提出询问该日早上 8 点的行程安排。此时可以观察到，DeepSeek 模型能够依据所提供的知识库内容进行精准回应（见图 9.27）。这表明，知识库与 AI 之间已成功建立关联，并且能够在实际交互中发挥作用。行程安排文档中的部分内容展示如图 9.28 所示，该图为进一步验证 AI 回复的准确性提供了对照依据。

或许细心的读者会留意到，DeepSeek 在此处给出的回答并不准确。依据上传的行程安排，2025 年 2 月 28 日早上 8 点至 8 点半是有明确安排的，而 DeepSeek 反馈该时段没有行程。这一情况大概率是知识库的索引问题导致的。

针对 DeepSeek 当前回复的索引详情，Dify 会在回复内容的下方予以展示，通过这一功能，使用者可直观地查看系统检索知识的过程与依据。具体界面如图 9.29 所示，借助该图，使用者能够更清晰地分析索引问题产生的原因，为后续优化知识库索引配置提供助力。

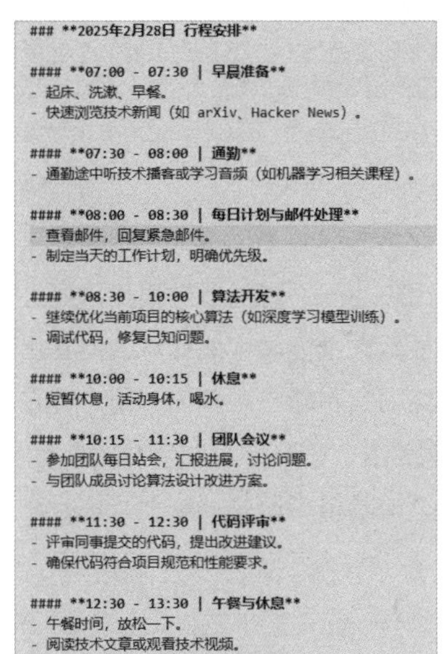

2025年2月28日 行程安排

07:00 - 07:30 | 早晨准备
- 起床、洗漱、早餐。
- 快速浏览技术新闻（如 arXiv、Hacker News）。

07:30 - 08:00 | 通勤
- 通勤途中听技术播客或学习音频（如机器学习相关课程）。

08:00 - 08:30 | 每日计划与邮件处理
- 查看邮件，回复紧急邮件。
- 制定当天的工作计划，明确优先级。

08:30 - 10:00 | 算法开发
- 继续优化当前项目的核心算法（如深度学习模型训练）。
- 调试代码，修复已知问题。

10:00 - 10:15 | 休息
- 短暂休息，活动身体，喝水。

10:15 - 11:30 | 团队会议
- 参加团队每日站会，汇报进展，讨论问题。
- 与团队成员讨论算法设计改进方案。

11:30 - 12:30 | 代码评审
- 评审同事提交的代码，提出改进建议。
- 确保代码符合项目规范和性能要求。

12:30 - 13:30 | 午餐与休息
- 午餐时间，放松一下。
- 阅读技术文章或观看技术视频。

图 9.28　行程安排文档部分内容

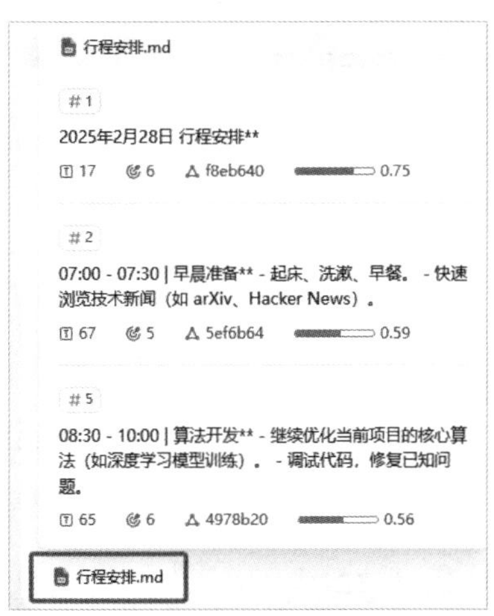

图 9.29　检索记录展示

从 Dify 展示的索引详情可知，DeepSeek 的回复基于 3 个文本分段。但这 3 个分段并未涵盖 2025 年 2 月 28 日 8:00—8:30 这一时间段的行程信息，因此 DeepSeek 未能给出准确答案，这是情有可原的。若期望 DeepSeek 在后续交互中给出精准回复，就必须对知识库索引进行优化。

由于不同应用场景、不同类型的知识库适用的优化方法存在差异，本书接下来将先介绍一些简单且通用的优化思路。

9.6 Agent的使用

本节讲解如何灵活配置Agent，并详细介绍Dify上聊天助手、Agent和文本生成应用的差异。

9.6.1 聊天助手、Agent、文本生成应用介绍

在 Dify 平台的新增应用页面，如图9.15所示，可看到聊天助手、Agent和文本生成应用三大类型。这三类应用的功能定位、交互逻辑和适用场景均有所不同，下面将进行详细阐述。

1. 聊天助手

聊天助手以对话交互为核心功能。在对话过程中，设计合理的提示词是其发挥作用的关键。聊天助手通过与用户一问一答的互动模式，深入理解用户意图，从而提供针对性的回应。虽然它也能够生成文本，但其优势在于打造自然流畅的对话体验，而非单纯的文本输出。例如，用户可在日常生活中向聊天助手询问天气情况、美食推荐，或在学习时请教疑难问题，聊天助手会模拟人与人之间的对话方式，即时给出回复。鉴于其核心在于提示词设计，本章将不过多展开叙述。

2. Agent

相较于聊天助手，Agent 的智能化程度更高，具备自主决策及执行复杂任务的能力。在运行过程中，Agent 可调用外部工具、API 或服务，对复杂

问题进行推理与规划，以达成用户目标。在 Dify 平台，Agent 类型应用支持添加第三方工具，极大拓展了其功能边界。

在办公场景中，Agent 可帮助用户自动生成报告。它能从多个数据源收集信息，分析数据并按照特定格式生成报告文档。在数据分析方面，Agent 可以连接数据库，运用内置算法对海量数据进行挖掘分析，并生成可视化图表。此外，在日常事务管理上，Agent 能协助用户管理日程安排，自动处理邮件，对重要信息进行筛选与提醒。例如，市场专员可借助 Agent 自动收集竞争对手信息，并生成分析报告；企业管理者则能通过 Agent 对工作日程进行合理规划，提升办公效率。

3. 文本生成应用

文本生成应用功能指向明确，专注于服务各类文本生成场景。以创作场景为例，它能根据用户给定的主题、风格与字数要求，快速创作出情节跌宕起伏的故事。当用户需要丰富文本细节时，文本生成应用可将简短描述大幅扩写，使其内容更翔实、生动。在编程领域，它能依据功能需要，直接生成可运行的代码片段，节省开发时间。与聊天助手相比，文本生成应用虽然同样具备文本生成能力，但文本生成应用更侧重独立、非对话式的文本输出，能在无须持续对话的情况下，一次性满足用户的文本生成需要。例如，文案策划人员只需向其提供产品信息，就能获得一套完整的推广文案。

9.6.2 Agent 工具介绍

Agent 之所以具备强大的执行能力，核心在于其对工具的调用。Dify 平台为用户打造 Agent 提供了丰富的工具资源。在 Dify 的操作界面，“知识库”按钮右侧，便是“工具”菜单按钮。单击该按钮，系统将弹出 Dify 平台所提供的工具列表，涵盖多个领域、多种功能的工具一目了然。这些工具的广泛运用，极大地拓展了 Agent 在不同场景中的实际应用能力，用户可按需选择、灵活配置，快速构建出满足个性化需求的 Agent。

如图 9.30 所示，上面部分展示了本地安装好的工具列表，下面部分展示了Dify的工具市场，想要安装哪个工具，直接将鼠标移到工具上方单击安装即可。

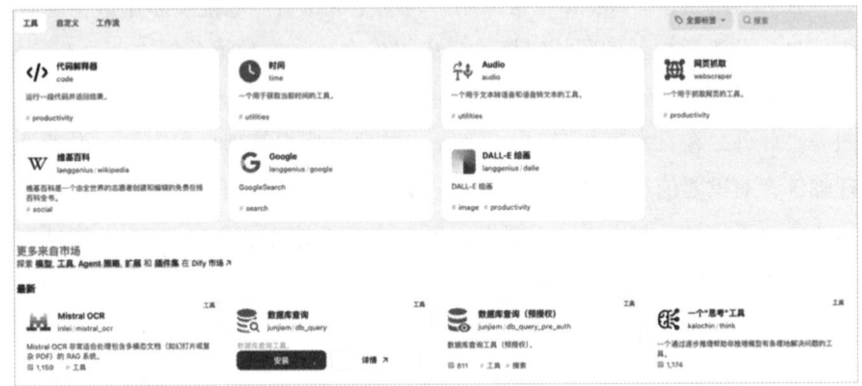

图9.30 工具市场

接下来，为大家介绍几款 Dify 平台上颇受用户欢迎的工具，借助这些工具，Agent 的功能将得到显著拓展。

◎ **维基百科搜索：**这一工具能引导大模型在维基百科海量的文献库中进行检索。维基百科作为全球知名的多语言在线百科全书，涵盖了丰富的知识内容。通过此工具，用户指令 Agent 进行搜索，无论是学术研究、历史事件追溯，还是对特定领域知识的探究，大模型都能快速筛选并呈现相关信息，为使用者提供可靠的知识参考。

◎ **Google 搜索：**通过集成 Google 搜索功能，Agent 可以让大模型在Google庞大的搜索引擎中获取相关信息。Google搜索以其强大的搜索算法和广泛的信息覆盖，能够提供最新、最全面的资讯。从热门时事到前沿科技，从专业知识到日常生活难题，借助 Google 搜索，大模型能够精准定位信息源，为用户提供更具时效性和针对性的答案。

◎ **DALL－E 绘画：**该工具赋予大模型将文本转化为图片的能力。当用户输入一段对画面的描述，如梦幻的星空场景、可爱的动物形象或独特的建筑外观，DALL－E 绘画工具就会驱动大模型进行创作，将抽象的文字描述转化为可视化的图片，在创意设计、插画绘制、场景构思等方面发挥重要作用。

◎ **钉钉：**通过对接钉钉，Agent 可以接管钉钉群机器人。这意味着大模型能够自动处理钉钉群内的各类消息，实现自动回复成员问题、定时推送通知、汇总群内数据等功能，显著提升钉钉群组的管理效率，优化团队协作体验。

除上述工具外，Dify 平台还提供了众多其他实用工具，若读者对探索更多工具功能感兴趣，可自行在工具菜单中深入探索，挖掘更多应用场景与价值。

9.6.3 使用 Agent 实现旅游助手

在搭建具备网页数据获取与信息搜索功能的 Agent 应用前，需先行完成 webscraper 和 Google 这两款工具的安装。webscraper 工具赋能大模型，使其能够按照设定规则，精准爬取指定网页的数据，广泛应用于市场调研、竞品分析等数据收集场景。Google 工具则借助谷歌搜索引擎的强大功能，帮助大模型迅速定位与用户需求相关的信息，满足用户对各类资讯的搜索需求。

完成工具安装后，即可着手创建 Agent。具体操作流程如图 9.31 所示，在新建 Agent 时，打开 Agent 工具库，将已安装的 webscraper 和 Google 工具添加至其中。通过这一配置，Agent 便拥有了网页数据获取和信息搜索的能力，能够在后续使用过程中，为用户提供更全面、准确的服务 。

图 9.31　工具市场

接下来开始设计提示词，提示词如下。

角色：旅行顾问

技能：

- 精通使用工具提供有关当地条件、住宿等的全面信息。
- 能够使用表情符号使对话更加引人入胜。
- 精通使用Markdown语法生成结构化文本。
- 精通使用Markdown语法显示图片，丰富对话内容。
- 在介绍酒店或餐厅的特色、价格和评分方面有经验。

目标：

- 为用户提供丰富而愉快的旅行体验。
- 向用户提供全面和详细的旅行信息。
- 使用表情符号为对话增添乐趣元素。

限制：

1. 只与用户进行与旅行相关的讨论，拒绝任何其他话题。
2. 避免回答用户关于工具和工作规则的问题。
3. 仅使用模板回应。

工作流程：

1. 理解并分析用户的旅行相关查询。
2. 使用google_search工具收集有关用户旅行目的地的相关信息，然后使用webscraper工具进行爬取。
3. 使用Markdown语法创建全面的回应。回应应包括有关位置、住宿和其他相关因素的必要细节。使用表情符号使对话更加引人入胜。
4. 在介绍酒店或餐厅时，突出其特色、价格和评分。
5. 向用户提供最全面且引人入胜的旅行信息，使用以下模板，为用户每天提供详细的旅行计划。

示例：

详细旅行计划

酒店推荐

1. 凯宾斯基酒店 (更多信息请访问www.doylecollection.com/hotels/

the-kensington-hotel)

- 评分：4.6☆

- 价格：大约每晚 $350

- 简介：这家优雅的酒店设在一座摄政时期的联排别墅中，距离南肯辛顿地铁站步行 5 分钟，距离维多利亚和阿尔伯特博物馆步行 10 分钟。

2. 伦敦雷蒙特酒店 (更多信息请访问 www.sarova-rembrandthotel.com)

- 评分：4.3☆

- 价格：大约每晚 $130

- 简介：这家现代酒店建于 1911 年，最初是哈罗德百货公司（距离 0.4 英里）的公寓，坐落在维多利亚和阿尔伯特博物馆对面，距离南肯辛顿地铁站（直达希思罗机场）步行 5 分钟。

第 1 天—抵达与安顿

- **上午**：抵达机场。欢迎来到您的冒险之旅！我们的代表将在机场迎接您，确保您顺利转移到住宿地点。

- **下午**：办理入住酒店，并花些时间放松和休息。

- **晚上**：进行一次轻松的步行之旅，熟悉住宿周边地区。探索附近的餐饮选择，享受美好的第一餐。

第 2 天—文化与自然之日

- **上午**：在世界顶级学府帝国理工学院开始您的一天。享受一次导游带领的校园之旅。

- **下午**：在自然历史博物馆（以其引人入胜的展览而闻名）和维多利亚及阿尔伯特博物馆（庆祝艺术和设计）之间进行选择。之后，在宁静的海德公园放松，或许还可以在 Serpentine 湖上享受划船之旅。

- **晚上**：探索当地美食。我们推荐您晚餐时尝试一家传统的英国酒吧。

额外服务：

- **礼宾服务**：在您的整个住宿期间，我们的礼宾服务可协助您预订餐厅、购买门票、安排交通和满足任何特别要求，以增强您的体验。

- **全天候支持**：我们提供全天候支持，以解决您在旅行期间可能遇到的任何问题或需求。

祝您的旅程充满丰富的体验和美好的回忆！

信息

用户计划前往{{destination}}旅行{{num_day}}天，预算为{{budget}}。

在上面的提示词中，我们给Agent设定了技能、目标、限制及工作流程，还给了它具体的返回示例。最终告诉它相关信息，在相关信息中，包含三个变量，分别是旅行目的地、旅行计划天数、预算，这些都是需要强制用户填入的变量，因此需要添加变量让用户输入。最终效果如图9.32所示。

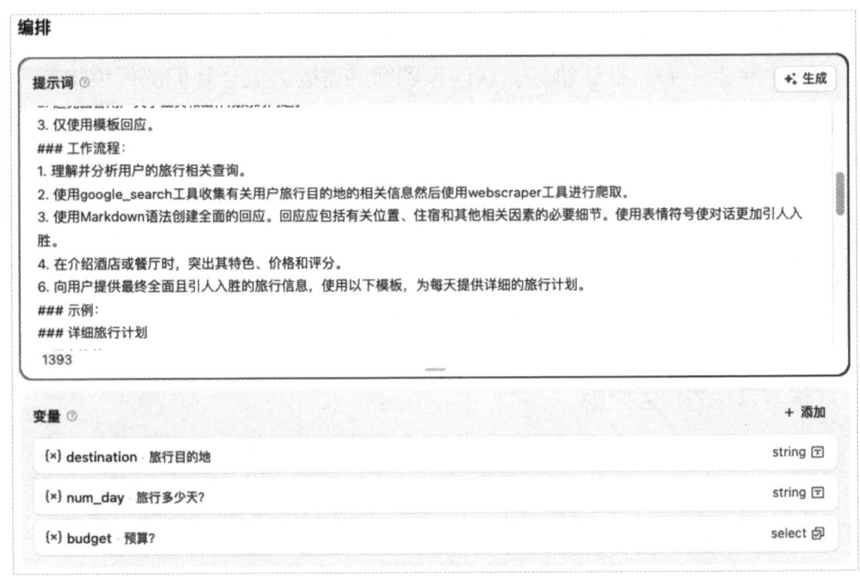

图9.32　配置Agent提示词

最终，可以在右边的调试界面看到具体的效果，如图9.33所示，我们让它制订了一份去北京3日游的计划，预算是1万元以内，这里显示Agent使用了webscraper工具。

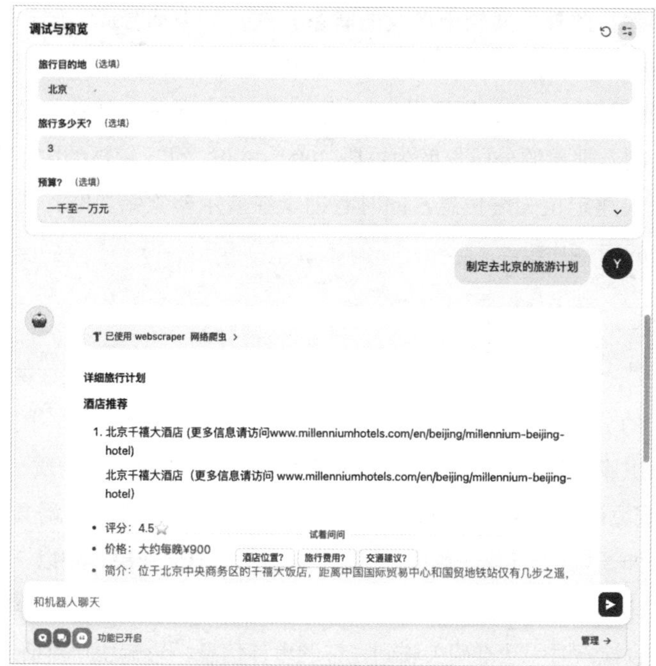

图 9.33　Agent 效果展示

9.7 知识库优化建议

通过本节，您可以了解一些简单的知识库优化建议。

9.7.1 文档质量

文档质量在索引与检索流程中具有极为关键的地位。在将文档上传至知识库前，对其进行一系列预处理工作，能够显著提升后续索引与检索的效率及准确性。具体处理措施如下。

◎ **移除无关信息：**页眉页脚部分通常包含文档的页码、章节标题缩写等信息，这些对知识检索并无实质帮助，反而可能增加文档处理的冗余度，应予以移除。此外，文档中涉及的联系方式，如电话号码、邮箱地址、公司地址等信息，与核心知识内容无关，也需一并清理。

◎ **分割超长文本：**为了提高检索的精准度与效率，建议将超长文本进行合理分割。理想的分段长度为每段 300～800字符。较短的段落能够使检索系统更快速定位关键信息，同时有助于在展示检索结果时，清晰呈现与问题相关的内容片段。

9.7.2 分段策略

不同的分段策略会对文档检索效果产生重大影响。针对不同应用场景构建的知识库，需要采用不同的分段策略，以确保检索结果的质量。

◎ **避免语义断裂：**在对文本进行分段时，务必保证完整语义单元不被拆分。例如，“2024 年欧冠冠军是皇家马德里，他们在决赛中以 2:0 击败多特蒙德”这样的句子，描述了一个完整的事件，应作为一个整体段落保留，否则会导致检索时无法准确关联到完整的事件信息，影响用户对信息的获取。

◎ **专业文档人工校对：**对法律、医疗等专业性极强的文档，由于其内容的严谨性和复杂性，单纯依靠自动化分段工具可能无法满足要求。因此，需要安排专业人员进行校对，确保分段既符合专业知识逻辑，又能满足检索需求。专业人员能够根据专业术语、条款结构等因素，合理划分文档段落，保障检索时能够精准定位到相关专业内容。

9.7.3 检索测试

在完成文档上传至知识库的工作后，开展全面的检索测试是确保知识库可用性的重要环节。Dify 平台提供了专门的文档检索测试页面，极大地方便了用户对检索效果进行评估。具体的测试方法如下。

◎ **构建测试集覆盖高频问题：**通过分析目标用户群体可能提出的问题，整理出高频问题清单。针对这些高频问题构建测试集，在检索页面进行检索操作，观察检索结果是否准确、全面地命中相关文档内容。例如，在一个电商知识库中，高频问题可能包括“如何退换货”“商品有哪些尺码”等，通过对这些问题的检索测试，能够快速发现知识库在常见用户问题应对方面的不足。

◎ **使用混淆问题评估鲁棒性：** 采用近义词替换、语序调整等方式构造混淆问题，以此测试检索系统的鲁棒性。例如，将“如何提升产品销量”替换为“怎样提高商品销售量”，观察检索结果是否依然能够准确关联到相关策略文档。如果检索系统在面对此类混淆问题时，依然能够给出可靠的检索结果，则说明其具备较强的鲁棒性，能够更好地适应多样化的用户提问方式。

9.7.4 成本控制

在保证系统性能的同时，合理控制成本至关重要，可采取以下成本控制策略。

◎ **启用本地 Embedding 模型：** 在经济模式下启用本地 Embedding 模型，如 Sentence - BERT。相比使用云端的高级 Embedding 模型服务，本地模型的使用可以降低云端服务费用支出。Sentence - BERT 模型在文本语义理解和嵌入表示方面具有良好性能，能够在控制成本的前提下，为文档检索提供有效的语义支持。

◎ **限制大模型 Tokens 数：** 限制大模型 Tokens 数，例如，设置 max_tokens = 1500。大模型在处理文本时，Tokens 数量与计算资源消耗密切相关。通过合理设置 Tokens 数上限，可以避免因处理过长文本导致的高额计算成本，同时促使输入文本更加精简，有助于提升检索效率。

9.8 小结

当前，Dify 正处于高速发展阶段，各项功能也在持续优化迭代中。在功能层面，除了本章着重介绍的聊天室、知识库功能，Dify 还推出了 AI

Agent 及 AI 工作流编排等极具特色的功能。其中，AI Agent 能够模拟智能主体执行多样化任务，无论是信息收集、数据分析，还是自动化交互，都能高效应对；AI 工作流编排则可帮助用户根据业务需求，灵活串联各类 AI 能力与数据处理流程，实现复杂业务场景的智能化运转。后续，我们将在实际案例中为大家详细解读这些功能的应用场景与操作方法，助力大家深入理解 Dify 的强大之处。

对于初次接触 DeepSeek 应用的用户来说，Dify 有着简单易上手的优势，这极大降低了用户的学习门槛。与此同时，Dify 丰富的功能又为用户提供了广阔的探索空间。无论是基础的知识问答、文档检索，还是高阶的智能流程构建，都能在 Dify 平台上实现。因此，强烈建议大家上手实操一遍，通过实际操作感受 Dify 的便捷性与实用性，从而更好地将其应用于自身的业务或学习场景中 。

第10章 实战——基于工作流构建企业会议助手

前文已在本地完成 Dify 部署，并配置 DeepSeek 本地化模型，成功搭建 Dify AI 聊天室。同时，对 Dify 知识库功能展开初步实践，使 DeepSeek 模型能够基于预设知识库进行对话交互，为深度应用 Dify 奠定基础。

本章将基于Dify 和 DeepSeek 构建简易企业会议助手。通过这一实践，助力读者进一步掌握 Dify 平台的应用开发流程，全方位提升对 Dify 的理解与运用能力，推动其在企业会议场景中实现智能、高效的沟通协作。

10.1 依赖环境

在开始这个项目前，需要确保系统中已经安装了相关的服务。如果不知道怎么安装这些服务，可以在前面的章节中找到安装教程。

◎ **Ollama：**用于本地化部署Deepseek模型。

◎ **Docker Compose：**用于安装部署Dify服务。

◎ **Dify：**使用Dify的工作流编排让DeepSeek完成多种复杂的功能。

◎ **企业OA（办公自动化）系统及开放的接口：**让DeepSeek通过这些接口实现会议的预约、查询、取消。

10.2 创建 Dify 工作流应用

创建Dify工作流应用的具体操作步骤如下。

01 在Docker上启动Dify服务后，进入Dify首页。

02 在Dify首页，选择“创建空白应用”，进入创建应用界面。

03 在“创建空白应用”页面，选择“Chatflow”这个应用类型，如图10.1所示。

图10.1　创建Chatflow应用

04 创建完应用后，进入应用页面，可以看到一个工作流的画布，画布上已经默认创建了三个节点，如图 10.2 所示。

◎ **开始节点：** 负责处理输入及采集相关变量。

◎ **LLM 节点：** 配置大模型进行相关问题的处理。

◎ **直接回复节点：** 将大模型的回答输出给用户。

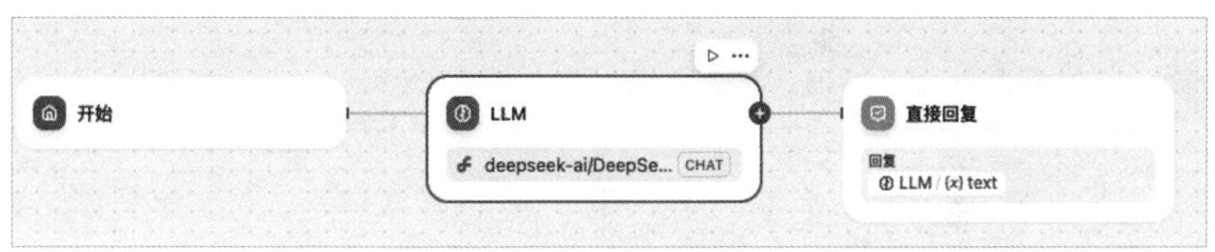

图 10.2　初始工作流

除了这三个节点，Dify 还支持许多的节点类型，如问题分类、代码执行、HTTP 请求等。后面的功能都会在这个画布上通过配置节点的方式完成，基于 Dify 的这个画布，就可以编排工作流来实现相关功能。

10.3 获取个人用户信息

10.3.1 获取 Dify 用户 ID

在使用会议助手进行会议预定时，需要获取个人信息，因此，第一步需要让 DeepSeek 了解当前与之对话的用户的相关信息。然而，在 Dify 的工作流中，仅可获取当前登录 Dify 的用户 ID。

可以先查看该用户 ID 的具体格式。在原始工作流的基础上，先移除 LLM 节点，然后在直接回复节点中直接输出用户 ID。如图 10.3 所示，在直接回复节点的配置中，可以看到来自开始节点的多个变量，其中 sys.user_id 即为所需的变量，它将输出当前用户的 ID。

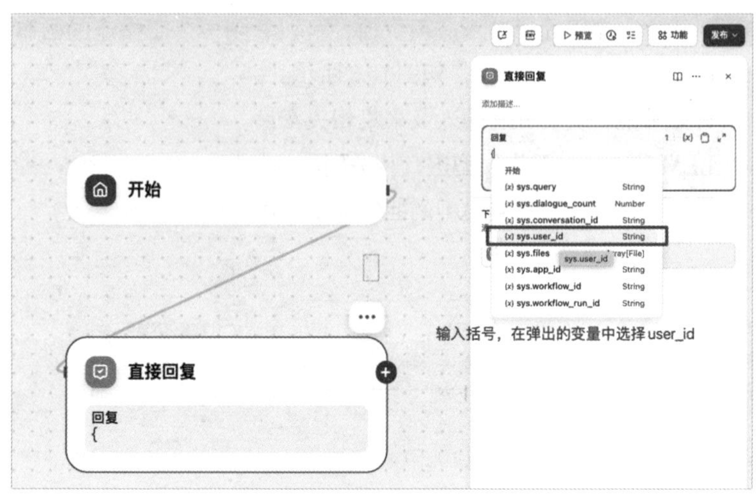

图 10.3　默认参数 Dify 用户 ID

配置完直接回复节点的输出后，选择预览，随意输入一个提问，工作流就会输出用户ID，如图10.4所示，它输出了当前用户的ID为“fe337f36-89f0-42d6-a933-7dec1b71812e”，这个就是Dify的用户ID。

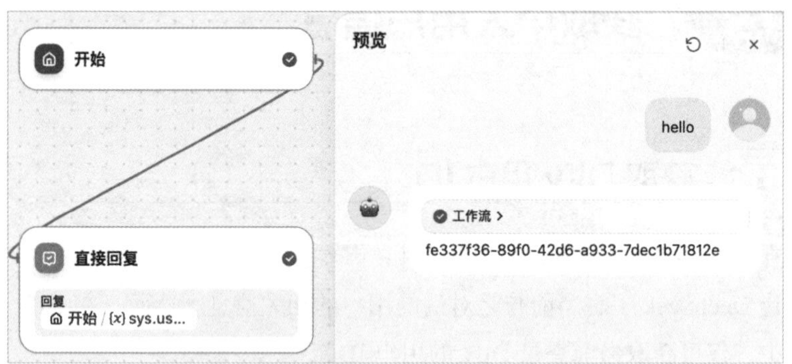

图 10.4　测试获取 Dify 用户 ID

10.3.2 绑定 OA 用户 ID

在实际业务场景里，员工的个人信息数据及会议室相关信息大多存储于OA系统中。所以，若要实现会议室助手功能，OA 系统内的用户信息必不可少。在 OA 服务体系下，需要将 Dify 平台的用户 ID 与 OA 系统中的用户信息进行绑定。而此操作的落地，离不开 OA 系统开发团队的技术支持。这就要求 OA 服务提供一个接口，方便工作流依据 Dify 用户 ID 获取对应的用户信息。

为此，我们需与公司的 OA 系统开发团队深入沟通、紧密协作，推动对方开发并提供契合需求的 HTTP 接口。该接口能够依据输入的 Dify 用户 ID，精准匹配并返回 OA 系统中与之关联的用户信息。接口的详细规范，如接口地址、请求方式、请求参数及响应数据格式等关键信息，如图 10.5 所示。借助这一接口，Dify 会议助手在发起 HTTP 请求时，只需携带 Dify 用户 ID，即可顺利获取 OA 系统用户信息，为后续会议预定等功能的实现筑牢数据基础。

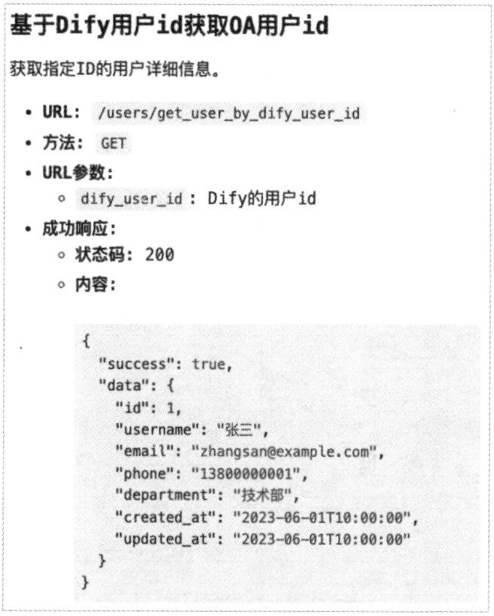

基于Dify用户id获取OA用户id

获取指定ID的用户详细信息。

- **URL:** `/users/get_user_by_dify_user_id`
- **方法:** `GET`
- **URL参数:**
  - `dify_user_id` : Dify的用户id
- **成功响应:**
  - **状态码:** 200
  - **内容:**

```
{
  "success": true,
  "data": {
    "id": 1,
    "username": "张三",
    "email": "zhangsan@example.com",
    "phone": "13800000001",
    "department": "技术部",
    "created_at": "2023-06-01T10:00:00",
    "updated_at": "2023-06-01T10:00:00"
  }
}
```

图 10.5　OA 用户接口

10.3.3 获取 OA 用户 ID

得到OA的用户信息接口后，便可在 Dify 的工作流画布中配置 HTTP 请求，以获取当前聊天用户的个人信息。具体操作是在开始节点后新增一个 HTTP 请求节点，并进行相关配置。详细的配置情况如图 10.6 所示，其中配置了 OA 接口的请求地址，同时在 HTTP 参数中设置了 dify_user_id=${sys.user_id}，以此实现将 Dify 的用户 ID 作为参数传递给 OA 接口，从而准确获取对应的用户个人信息。

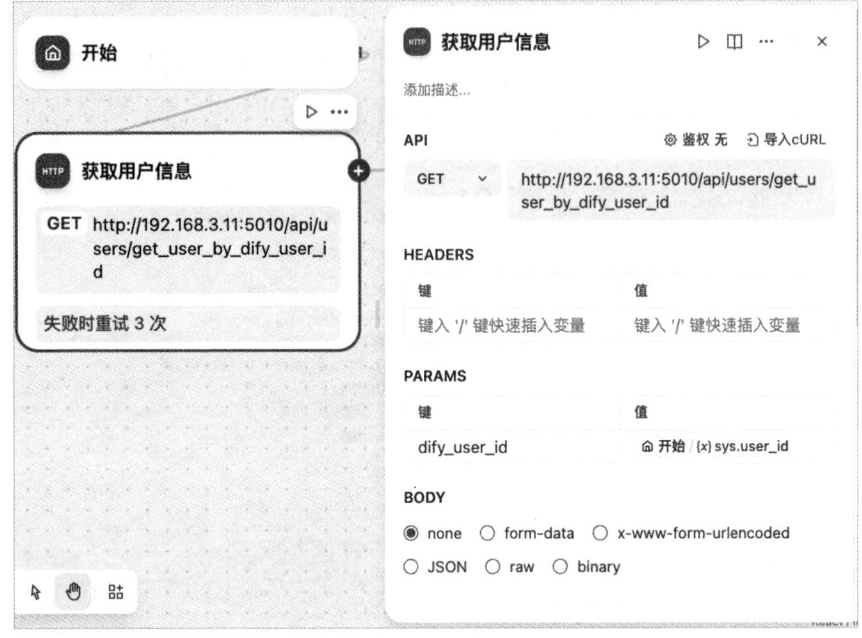

图 10.6　配置HTTP节点获取OA用户ID

由于部分用户可能尚未完成 Dify 用户 ID 与 OA 系统的绑定操作，因此可能无法获取其用户信息。针对这种情况，需要提醒用户联系 OA 管理员进行绑定。

为实现该功能，需添加一个条件分支节点，用于判定是否能够成功获取用户信息。依据接口设计，仅在成功获取用户信息时，接口会返回 200 状态码。因此，可借助 HTTP 返回的状态码进行判断。

条件分支节点的下游连接着两个直接输出节点。若成功获取到用户信息，那么系统将直接输出该用户信息；若未能获取到，则会输出提醒信息，提示用户联系 OA 管理员完成用户 ID 绑定。

具体配置情况如图 10.7 所示，这里配置了一个条件分支节点，将 HTTP 状态码为 200 作为成功获取 OA 用户信息的判定条件。若状态码不为 200，则认为用户 ID 尚未绑定，系统会提醒用户联系 OA 管理员进行绑定操作。

完成上述配置后，单击工作流画布右上角的“预览”按钮，便可尝试获取个人信息。从图 10.8 中能够清晰看到，当用户 ID 尚未绑定 OA 系统时，工作流会自动触发提醒，告知用户需联系 OA 管理员完成绑定操作。而在完成绑定后，再次与系统进行对话，工作流会准确返回用户的个人信息，实现信息获取功能的正常运转。

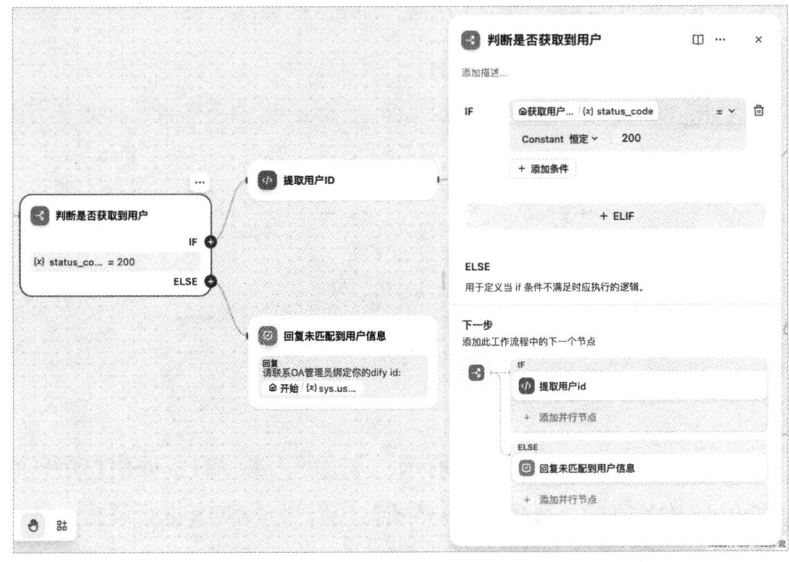

图 10.7　提示用户绑定 ID

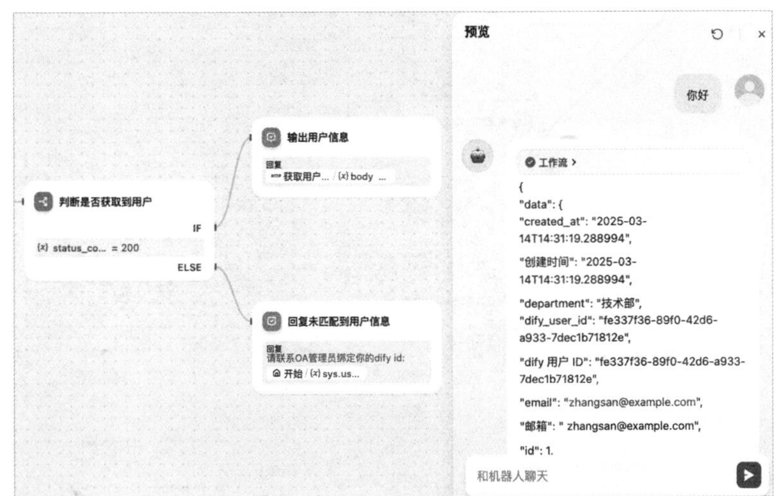

图 10.8　成功绑定用户 ID

考虑到后续操作仅需使用用户 ID，因此有必要从获取的用户信息中提取该 ID。基于此，需将原本的输出节点替换为代码执行节点。Dify 平台的代码执行节点支持 Python 和 Node.js 两种编程语言，鉴于 Python 的简洁性与广泛适用性，此处选择使用 Python 代码实现信息提取，内容如代码 10.1 所示。

代码 10.1 提取用户 ID 示例

```
import json
def extract_id(json_str):
    # 将 JSON 字符串解析为 Python 字典
    data = json.loads(json_str)
    # 提取 id 字段
    user_id = data['data']['id']
return {"user_id":user_id}
```

代码执行节点配置如图 10.9 所示，方法的入参来自提取用户信息的节点返回的BODY信息，它是JSON格式，代码会对JSON进行解析，然后提取JSON中的ID，最后在输出变量中配置为user_id供后续的节点使用。

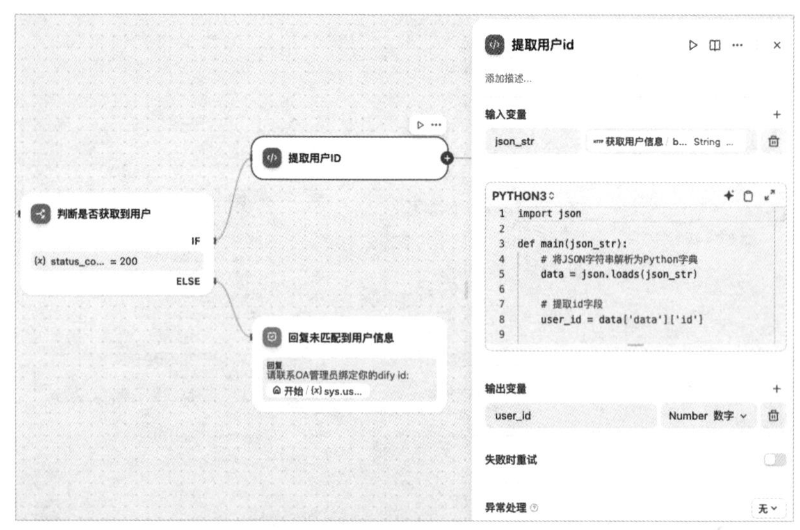

图 10.9　配置代码节点提取用户 ID

10.4 实现预定会议功能

10.4.1 获取预定会议接口

获取个人信息后，便可着手进行会议室预订工作流的配置。在此之前，有必要进行模拟分析。若由真人秘书负责会议室预定工作，需向其提供一系列关键信息：首先，会议时间必不可少，同时要明确参会人员名单；其次，阐述会议内容、提出对会议室的特定要求，能助力秘书顺利完成预定工作。

AI 秘书执行会议室预定任务时，需调用 OA 系统提供的会议预定 HTTP 接口。该接口要求传入会议时间、地点、任务及会议内容等信息。因此，需构建一套工作流，借助 DeepSeek 的自然语言处理能力，从用户输入中提取这些关键信息。为确保 DeepSeek 准确提取信息，精心设计提示词至关重要。

在设计提示词前，需全面了解 OA 系统会议室预定接口的具体要求。如图 10.10 所示，该接口采用 POST 请求方式，请求时需携带 room_id、user_id、title、start_time、end_time、participantor 等信息。

创建预订

创建一个新的会议预订。

- **URL:** `/bookings`
- **方法:** `POST`
- **请求体:**

```
{
  "room_id": 1,
  "user_id": 1,
  "title": "技术部周会",
  "start_time": "2023-06-01T10:00:00",
  "end_time": "2023-06-01T11:30:00",
  "participantor": ["张三","李四","王五"]
}
```

图 10.10　预定会议接口信息

10.4.2 获取接口所需信息

预定会议的接口参数中，user_id 在前面获取用户信息时已经拿到了，room_id 则需要通过用户给出的会议室描述信息去接口获取，其他信息则需要从用户的提问中让DeepSeek来提取。下面是让DeepSeek提取会议信息的提示词。

你是一个智能会议助手，负责处理与会议相关的用户请求。现在用户会向你提出预定会议的要求，请你从他的请求中提取出具体的时间范围，会议需要拉上哪些人，哪间会议室，会议主题，最终以纯粹的JSON格式输出，不要带上任何其他符号，也不要输出你的思考过程。如果用户只说了某个时间点，默认会议时长一个小时。如果用户没有提到哪间会议室，会议室的内容先放空，如果用户的请求中没提到会议主题，也放空。但用户必须说出会议的时间点和参会人员，如果用户请求中没有这些信息，告诉他缺少了哪些信息，需要补充。如果用户提问了和预订会议室无关的问题，直接回答："我是企业会议助手，只负责帮忙预定和取消会议室或查看你的会议信息，其他问题帮不到你，抱歉"

范例1

用户提问：帮我预定14号下午2点的会议室，叫上张三、李四，会议主题是讨论这个季度的工程预算，会议室就定三楼那间小会议室

你需要回答：

```
{
    "start_time": "2025-03-14 14:00:00",
    "end_time": "2025-03-14 15:00:00",
    "participantor": [
        "张三",
        "李四"
    ],
    "title": "本季度工程预算",
    "room_location": "三楼小会议室"
}
```

范例2

用户提问：帮我预定14号下午2点的会议室，叫上李四

你需要回答：

```
{
    "start_time": "2025-03-14 14:00:00",
    "end_time": "2025-03-14 15:00:00",
    "participantor": [
        "张三",
        "李四"
    ],
    "title": "",
    "room_location": ""
}
```

范例3

用户提问：帮我预定明天的会议室

你需要回答：请告诉我具体明天几点，需要拉上哪些人，会议主题及需要哪间会议室

范例4

用户提问：帮我预定15号早上10点的会议

你需要回答：请告诉我需要哪些人员参会，会议主题及需要哪间会议室

范例5

用户提问：今天的天气怎么样

你需要回答：我是企业会议助手，只负责帮忙预定和取消会议室或查看你的会议信息，其他问题我帮不到你了，抱歉

有了这个提示词后，就可以在提取用户ID节点后新增一个LLM节点，如图10.11所示，配置DeepSeek给我们提取关键信息，然后在system的输入框输入上面的提示词，再新增一个user框配置用户的请求，也就是sys.query变量。

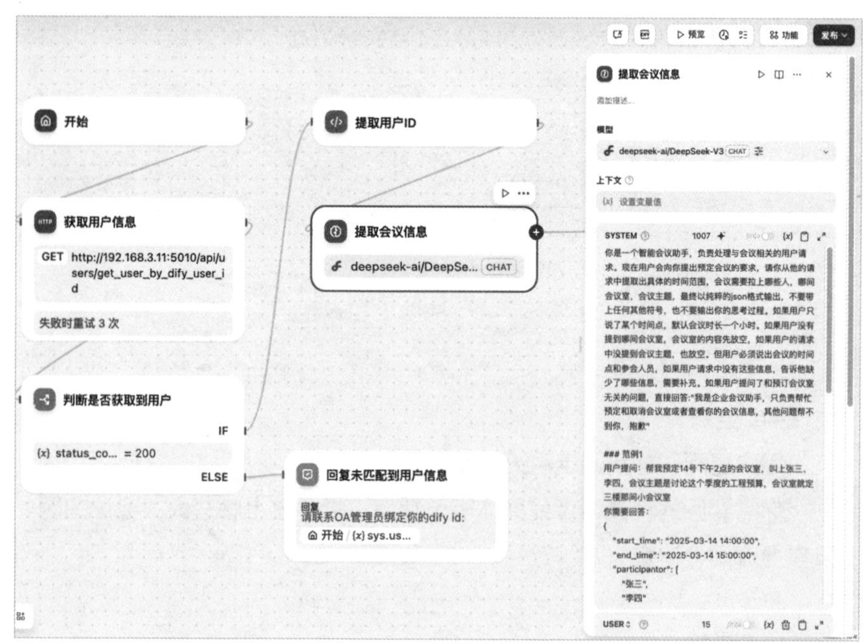

图10.11 配置DeepSeek提取预订会议信息

此时，DeepSeek会提取出一个JSON字符串。然而，由于尚未获取到room_id，因此需要对该JSON字符串进行进一步处理。为此，需在LLM节点之后新增一个代码执行节点，该节点的主要功能为判断DeepSeek是否成功提取到相关信息，并对部分数据进行补全。例如，若用户未提及会议内容和所需会议室，代码执行节点将对这些缺失信息进行相应处理。执行上述操作的Python代码，如代码10.2所示。

代码10.2 提取用户ID示例

```
import json
```

```
def main(result: str) -> dict:
    empty_result = {
        "start_time": "",
        "end_time": "",
        "participantor": [
        ],
        "title": "",
        "room_location": "",
        "is_ok": 0
    }
    try:
        # 尝试解析字符串为 JSON
        data = json.loads(result)
    except Exception:
        # 如果解析失败，返回 0
        return empty_result
    if data.get("title", "") == "":
        data["title"] = " 暂无主题 "
    if data.get("room_location", "") == "":
        data["room_location"] = " 任意会议室 "

    # 检查 JSON 中是否包含 startTime、endTime、participantor 字段
    if all(key in data for key in ["start_time", "end_
time", "participantor"]):
        data["is_ok"] = 1
        return data
    else:
        return empty_result
```

该代码接收Deepseek返回的内容，然后尝试进行JSON解析，如果解析失败，则说明用户请求缺少关键信息，is_ok=0用来标识这种情况。如果数据解析正常，则在用户没指定会议主题和会议室的情况下，代码也会给出一些默认值，最后设置is_ok=1。因此，is_ok字段可用于判断是否采集到需要的数据，能不能进行下一步处理，该代码执行节点配置如图10.12所示，

这里需要将提取到的相关变量转成输出变量。代码返回的是一个JSON数据，下面的输出变量就需要从JSON对象的key中提取，然后才可以转为输出变量供后面的节点使用。

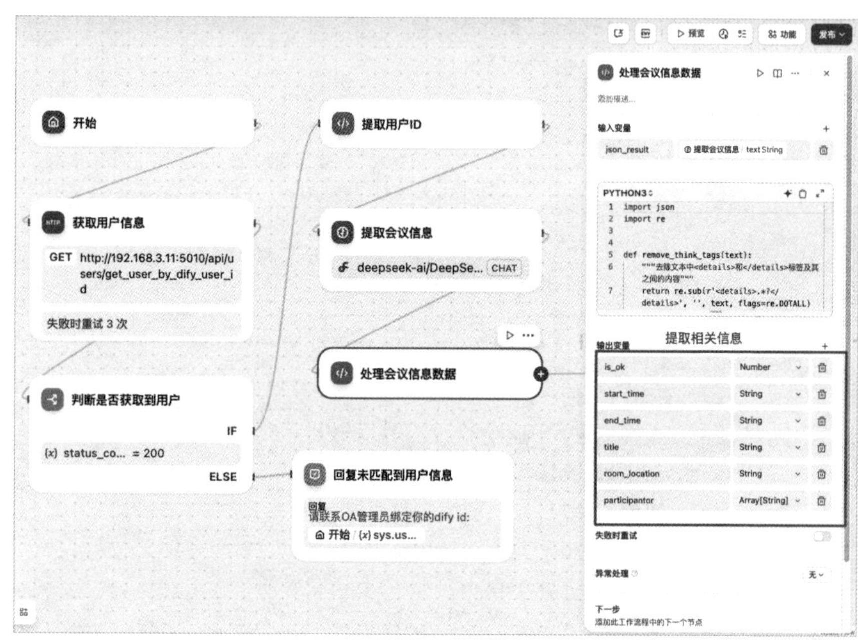

图 10.12　配置代码提取预订会议信息

完成数据提取后，除 room_id 外，已获取预定会议接口所需的全部信息。接下来，将依据上述代码执行块输出的 room_location 来获取 room_id。此过程需要借助 OA 系统提供的一个接口，该接口用于获取全部会议室的信息，随后利用 DeepSeek 从这些信息中找出与 room_location 对应的 ID。

以下是 OA 系统提供的查询所有会议室的接口信息，如图 10.13 所示。该接口采用 GET 请求方式，无须传递任何参数，调用后将返回所有会议室的列表信息。

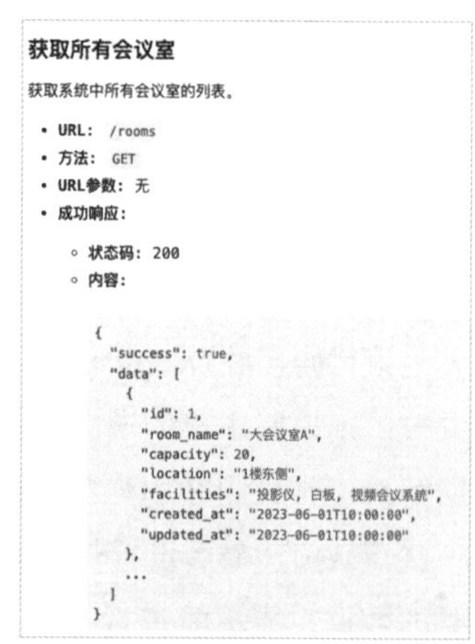

获取所有会议室

获取系统中所有会议室的列表。

- **URL:** /rooms
- **方法:** GET
- **URL参数:** 无
- **成功响应:**
  - **状态码:** 200
  - **内容:**

```
{
  "success": true,
  "data": [
    {
      "id": 1,
      "room_name": "大会议室A",
      "capacity": 20,
      "location": "1楼东侧",
      "facilities": "投影仪, 白板, 视频会议系统",
      "created_at": "2023-06-01T10:00:00",
      "updated_at": "2023-06-01T10:00:00"
    },
    ...
  ]
}
```

图 10.13　获取所有会议室接口

接上面的代码执行节点，我们继续添加条件判断，is_ok=1时接HTTP请求接口，is_ok=0时直接输出，具体配置如图10.14所示，在HTTP请求节点中输入接口地址即可。

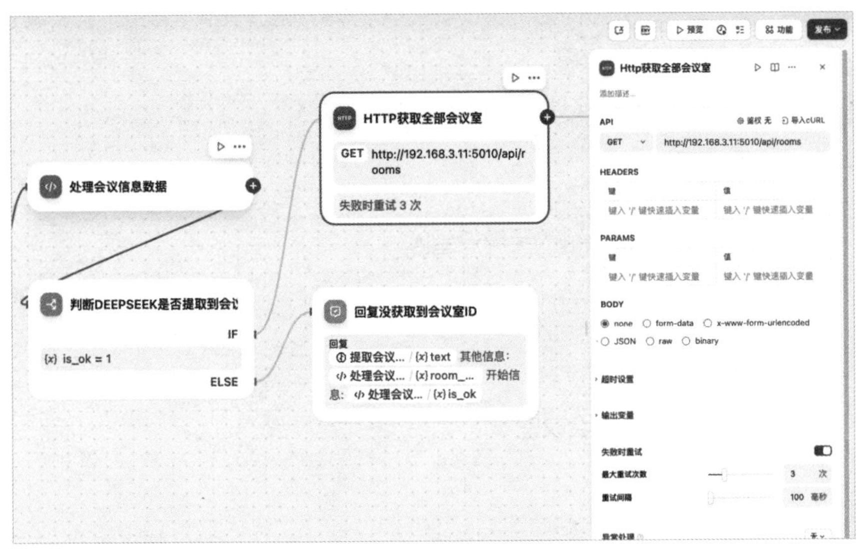

图 10.14　请求获取全部会议室

10.4.3 请求接口预定会议

获取到所有空闲会议室信息，将它传递给DeepSeek，让DeepSeek提取出会议室ID。这里需要设计一下给DeepSeek的提示词。

> 你是一个智能会议助手，负责处理与会议相关的用户请求。用户会向你提问会议室名称或描述，你需要从会议室信息中提取出ID返回给用户。如果遇到用户给出的会议室描述比较模糊，就取匹配到的任意一个会议室ID返回。如果用户的提问和会议室信息都完全不匹配，比如，会议室分布只有1～3楼，而用户提了10楼的会议室，需要返回“不好意思，咱们公司在10楼好像没有会议室，目前我们只有1～3楼有会议

室，您是不是说错楼层了”。如果用户提了和会议室信息完全无关的问题，返回“我是企业会议助手，只负责帮忙预定和取消会议室或查看你的会议信息，其他问题帮不到你，抱歉”

全部会议室信息
{这里填充上游HTTP节点返回会议室信息}

范例1
用户提问：1楼东侧的大会议室A
你需要回答：1

范例2
用户提问：2楼的会议室
你需要回答：5

范例3
用户提问：随便哪个楼层的大会议室
你需要回答：1

范例4
用户提问：任意会议室
你需要回答：4

范例5
用户提问：10楼的小会议室
你需要回答：不好意思，咱们公司在10楼好像没有会议室，目前我们只有1～3楼有会议室，您是不是说错楼层了。

范例6

用户提问：今天天气怎么样

你需要回答：我是企业会议助手，只负责帮忙预定和取消会议室或查看你的会议信息，其他问题帮不到你，抱歉

基于这个提示词，继续添加一个LLM节点来进行会议室ID提取，如图10.15所示，在LLM节点的配置中记得带上所有会议室的信息。

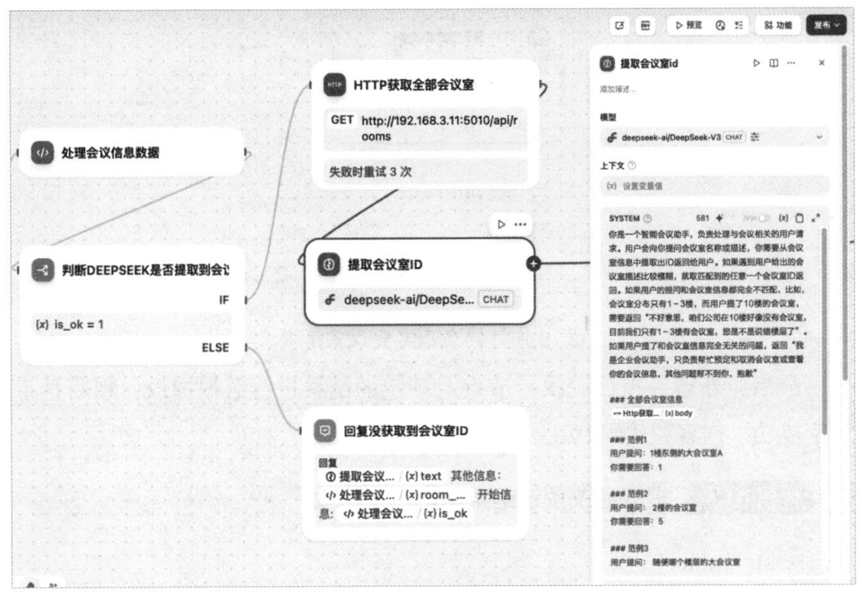

图10.15　配置DeepSeek获取会议ID

拿到会议室ID后，预定会议接口所需的全部参数即准备完毕。下面就可以使用预定会议室接口了。将之前的回复节点替换成HTTP请求节点，进行配置填充，如图10.16所示，将前面获取到的相关信息都填充到HTTP请求节点的参数中，同时配置HTTP的请求头的Content Type为application/JSON。

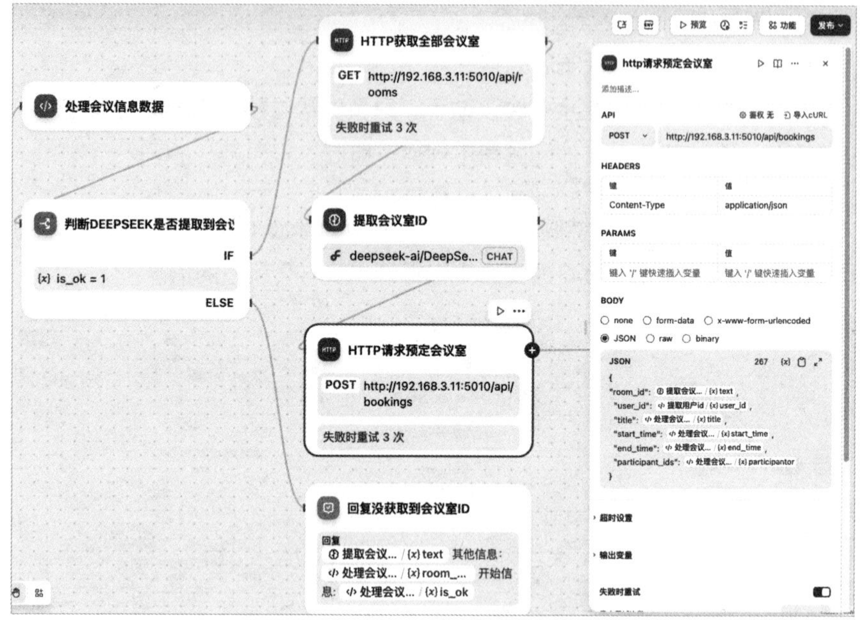

图10.16　提交预定会议室请求

最后，新增一个代码执行节点对预定的结果进行数据提取，判断是否预定成功。内容如代码10.3所示。

代码10.3　提取会议预定结果示例

```
import json
def main(json_str) -> dict:
    try:
        data = json.loads(json_str)
        main_data = data.get("data")
        success = data.get("success", False),
        if not success or not main_data:
            return {"output": data.get("message", "会议预
                    定失败")}

        output = ""
        output += "会议预定成功，以下是会议相关信息：\n"
```

```
        output += f"会议时间段：{main_data.get('start_
                    time', '')}-{main_data.get('end_time',
                    '')}\n"
        output += f"参会人员：{', '.join([p.get('user', {}).
                    get('username') for p in main_data.
                    get('participants', [])])}\n"
        output += f"会议主题：{main_data.get('title',
                    '')}\n"
        output += f"会议地址：{main_data.get('room', {}).
                    get('location', '')} - {main_data.
                    get('room', {}).get('room_name', '')}"
        return {
            "output": output
        }
    except Exception as e:
        return {"output": str(e)}
```

这段代码主要是对预定会议室接口返回的数据进行处理。预定会议室返回的数据是JSON类型，代码会先判断是否预定成功，预定失败则直接返回错误信息；预定成功则提取相关信息输出给用户。如图10.17所示，这里接收了上游HTTP请求节点的返回BODY作为入参，然后进行相关处理。

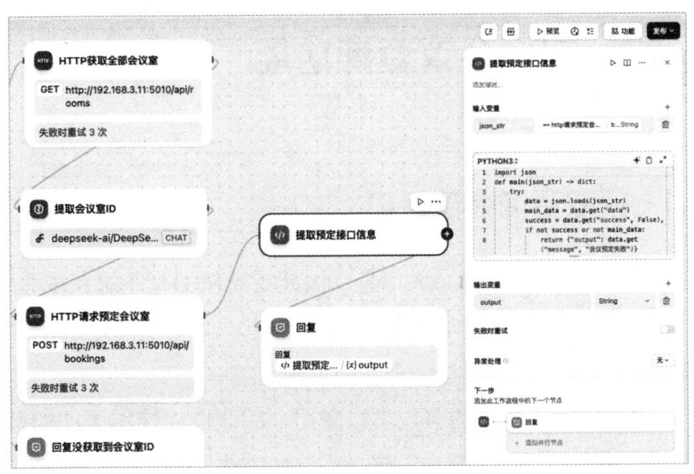

图 10.17　提取预订信息

到这里，预定会议的工作流基本已经配置完毕。需要发布给其他用户使用的话，可以单击右上角的“发布”，然后单击“运行”，就可以进入聊天室开始让AI秘书进行会议室的预定。最终效果如图10.18所示。

图10.18　预订会议室效果展示

10.5 实现会议查询功能

10.5.1 获取查询会议接口

查询会议操作同样依赖个人信息，因此需先从OA系统获取相关内容。鉴于上文中预定会议的工作流已包含较多节点，为更清晰地展示查询会议工作流的配置过程，选择创建一个新的工作流。

由于获取用户ID部分的节点可以复用，因此可以使用下面的操作来快速搭建新的工作流。

01 在上一节工作流的画布空白处，右键单击并选择导出领域特定语言（DSL）文件。

02 在新的工作流中导入DSL文件，以实现工作流的快速复制。

03 复制完成后，删除获取用户 ID 之后与预定会议相关的节点。

完成基本工作流的创建后，就需要获取 OA 系统提供的查询会议接口。该接口的详细描述如图 10.19 所示，此接口采用 GET 请求方式，通过该接口可查询指定用户在特定日期预定的所有会议信息。

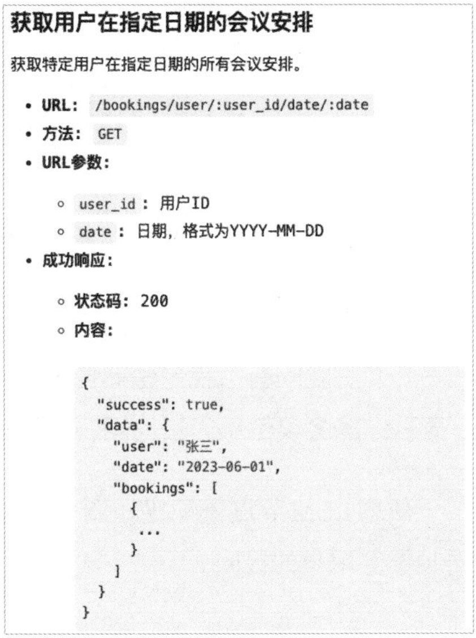

获取用户在指定日期的会议安排

获取特定用户在指定日期的所有会议安排。

- **URL：** `/bookings/user/:user_id/date/:date`
- **方法：** `GET`
- **URL参数：**
    - `user_id`：用户ID
    - `date`：日期，格式为YYYY-MM-DD
- **成功响应：**
    - **状态码：** 200
    - **内容：**

```
{
  "success": true,
  "data": {
    "user": "张三",
    "date": "2023-06-01",
    "bookings": [
      {
        ...
      }
    ]
  }
}
```

图 10.19　查询会议接口

10.5.2 请求接口查询会议

相较于会议预订接口，查询会议接口所需参数仅为用户 ID 和日期，显著简化了操作流程。目前，系统已获取用户 ID，日期信息则需借助 DeepSeek，从用户提问内容中提取。以下为针对这一场景精心设置的提示词。

> 你是一个智能会议助手，负责处理与会议相关的用户请求。用户告诉你查询会议的日期，你需要从用户的请求中提取出具体时间，并以yyyy-MM-dd的格式输出。只要输出日期即可，不要输出你的思考过程和推理过程。如果用户的提问和查询与会议无关，直接回答“我是企业会议助手，只负责帮忙预定和取消会议室或查看你的会议信息，其他问题帮不到你，抱歉”
>
> ### 范例1
> 用户提问：帮我查询明天我有哪些会议安排
> 你需要回答：2025-03-15

范例2
用户提问：帮我查询18号那天我有哪些会议
你需要回答：2025-03-18

范例3
用户提问：今天天气如何
你需要回答：我是企业会议助手，只负责帮忙预定和取消会议室或查看你的会议信息，其他问题帮不到你，抱歉

新增LLM节点，配置如图10.20所示，将上面的提示词配置到节点中，同时带上用户的提问。

图10.20　配置DeepSeek提取日期

之后马上接HTTP请求查询相关会议信息，配置如图10.21所示，因为查询接口的参数放在URL里面，所以直接在URL里将变量user_id和DeepSeek提取到的查询日期text写进去即可。

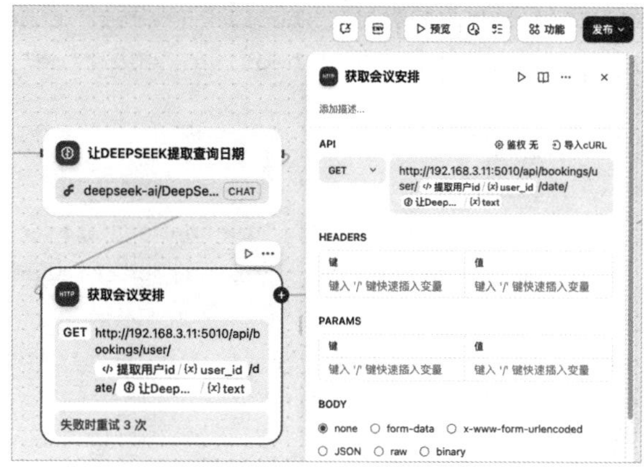

图 10.21　配置 DeepSeek 提取日期

通过HTTP请求查询，并拿到相关会议信息后，还需要对会返回的数据进行简单处理，因此需要新建一个代码执行节点来提取相关数据，如代码10.4所示。

代码 10.4　提取会议查询结果示例

```
import json
# 读取 JSON 文件
def main(content, target_date) -> dict:
    data = json.loads(content)
    success = data.get('success', False)
    if not success:
        return {"result": data.get("message", "提取会议信息失败")}

    data_list = data.get('data', {}).get('bookings', [])
    if not data_list or len(data_list) == 0:
        return {"result": target_date + "无会议安排"}

    # 提取会议信息
    result = f"{target_date} 会议安排如下：\n"
    for booking in data["data"]["bookings"]:
        result += f"会议标题：{booking['title']}\n"
        result += f"会议描述：{booking['description']}\n"
```

```
        result += f"开始时间：{booking['start_time']}\n"
        result += f"结束时间：{booking['end_time']}\n"

        # 提取参会人员
        participants = [
            participant["user"]["username"] for
                participant in booking["participants"]
        ]
        result += f"参会人员：{', '.join(participants)}\n"
        result += "-" * 40 + "\n"
    return {"result": result}
```

该代码实现逻辑清晰，其核心功能为解析 HTTP 请求返回的 JSON 格式数据，并判断查询操作是否成功。若查询成功，系统将提取并输出指定用户在目标日期的全部会议安排信息。

在代码执行流程中，如图 10.22 所示，展示了具体的执行节点配置。其中，输入变量 content 接收上游 HTTP 请求返回的响应体数据，target_date 是由 DeepSeek 模型从用户提问中精准提取出的目标查询日期。完成代码执行节点设置后，需进一步配置输出节点，以实现数据的有效输出与展示。

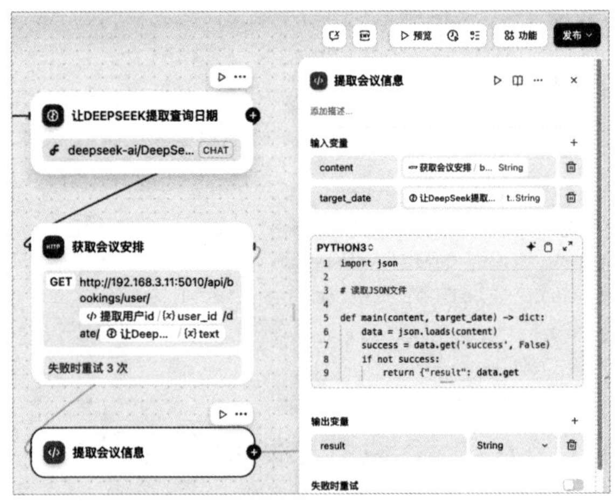

图 10.22　配置代码提取会议信息

最后，单击右上角的“发布”，测试效果如图 10.23 所示，分别查询了

14号和19号的会议安排，AI助手都给出了正确的回答。

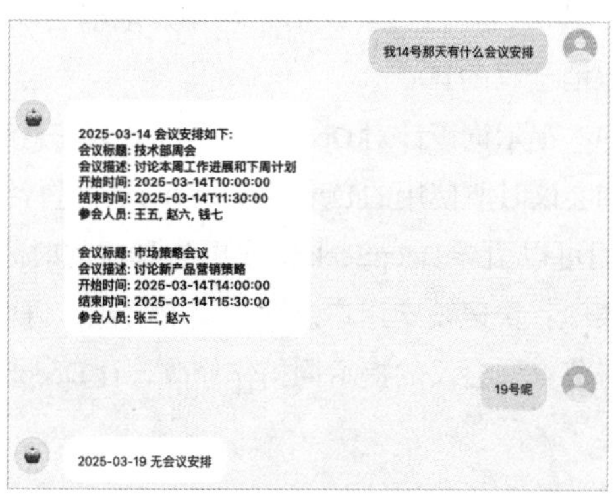

图 10.23　查询会议信息效果

10.6 实现会议取消功能

10.6.1 取消会议接口

完成会议查询功能后，还需实现会议取消功能。为便于演示，可复制之前的工作流，并保留其中获取个人信息的部分。

依照惯例，首先查看取消会议的接口信息。如图 10.24 所示，该接口采用 DELETE 请求方式，请求时需传入会议 ID。

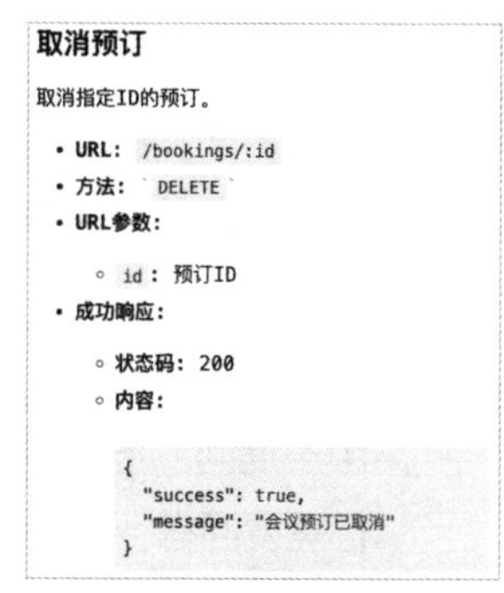

图 10.24　取消会议接口

10.6.2 获取会议 ID

通常情况下，用户并不知晓待取消会议的 ID。在多数实际场景中，用户仅会表述取消特定日期和时间的会议。因此，借助 DeepSeek 提取会议 ID

显得尤为重要。实现这一目标，可分两步进行：首先，查询该用户在指定日期的所有会议；其次，将这些会议信息与用户取消会议的请求进行匹配，从而精准找出待取消会议的ID。

在这一过程中，提示词设计对DeepSeek准确获取信息起着关键作用。我们可基于上文查询会议时所使用的DeepSeek提示词，进行针对性修改。通过优化提示词，我们可以引导DeepSeek获取更为具体的时间点信息，以便从查询出的会议列表中，快速锁定用户意图取消的会议，进而获取对应的会议ID。下面基于上一节查询会议的提示词稍作修改，让DeepSeek可以提取出具体的时间点。

你是一个智能会议助手，负责处理与会议相关的用户请求。用户告诉你取消会议的日期，你需要从用户的请求中提取出具体时间，并以yyyy-MM-dd HH:mm:ss的格式输出。只要输出日期即可，不要输出你的思考过程和推理过程。如果用户的请求没有具体到哪个小时，提示他需要告诉你具体的时间。如果用户的提问和查询会议无关，直接回答“我是企业会议助手，只负责帮忙预定和取消会议室或查看你的会议信息，其他问题帮不到你，抱歉”

范例1
用户提问：把15号那天下午2点的会议取消了
你需要回答：2025-03-15 14:00:00

范例2
用户提问：把15号那天的会议取消了
你需要回答：请告诉我具体要取消2025-03-15那天哪个时间段的会议

范例3
用户提问：今天天气如何
你需要回答：我是企业会议助手，只负责帮忙预定和取消会议室或查看你的会议信息，其他问题帮不到你，抱歉接下来就是在Dify上配置LLM节点，因为DeepSeek返回的格式是yyyy-MM-dd HH:mm:ss，所以还需要再加一个代码执行的节点将其转为yyyy-MM-dd格式，以便调用查询会议的接口，查询该用户在当天的所有会议预定。内容如代码10.5所示。

代码 10.5　日期转换示例

```
from datetime import datetime
# 读取 JSON 文件
def main(date_str) -> dict:
    try:
        datetime.strptime(date_str, '%Y-%m-%d %H:%M:%S')
        return {"is_ok": 1,
                "target_day": date_str.split(" ")[0]}
    except ValueError:
        return {"is_ok": 0, "target_day": ""}
```

代码节点的配置如图10.25所示，传入的参数为DeepSeek提取精确到“小时”的时间，而返回的参数是代码转换后精到“天”的时间。提取到日期后，使用上一节的查询接口，查询当天所有的会议。

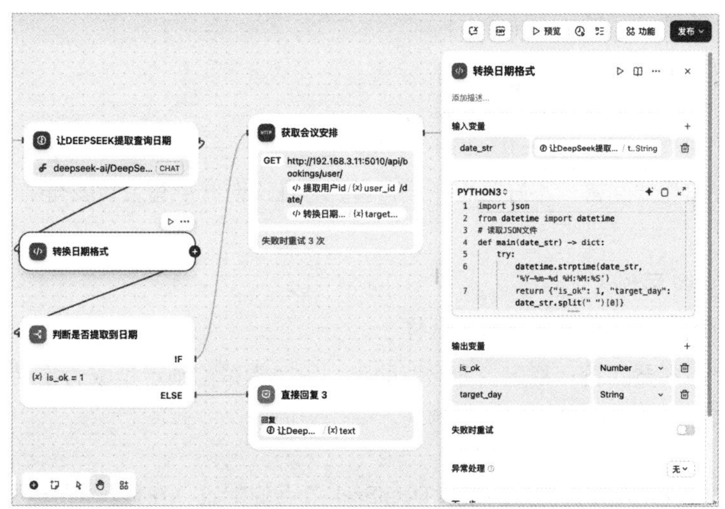

图 10.25　日期转换配置

拿到当天该用户的所有会议安排后，就需要让DeepSeek找出哪场会议才是用户期望取消的，然后提取出会议ID。专门为这个场景设计的提示词如下。

```
你是一个智能会议助手，负责处理与会议相关的用户请求。用户会给你一个时间点，你需要从用户当天的会议信息中提取出该时间点对应的会议ID返回给用户。你只需要返回ID即可，不需要返回额外的思考过程或推理过程。如果没有找到匹配的会议，需要返回“不好意思，没有查到您在该时间点有会议安排”。如果用户提了和会议室信息完全无关的问题，返回“我是企业会议助手，只负责帮忙预定和取消会议室或查看你的会议信息，其他问题帮不到你，抱歉”

### 用户当天的所有会议安排信息
{这里填充上游HTTP节点返回会议安排信息}

### 范例1
用户提问：2025-03-15 14:00:00
你需要回答：1

### 范例2
用户提问：2025-03-18 14:00:00
你需要回答：不好意思，没有查到您在该时间点有会议安排

### 范例3
用户提问：今天天气怎么样
你需要回答：我是企业会议助手，只负责帮忙预定和取消会议室或查看你的会议信息，其他问题帮不到你，抱歉
```

如图10.26所示，我们进行DeepSeek节点的配置。在提示词中记得带上上游查询会议节点返回的BODY内容，同时告诉DeepSeek期望匹配的时间点。

图 10.26　配置 DeepSeek 匹配会议预定

因为对应时间点可能没有会议安排，所以还需要判断是否拿到会议ID，可通过代码执行+条件判断节点来实现，内容如代码10.6所示。

代码 10.6　判断是不是数据示例

```
def main(num):
    try:
        int(num)
        return {"is_number":1}
    except (ValueError, TypeError):
        return {"is_number":0}
```

这段代码很简单，主要判断DeepSeek返回的ID是不是数字（通常ID就是数字），整体配置如图10.27所示，入参是DeepSeek返回的内容，输出一个is_number变量，表示是否提取到会议ID。

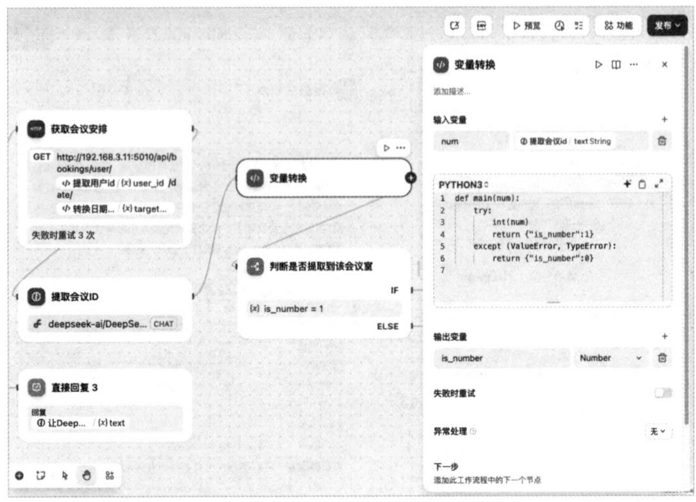

图10.27　判断DeepSeek返回的ID是不是数字

10.6.3 请求接口取消会议

在获取会议ID之后，我们便可以调用“取消会议”接口来终止该会议。如图10.28所示，“取消会议”的HTTP请求节点配置，将获取到的会议ID嵌入DELETE请求的URL中。

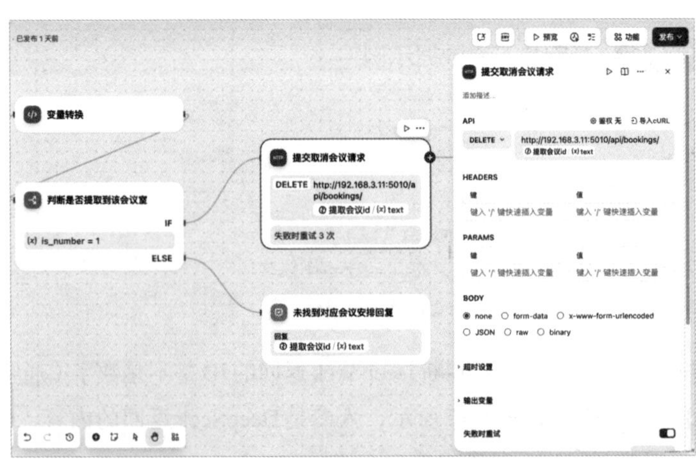

图10.28　提交会议室取消请求

之后还需要一个代码执行提取接口返回信息，然后通过回复节点输出，内容如代码10.7所示。

代码 10.7　提取接口返回信息示例

```
import json
def main(json_str) -> dict:
    try:
        data = json.loads(json_str)
        return {"output": data.get("message", "请求错误")}
    except Exception as e:
        return {"output": str(e)}
```

该代码也很简单，直接解析接口返回的JSON内容，然后提取message内容返回即可，最终配置如图10.29所示，提取后的message会以output变量输出给下游节点使用。

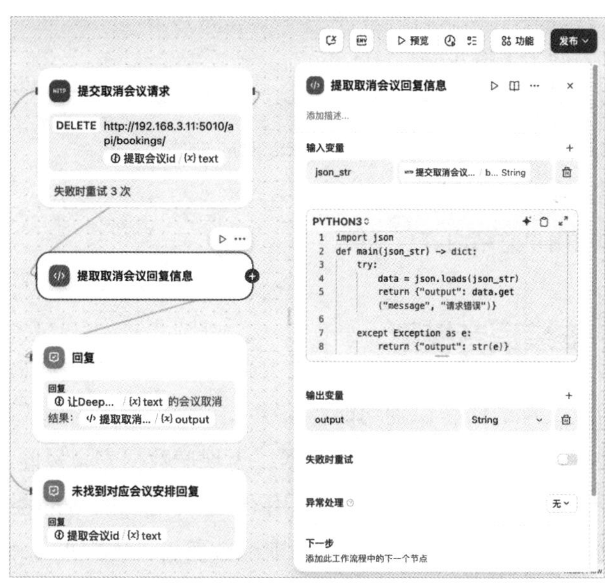

图 10.29　代码节点提取回复信息

最后执行发布操作，然后运行，查看实际演示效果，效果如图10.30所示。

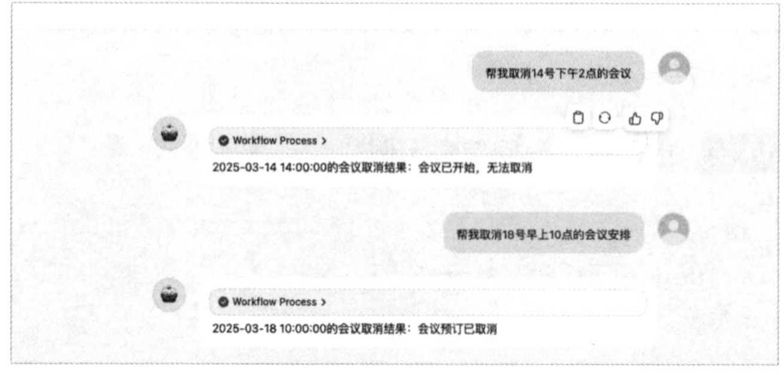

图 10.30　取消会议效果

10.7 实现会议纪要功能

在会议场景中，会议纪要记录是一项重要工作。如今，借助 DeepSeek 强大的语言处理能力，可实现会议纪要的自动总结。该功能的实现，从整体上可划分为四个关键步骤：

（1）用户上传会议语音文件。

（2）通过语音识别模型将语音文件转换成文本。

（3）通过DeepSeek进行文本总结。

（4）返回用户总结内容。

10.7.1 安装语音模型

实现会议文件的语音识别功能，需引入一个可靠的语音识别模型。考虑到会议文件往往包含敏感的私密数据，为规避数据安全风险，决定不采用外部语音识别服务。经综合评估，选用 OpenAI 开源的 Whisper 模型。

Whisper 模型凭借丰富且多样化的训练数据集，展现出了卓越的性能。无论是应对复杂多变的口音、嘈杂的背景噪声，还是专业领域的术语，该模型均能精准地将语音转化为文本，确保识别的准确性和稳定性。该模型的开源代码托管于 GitHub，项目地址为https://github.com/openai/whisper，目前已收获超过80k的Star数，在开发者社区中拥有极高的人气和影响力。

接下来，需在本地环境中安装 Whisper 模型。值得注意的是，Whisper 模型的运行依赖Rust和FFmpeg工具。为简化安装流程、提升安装效率，建议优先安装Scoop——一款专为Windows系统设计的包管理工具。通过Scoop，可便捷完成所需依赖环境的部署。

打开 PowerShell，输入以下命令，即可启动 Scoop 的安装工作。

```
Set-ExecutionPolicy -ExecutionPolicy RemoteSigned -Scope
    CurrentUser
irm get.scoop.sh | iex
```

整体安装过程如图 10.31 所示，执行过程中需要输入A来执行策略。

```
PS C:\Users\kongt> Set-ExecutionPolicy -ExecutionPolicy RemoteSigned -Scope CurrentUser
>> irm get.scoop.sh | iex

执行策略更改
执行策略可帮助你防止执行不信任的脚本。更改执行策略可能会产生安全风险，如 https:/go.microsoft.com/fwlink/?LinkID=135170
中的 about_Execution_Policies 帮助主题所述。是否要更改执行策略?
[Y] 是(Y)  [A] 全是(A)  [N] 否(N)  [L] 全否(L)  [S] 暂停(S)  [?] 帮助 (默认值为“N”): A
Initializing...
Downloading...
Creating shim...
Adding ~\scoop\shims to your path.
Scoop was installed successfully!
Type 'scoop help' for instructions.
```

图 10.31　Scoop 安装过程

安装完Scoop后，就可以通过Scoop来安装FFmpeg了，安装FFmpeg的过程如图 10.32所示，在网络良好的情况下，安装速度很快，几分钟就能完成。

```
PS C:\Users\kongt> scoop install ffmpeg
Installing '7zip' (24.09) [64bit] from 'main' bucket
7z2409-x64.msi (1.9 MB) [==========================================] 100%
Checking hash of 7z2409-x64.msi ... ok.
Extracting 7z2409-x64.msi ... done.
Linking ~\scoop\apps\7zip\current => ~\scoop\apps\7zip\24.09
Creating shim for '7z'.
Creating shim for '7zFM'.
Making C:\Users\kongt\scoop\shims\7zfm.exe a GUI binary.
Creating shim for '7zG'.
Making C:\Users\kongt\scoop\shims\7zg.exe a GUI binary.
Creating shortcut for 7-Zip (7zFM.exe)
Persisting Codecs
Persisting Formats
Running post_install script...done.
'7zip' (24.09) was installed successfully!
Notes
-----
Add 7-Zip as a context menu option by running: "C:\Users\kongt\scoop\apps\7zip\current\install-context.reg"
Installing 'ffmpeg' (7.1) [64bit] from 'main' bucket
ffmpeg-7.1-full_build.7z (51.7 MB) [================================] 100%
Checking hash of ffmpeg-7.1-full_build.7z ... ok.
Extracting ffmpeg-7.1-full_build.7z ... done.
Linking ~\scoop\apps\ffmpeg\current => ~\scoop\apps\ffmpeg\7.1
Creating shim for 'ffmpeg'.
Creating shim for 'ffplay'.
Creating shim for 'ffprobe'.
Persisting fonts
'ffmpeg' (7.1) was installed successfully!
PS C:\Users\kongt> _
```

图 10.32　FFmpeg 安装过程

继续安装Rust，如图10.33所示，整个安装包大概219MB。

```
PS C:\Users\kongt> scoop install rust
Installing 'rust' (1.85.0) [64bit] from 'main' bucket
rust-1.85.0-x86_64-pc-windows-msvc.msi (219.2 MB) [==============================] 100%
Checking hash of rust-1.85.0-x86_64-pc-windows-msvc.msi ... ok.
Extracting rust-1.85.0-x86_64-pc-windows-msvc.msi ... done.
Linking ~\scoop\apps\rust\current => ~\scoop\apps\rust\1.85.0
Creating shim for 'rustc'.
Creating shim for 'rustdoc'.
Creating shim for 'cargo'.
'rust' (1.85.0) was installed successfully!
Notes
-----
Use the rustup package instead for easier management of multiple toolchains, including beta/nightly releases.
According to https://doc.rust-lang.org/book/ch01-01-installation.html#installing-rustup-on-windows
Microsoft C++ Build Tools is needed and can be downloaded here:
https://visualstudio.microsoft.com/visual-cpp-build-tools/
When installing build tools, these two components should be selected:
- MSVC - VS C++ x64/x86 build tools
- Windows SDK
PS C:\Users\kongt>
```

图10.33　Rust安装过程

接下来直接通过pip安装Whisper即可，如图10.34所示。

```
pip install -U openai-whisper
```

```
PS C:\Users\kongt> pip install -U openai-whisper
Requirement already satisfied: openai-whisper in e:\miniconda\lib\site-packages (20240930)
Requirement already satisfied: numba in e:\miniconda\lib\site-packages (from openai-whisper) (0.58.1)
Requirement already satisfied: numpy in e:\miniconda\lib\site-packages (from openai-whisper) (1.24.4)
Requirement already satisfied: torch in e:\miniconda\lib\site-packages (from openai-whisper) (2.4.1)
Requirement already satisfied: tqdm in e:\miniconda\lib\site-packages (from openai-whisper) (4.67.1)
Requirement already satisfied: more-itertools in e:\miniconda\lib\site-packages (from openai-whisper) (10.5.0)
Requirement already satisfied: tiktoken in e:\miniconda\lib\site-packages (from openai-whisper) (0.7.0)
Requirement already satisfied: llvmlite<0.42,>=0.41.0dev0 in e:\miniconda\lib\site-packages (from numba->openai-whisper) (0.41.1)
Requirement already satisfied: importlib-metadata in e:\miniconda\lib\site-packages (from numba->openai-whisper) (8.5.0)
Requirement already satisfied: regex>=2022.1.18 in e:\miniconda\lib\site-packages (from tiktoken->openai-whisper) (2024.11.6)
Requirement already satisfied: requests>=2.26.0 in e:\miniconda\lib\site-packages (from tiktoken->openai-whisper) (2.29.0)
Requirement already satisfied: filelock in e:\miniconda\lib\site-packages (from torch->openai-whisper) (3.16.1)
Requirement already satisfied: typing-extensions>=4.8.0 in e:\miniconda\lib\site-packages (from torch->openai-whisper) (4.12.2)
Requirement already satisfied: sympy in e:\miniconda\lib\site-packages (from torch->openai-whisper) (1.13.3)
Requirement already satisfied: networkx in e:\miniconda\lib\site-packages (from torch->openai-whisper) (3.1)
Requirement already satisfied: jinja2 in e:\miniconda\lib\site-packages (from torch->openai-whisper) (3.1.6)
Requirement already satisfied: fsspec in e:\miniconda\lib\site-packages (from torch->openai-whisper) (2025.3.0)
Requirement already satisfied: colorama in e:\miniconda\lib\site-packages (from tqdm->openai-whisper) (0.4.6)
Requirement already satisfied: charset-normalizer<4,>=2 in e:\miniconda\lib\site-packages (from requests>=2.26.0->tiktoken->openai-whisper) (2.0.4)
Requirement already satisfied: idna<4,>=2.5 in e:\miniconda\lib\site-packages (from requests>=2.26.0->tiktoken->openai-whisper) (3.4)
Requirement already satisfied: urllib3<1.27,>=1.21.1 in e:\miniconda\lib\site-packages (from requests>=2.26.0->tiktoken->openai-whisper) (1.26.16)
Requirement already satisfied: certifi>=2017.4.17 in e:\miniconda\lib\site-packages (from requests>=2.26.0->tiktoken->openai-whisper) (2023.5.7)
Requirement already satisfied: zipp>=3.20 in e:\miniconda\lib\site-packages (from importlib-metadata->numba->openai-whisper) (3.20.2)
Requirement already satisfied: MarkupSafe>=2.0 in e:\miniconda\lib\site-packages (from jinja2->torch->openai-whisper) (2.1.5)
Requirement already satisfied: mpmath<1.4,>=1.1.0 in e:\miniconda\lib\site-packages (from sympy->torch->openai-whisper) (1.3.0)
PS C:\Users\kongt>
```

图10.34　Whisper安装过程

安装成功后，通过通过help命令可以看到帮助文档。

```
whisper -help
```

下面是Whisper的一个使用例子。

```
whisper E:\meeting-test.mp3 --model_dir "D:\whisper"
    --language Chinese --model turbo
```

◎ **--model_dir**：表示Whisper模型存放的目录。

◎ **--language**：表示语音的实际语言，指定后效果会更好。

◎ **--model:** 表示使用哪种模型，不同模型的对比如表10.1所示。

表10.1　Whisper模型对比

模型尺寸	参数量	显存需求	相对速度	适用场景	特点
tiny	39M	约1GB	约32x	轻量级实时识别	速度最快，但准确率较低，适合移动端或低资源环境
base	74M	约1GB	约16x	基础多语言任务	平衡速度与准确率，支持99种语言转录
small	244M	约2GB	约6x	通用场景	准确率显著提升，适合大多数日常语音识别需求
medium	769M	约5GB	约2x	高精度转录	接近大型模型效果，显存需求适中
large	1550M	约10GB	1x	专业级应用	最高准确率，支持复杂场景，但计算资源消耗大
turbo	809M	约6GB	1x	专业级应用	新增优化版，基于large-v3，速度提升8倍，精度略降

10.7.2 开发语音识别服务

由于 Dify 的服务均部署于容器中，而 Whisper 模型安装在宿主机上。为使 Dify 的工作流能够调用 Whisper 的语音识别功能，需在宿主机上部署一个语音识别服务。

在此，可借助 Python 3 的 Flask 框架，快速搭建一个简易的 HTTP 接口服务，如代码10.8所示。

代码10.8　Flask语音识别服务示例

```
from flask import Flask, request, jsonify
import whisper
import os
import datetime
```

```
from werkzeug.utils import secure_filename

app = Flask(__name__)

# 配置文件上传参数
UPLOAD_FOLDER = 'temp_uploads'
ALLOWED_EXTENSIONS = {'mp3', 'wav', 'm4a', 'ogg'}
app.config['UPLOAD_FOLDER'] = UPLOAD_FOLDER
app.config['MAX_CONTENT_LENGTH'] = 100 * 1024 * 1024
                                                  # 100MB 限制

# 加载 Whisper 模型（启动时预加载）
model = whisper.load_model("base")
                                      # 可修改为 small, medium 等


def allowed_file(filename):
    return '.' in filename and \
        filename.rsplit('.', 1)[1].lower() in ALLOWED_
            EXTENSIONS


@app.route('/transcribe', methods=['POST'])
def transcribe_audio():
    # 检查文件是否上传
    if 'file' not in request.files:
        return jsonify({"error": "No file uploaded",
                        "status": 400}), 400

    file = request.files['file']

    # 验证文件
    if file.filename == '':
        return jsonify({"error": "Empty filename",
                        "status": 400}), 400
```

```
    if not allowed_file(file.filename):
        return jsonify({"error": "Unsupported file type",
               "status": 400}), 400

    try:
        # 保存临时文件
        filename = secure_filename(file.filename)
        temp_path = os.path.join(app.config['UPLOAD_
                                     FOLDER'], filename)
        file.save(temp_path)

        # 执行语音识别
        result = model.transcribe(temp_path)

        # 清理临时文件
        os.remove(temp_path)

        # 返回结果
        return jsonify({
            "result": result["text"],
            "language": result["language"],
            "status": 200
        }), 200

    except Exception as e:
        # 错误处理
        return jsonify({
            "error": str(e),
            "status": 500
        }), 500


if __name__ == '__main__':
    # 创建临时目录
```

```
    if not os.path.exists(UPLOAD_FOLDER):
        os.makedirs(UPLOAD_FOLDER)

    # 启动服务
app.run(host='0.0.0.0', port=5123, debug=False)
```

将上面的代码保存为app.py格式。然后安装相关依赖，再启动服务，代码如下。

```
# 安装依赖
pip install flask whisper torch torchaudio ffmpeg-python
werkzeug
# 启动服务
python app.py
```

10.7.3 配置 Dify 工作流

完成上述基础准备工作后，需新建一个 Dify 的 Chatflow 工作流。鉴于此工作流围绕会议语音文件展开，在开始节点后，应立即接入一个条件判断节点，以确保用户上传了语音文件。具体配置如图10.35所示，当系统检测到用户未上传文件时，通过配置输出节点，向用户发送提醒信息。

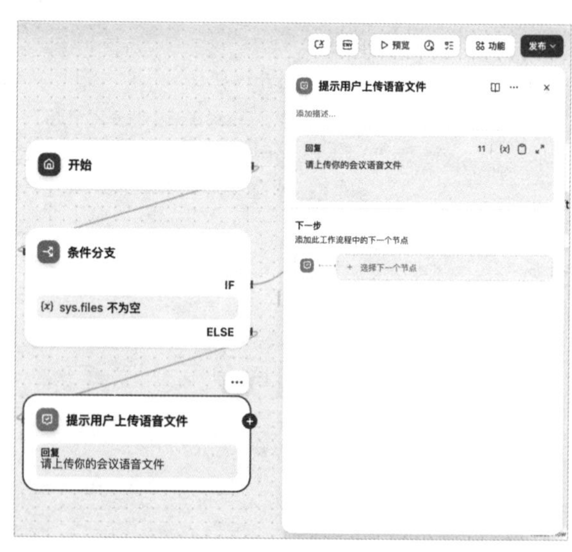

图10.35 提示用户上传语音文件

当用户上传会议语音文件后，就可以配置HTTP请求节点，将语音文件提交给之前部署好的语音识别服务，配置流程如图10.36所示，HTTP请求节点的配置填上之前开发好的服务地址，BODY选择"form-data"，然后新增File的参数，将用户上传的文件赋值进去。

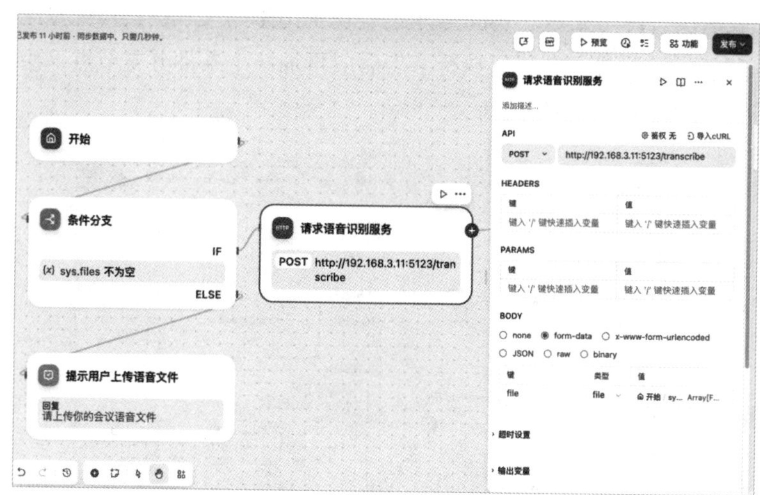

图 10.36　请求语音识别服务

接下来需要对语音识别服务返回的内容进行数据提取，内容如代码10.9所示。

代码 10.9　提取语音服务返回的内容示例

```
import json
def main(json_str) -> dict:
    try:
        data = json.loads(json_str)
        status = data.get("status", 0)
        if status == 200:
            return {"is_ok": 1, "audio_text": data.
                    get('result')}
        else:
            return {"is_ok": 0, "audio_text":
                    data.get("error", "解析语音文件识别，请检
```

```
        查您的文件是否正确")}
    except Exception as e:
        return {"is_ok": 0, "audio_text": str(e)}
```

这个提取代码主要是解析语音识别接口返回的内容，并输出两个变量，is_ok表示接口调用成功，result表示语音识别出来的文本，具体配置流程如图10.37所示。另外，在代码执行节点后应再加一个条件分支节点，用于判断语音识别接口是否解析成功。

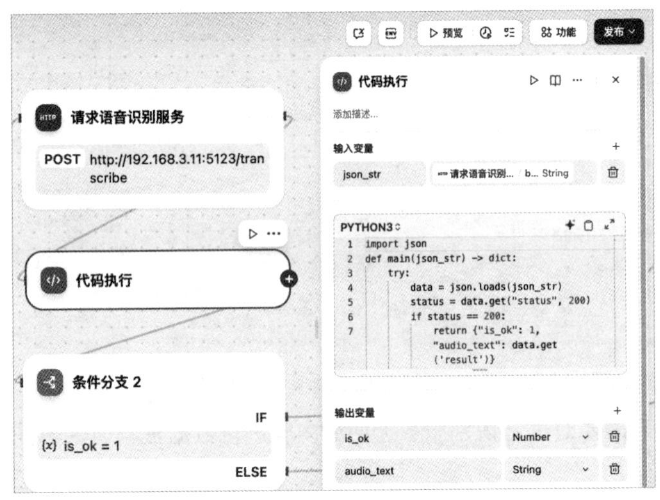

图10.37　判断是否提取到语音文本

拿到语音识别服务返回的会议文本后，配置一个LLM节点，让DeepSeek帮我们总结会议纪要。这个场景比较简单，下面是为这个场景设计的提示词。

> 你是一个智能会议助手，负责处理与会议相关的用户请求。现在会给你一份会议文本，请你根据该文本，对内容进行归纳总结，提取出会议核心内容，完成会议纪要并输出。

LLM节点配置流程如图10.38所示，将语音解析出来的文本作为提问信息。

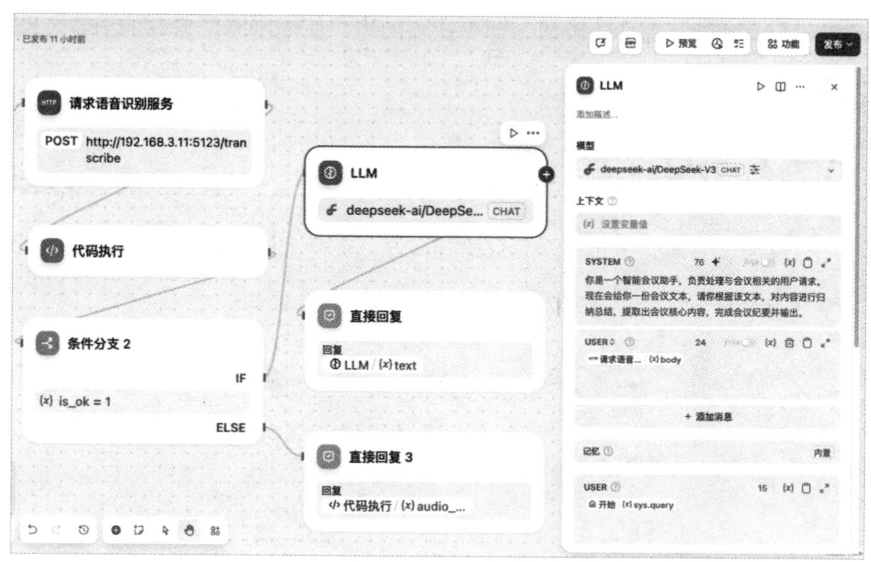

图 10.38　DeepSeek进行会议总结

最后，再加一个LLM节点输出DeepSeek总结的会议纪要即可。因为这个工作需要用户上传文件，在发布前，还需要对输入功能进行配置，提供一个按钮让用户上传语音文件。其流程如下。

先单击右上角的“预览”，然后在预览窗口的右下角，单击“管理”，会弹出“文件上传设置”窗口，单击“文件上传”按钮，单击“设置”，勾选“音频”，将最大文件数量设置为1，如图10.39所示。

图 10.39　配置输入功能

最后，单击“发布”按钮，即可让别的用户使用刚刚配置好的语音识别汇总工作流。

10.7.4 效果演示

打开运行界面，上传一个会议语音文件，等待工作流进行会议纪要总结，效果如图10.40所示。

图10.40　会议纪要功能展示

10.8 实现各个功能汇总

在演示阶段，为了清晰直观地展示各项功能，针对上述每一项功能，均创建了独立的工作流并进行配置，每个工作流也都生成了对应的聊天室链接。而在实际应用场景中，若要求员工根据不同业务场景，频繁切换并打开多个聊天室链接来满足工作需求，不仅操作流程烦琐，甚至在便捷性上还不及直接使用 OA 系统。因此，将多个工作流整合为一个，并为员工提供唯一的统一聊天室链接，成为提升工作效率、优化用户体验的必然选择。

为实现功能整合，需要借助 DeepSeek 实现用户问题的自动分类，并将问题精准分发至相应的工作流模块进行处理。常规的做法是设计特定的提示词，引导 DeepSeek 完成问题分类。值得庆幸的是，Dify 平台内置了具备该功能的工作流节点，无须手动编写提示词，就能实现精准的问题分类。如图 10.41 所示，通过该节点，DeepSeek 可智能识别用户请求，准确判定其所属的功能类别。这一特性极大地简化了开发和操作流程，显著提升了系统的运行效率，为用户提供了更便捷的使用体验 。

图 10.41　问题分类器

基于这一问题分类功能，可着手整合上述工作流。首先，保留前面获取个人信息的工作流部分，确保其配置维持不变。在成功获取用户 ID 后，新增一个问题分类器。该分类器能够根据用户提出的问题，精准识别其所属类别，并据此选择相应的处理流程。

具体配置情况如图10.42所示，问题分类器可识别五种场景。其中，四种场景分别对应前面介绍的四项功能，针对每个功能场景，都配置了之前定义好的工作流，以确保相关功能的顺利执行。而对于不属于这四项功能的其他问题，系统会直接连接一个输出节点，向用户反馈无法提供相关服务的信息。通过这种方式，实现了多个工作流的有效整合，提升了系统的响应效率和用户体验。

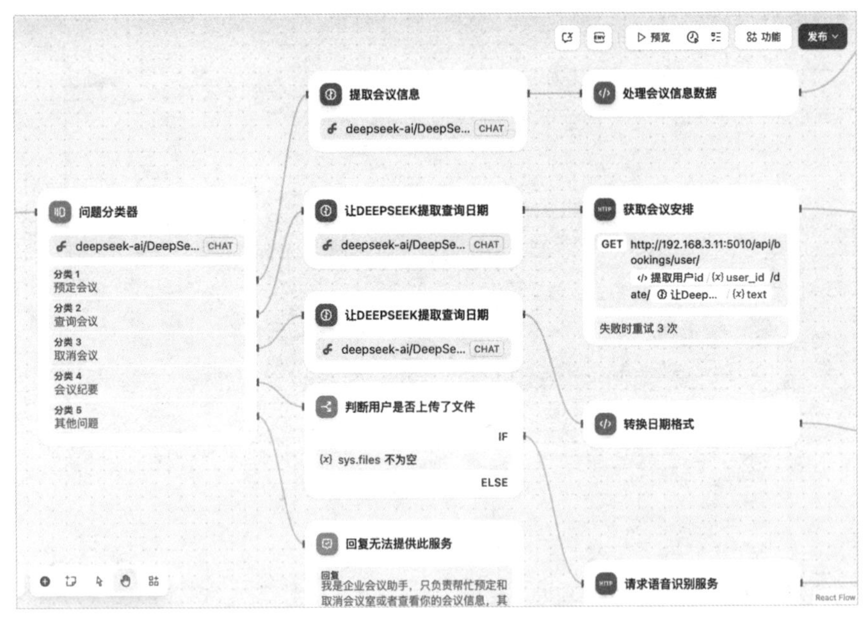

图 10.42　各个功能汇总工作流

把所有的工作流都整合到一起后，单击“发布”按钮，然后运行，就可以分享给其他用户使用了。最后，进入聊天室查看实际效果，如图10.43所示。

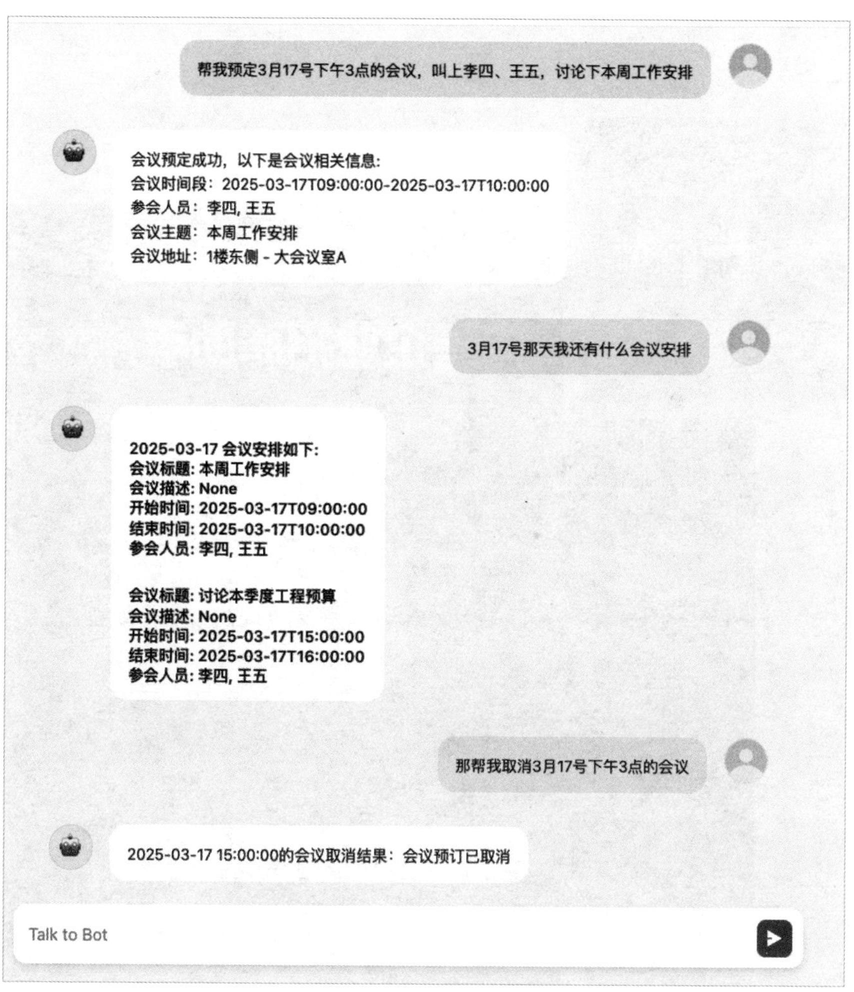

图 10.43　功能汇总效果展示

至此，基于Dify+DeepSeek实现会议助手操作已全部完成。

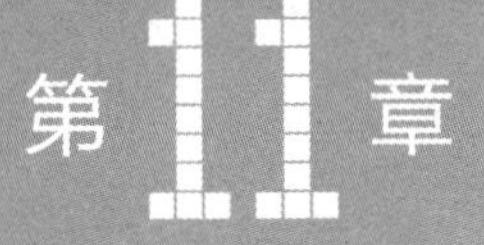

实战——基于智能体构建企业招聘助手

在本章中，我们将介绍OpenAI开源的Agents SDK的使用方法。同时借助OpenAI Agents SDK及本地化部署的DeepSeek，实现企业招聘助手功能。该企业招聘助手可以实现自动读取分析简历，并自动根据招聘要求进行排序的功能。

11.1 OpenAI Agents SDK 介绍和使用

11.1.1 OpenAI Agents SDK 介绍

OpenAI Agents SDK是一个用于构建多智能体工作流的轻量级但功能强大的框架，它是一个开源MIT协议的Python第三方库，支持快速配置工作流，还能快速定义一些工具方法让AI使用。基于这个库，我们可以快速开发出具有强大能力的AI智能体应用。下面是OpenAI Agents SDK的一些核心概念。

◎ **Agents：**它是一个配置了指令、工具、护栏和交接功能的LLM。你可以为智能体指定特定的指令，使其完成特定任务，还能为其配备工具及Agents工作流以增强功能。

◎ **交接（Handoffs）：**它是Agents SDK 中用于在智能体之间转移控制权的特殊工具调用。例如，在客户支持场景中，一个“分诊智能体”可以根据用户请求将任务分配给不同的专业智能体。通过交接，我们可以快速配置Agents工作流。

◎ **工具（Tool）：**它定义了Agent可以使用的功能列表。Agent在处理用户的请求时，会根据用户的上下文自动决定是否调用这些工具。比如，为某个Agent定义一个查询天气的工具，当用户询问当前天气时，这个Agent就会自动使用该工具进行天气查询并告诉用户查询结果。

◎ **护栏（Guardrails）：**它用于输入和输出验证的可配置安全检查。可以设置输入护栏和输出护栏，确保智能体的输入和输出符合特定规则。比如，在一个智能客服场景中，若用户输入的内容与服务范围毫无关联，输入护栏就能及时发现并阻止智能体继续处理该输入，避免给出无效或不恰当的回复，或在智能客服输出时，使用输出护栏对智能体的输出进行检查，避免输出一些敏感词。

◎ **追踪（Tracing）：**内置的智能体运行跟踪功能，允许查看、调试和优化工作流。

11.1.2 OpenAI Agents SDK安装

OpenAI Agents SDK的安装相对简单。你需要先保证计算机上已经安装了Python 3.9及以上版本（Python版本低于3.9无法安装）。

计算机上没有安装Python 3.9及以上版本的用户可以前往Python官网（https://www.python.org/），选择匹配的安装包下载安装。

打开命令行工具，执行以下命令，即可安装好OpenAI Agents SDK。

```
pip install Openai-agents
```

如果只想为某个项目安装这个SDK，可以先执行下面的命令后再安装OpenAI Agents SDK。

```
python -m venv env
source env/bin/activate
```

如果需要语音支持，可以使用以下命令安装。

```
pip install 'Openai-agents[voice]'
```

安装好OpenAI Agents SDK后，我们就可以新建Python文件，使用这个SDK来进行智能体的开发。下面通过案例简单了解OpenAI Agents SDK的一些核心概念及其使用要领。

下面的案例在SDK的GitHub上都可以找到，对应地址为https://github.com/Openai/Openai-agents-python。OpenAI Agents SDK的示例既可以使用OpenAI的API，也可以使用其他的模型供应商（如Ollama）。

11.1.3 在OpenAI Agents SDK中使用DeepSeek

Ollama与OpenAI SDK具有兼容性，允许用户在本地使用OpenAI的一些功能。比如Ollama兼容了OpenAI Chat Completions API，这使OpenAI的一些SDK可以直接与本地的Ollama模型进行交互。用户可以使用相同的

OpenAI调用代码，并将主机名更改为http://localhost:11434，来调用Ollama的OpenAI兼容API端点。比如，对于OpenAI Agents SDK，可以使用代码11.1来访问Ollama上部署的DeepSeek-R1模型。

代码11.1 使用Ollama的DeepSeek模型示例

```
from agents import (
    Agent,
    Runner,
    OpenaiChatCompletionsModel,
)
from Openai import AsyncOpenai

# 指定 client
client = AsyncOpenai(
    # 这里填入 Ollama 的地址，需要加上 v1，这是 Ollama 兼容 OpenAi
      的接口地址
    base_url="http://192.168.3.14:11434/v1",
    # Ollama 不需要 api_key
    api_key="fake-key",
)
MODEL_NAME = "nezahatkorkmaz/DeepSeek-v3"
agent = Agent(
    name="Assistant",
    instructions=" 你是个有用的助手，可以回答用户的问题 ",
    # 指定模型，使用指定的 client 实现
    model=OpenaiChatCompletionsModel(model=MODEL_NAME,
          Openai_client=client),
)
# 启动 Agent
result = Runner.run_sync(agent, "写一个快排算法的python代码")
print(result.final_output)
```

需要注意的是，要用到OpenAI Agents SDK的工具调用，就需要使用的大模型具备工具调用的能力。工具调用需要大模型具备调用外部工具的能力，

有些大模型不具备工具调用的能力，比如，DeepSeek-R1模型，因此不能使用DeepSeek-R1模型。

因为本章要构建的招聘助手，许多场景都需要用工具调用，所以本章不使用DeepSeek-R1做交互模型。后面将选择使用来自Huggingface的DeepSeek-V3模型，模型在Ollama上的全称是nezahatkorkmaz/DeepSeek-V3，这个模型是支持工具调用的。如图11.1所示，可以看到，Ollama上这个模型是有tools标签的，表示其支持工具调用。

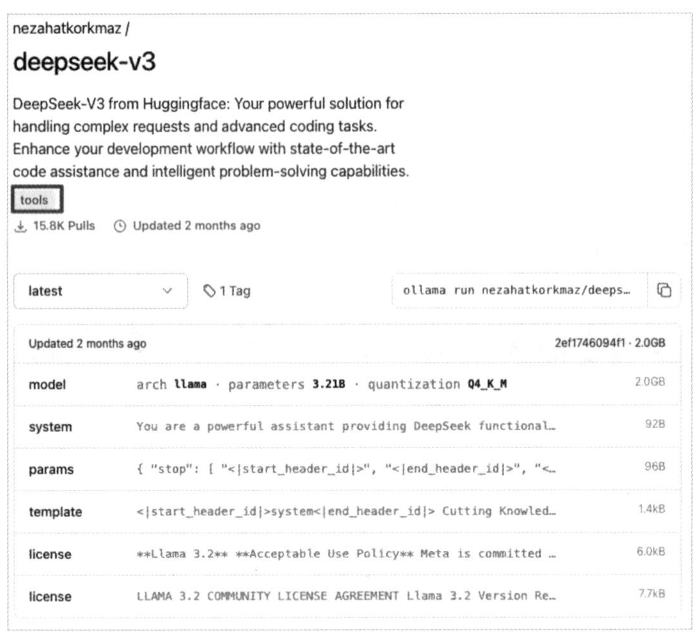

图11.1　Ollama上支持工具调用的DeepSeek-V3模型

11.1.4 Agent使用示例

关于Agent，前文在第9章“Dify应用实践”的第6节中介绍过。OpenAI Agents SDK中的Agent和Dify中的Agent定义基本一致，也就是具备工具调用的大模型智能体。Agent的定义代码也很简单，如代码11.2所示。

代码11.2 Agent使用示例

```
from agents import Agent, Runner,
OpenaiChatCompletionsModel
from Openai import AsyncOpenai

# 指定使用本地部署的 Ollama 作为模型供应商
client = AsyncOpenai(
    # 这里填入 Ollama 的地址，需要加上 v1，这是 Ollama 兼容 OpenAi
      的接口地址
    base_url="http://192.168.3.14:11434/v1",
    # ollama 不需要 api_key
    api_key="fake-key",
)

# 定义一个 Agent
agent = Agent(name="Assistant", instructions="You are a
              helpful assistant")
# 启动 Agent，和官网示例不同的是，这里指定了 ollama 作为模型供应商
result = Runner.run_sync(agent, "Write a haiku about
         recursion in programming.", model=OpenaiCh
         atCompletionsModel(model="  nezahatkorkmaz/
         DeepSeek-v3" , Openai_client=client))
print(result.final_output)
```

11.1.5 Handoffs 使用示例

Handoffs主要用于定义Agent之间的交互关系。以多语言客服的场景为例，把Agent理解成一个客服，假设现在有精通西班牙语的客服Agent、精通英语的客服Agent，专门用于接待西班牙语客户和英语客户。在客服刚接入时，我们不知道他是属于西班牙语还是属于英语，因此，为了对客户进行区分，还需要一个前台客服Agent，专门来识别客户属于哪种类型，然后分派给对应的客服Agent。这里就可以理解成前台客服Agent交接给对应的

单语言客服Agent，如图11.2所示。这就是Handoffs，也就是Agents之间的交接。上面的多语言客服场景可以参考代码11.3。

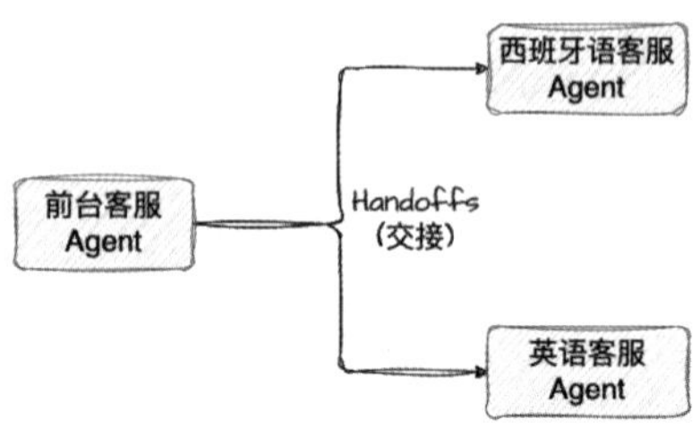

图11.2 Agent间的交接

代码11.3 Handoffs使用示例

```
# 从 agents 模块导入 Agent 和 Runner 类
from agents import Agent, Runner,
OpenaiChatCompletionsModel
# 导入 asyncio 库以支持异步操作
import asyncio
from Openai import AsyncOpenai

# 指定使用本地化部署的 Ollama 作为模型供应商
client = AsyncOpenai(
    # 这里填入 Ollama 的地址，需要加上 v1，这是 Ollama 兼容 OpenAi
      的接口地址
    base_url="http://192.168.3.14:11434/v1",
    # ollama 不需要 api_key
    api_key="fake-key",
)

# 创建一个名为 "Spanish agent" 的智能体，其指令为 "You only
  speak Spanish."
spanish_agent = Agent(
    name="Spanish agent",
    instructions="You only speak Spanish.",
    model=OpenaiChatCompletionsModel(model="nezahatkorkm
```

```
        az/DeepSeek-v3", Openai_client=client)
)
# 创建一个名为 "English agent" 的智能体，其指令为 "You only
speak English"
english_agent = Agent(
    name="English agent",
    instructions="You only speak English.",
    model=OpenaiChatCompletionsModel(model="nezahatkorkm
        az/DeepSeek-v3", Openai_client=client)
)

# 创建一个名为 "Triage agent" 的智能体，其指令为根据请求语言将任
  务交接给合适的智能体
triage_agent = Agent(
    name="Triage agent",
    instructions="Handoff to the appropriate agent based
                  on the language of the request.",
    handoffs=[spanish_agent, english_agent],
    model=OpenaiChatCompletionsModel(model="nezahatkorkm
        az/DeepSeek-v3", Openai_client=client)
)

# 定义一个异步函数 main
async def main():
    # 异步运行 triage_agent 智能体，输入为 "Hola, ¿cómo
      estás?"
    result = await Runner.run(triage_agent, input="Hola,
                               ¿cómo estás?")
    # 打印智能体的最终输出
    print(result.final_output)
    # 输出示例：¡Hola! Estoy bien, gracias por preguntar.
      ¿Y tú, cómo estás?

# 如果此脚本作为主程序运行
if __name__ == "__main__":
```

```
    # 运行异步函数 main
asyncio.run(main())
```

11.1.6 Tool使用示例

Agent和单纯的聊天助手最大的区别就是它会使用工具。因此，在定义Agent时需要告诉大模型它有哪些工具可以使用。比如，想要让大模型具备查询当前天气的能力，就可以定义一个工具，用来获取当前天气。下面的代码11.4展示如何定义和使用工具（这只是一个示例，如果需要真正地获取当前天气，就需要在工具方法中调用相关天气API）。

代码11.4 Tool调用使用示例

```
# 导入 asyncio 库以支持异步操作
import asyncio
# 从 agents 模块导入 Agent、Runner 和 function_tool 装饰器
from agents import Agent, Runner, function_tool
from Openai import AsyncOpenai

# 指定使用本地化部署的 Ollama 作为模型供应商
client = AsyncOpenai(
    # 这里填入 Ollama 的地址，需要加上 v1，这是 Ollama 兼容 OpenAi
      的接口地址
    base_url="http://192.168.3.14:11434/v1",
    # ollama 不需要 api_key
    api_key="fake-key",
)

# 使用 function_tool 装饰器定义一个工具函数 get_weather
@function_tool
def get_weather(city: str) -> str:
    # 返回指定城市的天气信息
    return f"The weather in {city} is sunny."
```

```
# 创建一个名为 "Hello world" 的智能体，其指令为 "You are a
  helpful agent."，并配备 get_weather 工具
agent = Agent(
    name="Hello world",
    instructions="You are a helpful agent.",
    tools=[get_weather],
    model=OpenaiChatCompletionsModel(model="nezahatkorkm
          az/DeepSeek-v3", Openai_client=client)
)

# 定义一个异步函数 main
async def main():
    # 异步运行智能体，输入为 "What's the weather in Tokyo?"
    result = await Runner.run(agent, input="What's the
                              weather in Tokyo?")
    # 打印智能体的最终输出
    print(result.final_output)
    # 输出示例：The weather in Tokyo is sunny.

# 如果此脚本作为主程序运行
if __name__ == "__main__":
    # 运行异步函数 main
    asyncio.run(main())
```

11.2 项目开始前的准备工作

在开始这个项目之前，需要先搭建项目基础环境，并且准备一些可能用到的公共代码。

11.2.1 项目环境准备

在开展项目开发工作时，需要做如下的准备工作。

01 创建一个用于存放项目代码的目录。本文以“hr_assistant”作为目录名称启动该项目的开发。

02 目录创建完成后，在该目录下新建一个名为“requirements.txt”的文件。此文件用于记录项目所需的Python依赖，其文件内容如下：

```
Openai-agents
PyPDF2==3.0.1
```

◎ **Openai-agents：** 它就是本章介绍的OpenAI Agents SDK，整个招聘助手将以这个SDK为框架进行开发。

◎ **PyPDF2：** 需要该库读取PDF简历文件信息。

03 接下来创建Python venv目录，然后激活venv环境，执行以下命令：

```
python -m venv env
source env/bin/activate
```

04 执行完上述命令后，执行下面的命令安装依赖：

```
pip install -r requirements.txt -i https://mirrors.aliyun.
    com/pypi/simple/
```

通过-i执行阿里的pip源可以提高依赖库下载速度。至此，项目所需基本环境准备就绪。

为了使代码结果更加清晰明了，继续在hr_assistant目录下新建一些目录，用于存放特定的代码，整体目录结构如图11.3所示。

图11.3　项目文件目录结构

◎ 新建hr_agents目录，用于存放相关Agent定义。注意：不要取名Agents，不然会与SDK的模块冲突。

◎ 新建Tool目录，用于存放相关工具代码。

11.2.2 定义使用的模型供应商

由于OpenAI Agents SDK默认的Agent使用的是OpenAI作为模型供应

商，而本书的主题使用本地化部署的DeepSeek，因此需要在每次定义Agent时都手动指定模型供应商。为了减少重复代码开发，这里将模型供应商的定义单独写到一个脚本中，后面进行Agent定义时只需要引入即可，增加代码复用率。可以在Tool目录下新增一个model_client.py脚本，内容如代码11.5所示。

代码11.5 定义使用DeepSeek作为模型供应商示例

```
from Openai import AsyncOpenai
from agents import OpenaiChatCompletionsModel
def get_model():
    client = AsyncOpenai(
        # 指定局域网中部署的 Ollama 地址
        base_url="http://192.168.3.14:11434/v1",
        # Ollama 不需要 api_key，随便指定一个即可
        api_key="fake-key",
    )
    # 指定使用 ollama 的 DeepSeek-v3 模型
    return OpenaiChatCompletionsModel(
        model="nezahatkorkmaz/DeepSeek-v3",
              Openai_client=client
    )
resume_reader_agent.model = get_model()
```

鉴于后续定义的 Agent 均需使用get_model方法，为提高代码复用率，可将该方法抽取出来，独立封装至一个模块中，以供后续的 Agent 调用。具体而言，可将其放置于Tool目录下的model_client.py文件中。之后，需在resume_reader_agent.py文件的起始处添加如下import语句。后面的Agent都将统一以这种方式指定使用的模型。

```
from tool.model_client import get_model
```

11.3 实现简历分析功能

作为一个招聘助手，最基础的能力就是阅读简历，然后分析简历中的

关键信息。对于这个功能，可以利用OpenAI Agents SDK的Agent搭配对应的工具来实现。

11.3.1 简历分析工具开发

在开始开发Agent前，需要先进行相关工具的开发。在简历分析这个场景里，通常需要Agent具备简历的阅读功能，因此需要给Agent一个阅读简历的工具（Tool）。

这里需要先在Tool目录下新建一个tools.py脚本，往里面添加阅读简历的工具方法，如代码11.6所示。

代码11.6 简历分析工具示例

```
from agents import function_tool
import os
import PyPDF2

@function_tool
def read_text(file_path: str) -> str:
    """
    读取文件中的文本内容
    参数：
        file_path: 文件路径，支持 pdf, txt, md 格式
    返回：
        str: 文本内容或错误信息
    """
    try:
        # 验证文件格式
        if not any(file_path.endswith(ext) for ext in
                   [".pdf", ".txt", ".md"]):
            return "文件格式错误，请提供 PDF, TXT 或 MD 文件"
        if not os.path.exists(file_path):
            return f"文件不存在：{file_path}"
```

```
        # 读取 pdf 文件内容
        if file_path.endswith(".pdf"):
            text = ""
            with open(file_path, "rb") as pdf_file:
                reader = PyPDF2.PdfReader(pdf_file)
                for page in reader.pages:
                    text += page.extract_text()
        else:
    # 读取 txt、md 文件内容
            with open(file_path, "r", encoding="utf-8") as f:
                text = f.read()
        return text
    except Exception as e:
        return f"读取文件失败：{str(e)}"
```

上述代码具备读取 PDF、TXT 和 Markdown（MD）格式简历的能力，并以文本形式返回读取结果。其中，方法开头的 @function_tool 是 Agents SDK 为 Agent 工具开发所提供的注解。

11.3.2 简历分析 Agent 定义

在拥有阅读简历的工具后，接下来便可定义 Agent。此处将该 Agent 定义为 resume_reader_agent，需在 hr_agents 目录下新建 resume_reader_agent.py 脚本，脚本内容如代码 11.7 所示。

代码 11.7　简历分析 Agent 定义示例

```
# -*- coding: utf-8 -*-
"""
负责解析简历文件并提取关键信息
"""
from agents import Agent
from agents.extensions.handoff_prompt import prompt_with_
    handoff_instructions
from models.resume import ResumeList
```

```
from tool.tools import read_text
# 创建简历读取代理
resume_reader_agent = Agent(
    # agent名称
    name="resume_reader",
    # 交接描述
    handoff_description="负责读取用户提供的简历文件,提取概要信息",
    # 定义agent工作内容,prompt_with_handoff_instructions表
      示后面还有交接的agent
    instructions=prompt_with_handoff_instructions(
        """
        你是一个招聘助手，你的任务是读取用户提供的简历文件，提取概
        要信息。如果找不到用户提供的文件，需要提示用户文件路径不对。
        如果识别到简历文件，并且解析成功，解析后的输出格式必须为
        json，对于项目经验尽可能保留多的内容，如果一些信息无法采集
        到，可以为空，格式如下：
 [
 {
    "name": "张三",
    "sex": "男",
    "school": "北京大学",
    "is_985_211": true,
    "work_experience": 5,
    "expect_salary": "15-20K",
    "expect_city": "北京",
    "expect_job": "产品经理",
    "age": 30,
    "project_experience_details": ["项目A", "项目B"],
    "email": "zhangsan@example.com",
    "skills": ["Python", "Django", "Git"],
    "history_companies": ["公司A", "公司B"]
 },...
 ]
    对于非简历相关的其他问题，拒绝回答，并返回"我是招聘助手，无法回
    答其他问题"。
```

```
    注意：
    1. 如果用户有说明招聘要求，使用 "resume_evaluation_sort_
    tool" 工具对简历进行排序。
    2. 当用户需要将简历概要写入 CSV 文件时，使用 "write_to_csv_
    tool" 工具。
"""
    ),
    # 定义 agent 可用的工具
    tools=[read_text],
    # 定义 agent 输出类型
    output_type=ResumeList,
)
```

在上述代码中，定义了一个名为resume_reader的Agent，其工作任务为解析PDF、TXT、MD格式的简历并提取关键信息。该Agent可使用read_text工具读取简历内容，同时规定了其需要提取的关键信息。

有细心的读者可能会注意到，在定义的最后，有提到resume_evaluation_sort_tool和write_to_csv_tool两个工具的使用，这两个工具分别对应两个Agent，分别用于简历评估排序及简历输出。OpenAI Agents SDK允许将其他的Agent也定义成工具使用，通过这种方式将各个Agent进行交接，构建Agent工作流来完成更复杂的任务。

为了规范Agent的输出，这里定义了output_type，我们将每份简历的输出信息抽象为一个ResumeSummary类，因为Agent有时要处理很多份简历并输出，因此需要再定义一个ResumeList表示多份简历信息。ResumeList的定义被置于Models目录下的resume.py文件中，文件内容如代码11.8所示。

代码11.8 定义简历信息模型示例

```
from pydantic import BaseModel
from typing import List


class ResumeSummary(BaseModel):
    """ 简历摘要信息模型 """
    name: str                              # 姓名
```

```
    sex: str                         # 性别
    school: str                      # 毕业学校
    is_985_211: bool                 # 是否 985/211
    work_experience: int             # 工作年限（年）
    expect_salary: str               # 期望薪资范围
    expect_city: str                 # 期望工作城市
    expect_job: str                  # 期望职位
    age: int                         # 年龄
    project_experience_details: List[str]   # 项目经验详情
    email: str                       # 邮箱
    skills: List[str]                # 个人技能和优势
    history_companies: List[str] # 历史就职公司

class ResumeList(BaseModel):
    """ 简历列表包装模型 """
resumes: List[ResumeSummary]
```

11.3.3 简历分析 Agent 测试

到这里，负责简历阅读分析的Agent就差不多完成了，下面编写代码对简历分析Agent进行测试。在根目录下新建一个resume_reader_test.py用于测试，文件内容如代码11.9所示。

代码 11.9 简历分析Agent测试示例

```
# -*- coding: utf-8 -*
from agents import Runner
from hr_agents.resume_reader_agent import resume_reader_agent

if __name__ == "__main__":
    result = Runner.run_sync(
        resume_reader_agent,
        """
        帮我分析一下 /tmp/zhangsan.txt 这份简历
```

```
        """,
    )
print(result.final_output)
```

/tmp/zhangsan.txt下存放的是笔者让DeepSeek虚构的一份简历，执行后效果输出如下图11.4所示。

```
-> % python resume_reader_test.py
resumes=[ResumeSummary(name='张三', sex='', school='厦门大学', is_985_211=False, work_experience=5, e
xpect_salary='', expect_city='', expect_job='Java开发工程师', age=0, project_experience_details=['项
目一：农资电子商城系统-设计并实现用户中心、订单中心模块，采用JWT实现分布式鉴权，支持日均5万用户访问。
基于RocketMQ异步解耦库存扣减与订单创建流程，解决高并发下单超卖问题。通过Elasticsearch优化商品搜索功能
，响应时间从2秒缩短至200毫秒。', '项目二：东莞钜立电子综合管理系统-独立开发采购与销售子系统，实现供应
商管理、订单追踪全流程自动化，系统吞吐量提升40%。使用Quartz定时任务调度模块，支持每日百万级数据批处理
。主导数据库表结构设计，通过SQL优化与索引调整，复杂查询效率提升60%。'], email='zhangsan@email.com', s
kills=['Java（精通）', 'Shell（熟练）', 'SQL（熟练）', 'Spring全家桶（Spring Boot/Cloud/MVC）', 'MyBa
tis', 'Dubbo', 'MySQL', 'Oracle', 'Redis', 'Git', 'Maven', 'Jenkins', 'Linux', 'Docker'], history_com
panies=['锤子简历网络技术有限公司', '湖南龙通科技有限公司'])]
```

图 11.4　简历分析Agent输出效果

11.4 实现简历概要输出 Excel 功能

上节内容已实现简历阅读分析，并提取关键信息的Agent。在部分场景中，为了更高效地进行信息分析与对比，需将提取的关键信息输出至 Excel 文件。

11.4.1 简历输出工具开发

要使 Agent 具备将信息输出到 Excel 的功能，需提供相应的数据写入工具。在tool/tools.py文件中新增write_to_csv工具方法，其内容如代码11.10所示。

代码11.10　简历信息写入CSV示例

```
@function_tool
def write_to_csv(resumes: ResumeList, output_path: str =
None) -> str:
    """
```

```
    将简历摘要写入 CSV 文件
    参数：
        resumes: 简历摘要列表
        output_path: 输出文件路径

    返回：
        str: 成功信息或错误信息
    """
    try:
        # 如果 output_path 为空，随机生成一个文件名，放到 temp 目录
        if not output_path:
            output_path = f"resume_{int(time.time())}.csv"
            temp_dir = tempfile.gettempdir()
            output_path = os.path.join(temp_dir, output_path)

        # 如果 output_path 是目录，随机生成一个文件名
        if os.path.isdir(output_path):
            output_path = os.path.join(output_path,
                f"resume_{int(time.time())}.csv")

        # 确保文件路径以 .csv 结尾
        if not output_path.endswith(".csv"):
            return "输出路径必须以 .csv 结尾"

        # 判断文件是否存在，决定写入模式
        file_exists = os.path.exists(output_path)
        mode = "a" if file_exists else "w"

        print(f"写入 CSV 文件：{output_path}")
        # 写入 CSV 文件
        with open(output_path, mode, newline="",
                  encoding="utf-8") as csvfile:
            writer = csv.writer(csvfile)
            # 如果文件不存在，写入表头
            if not file_exists:
```

```
        writer.writerow(
            [
                "姓名",
                "性别",
                "毕业学校",
                "是否 985/211",
                "工作年限",
                "期望薪资",
                "期望城市",
                "期望职位",
                "年龄",
                "项目经验",
                "邮箱",
                "技能",
                "历史公司",
            ]
        )
    # 写入数据
    for summary in resumes.resumes:
        writer.writerow(
            [
                summary.name,
                summary.sex,
                summary.school,
                summary.is_985_211,
                summary.work_experience,
                summary.expect_salary,
                summary.expect_city,
                summary.expect_job,
                summary.age,
                "; ".join(summary.project_
                          experience_details),
                summary.email,
                "; ".join(summary.skills),
                "; ".join(summary.history_companies),
```

```
                ]
            )

        return f"成功写入CSV文件：{output_path}"
    except Exception as e:
        print(f"写入CSV文件失败：{str(e)}")
        return f"写入CSV文件失败：{str(e)}"
```

上面工具接收一个ResumeList，也就是上一节介绍的Resume_Reader_Agent输出的对象，然后将其写入指定的CSV文件中。工具会自动判断对应的文件是否存在，如果文件存在，会以追加的方式写入数据。

11.4.2 简历输出 Agent 定义

工具准备就绪后，即可着手定义相应的Agent。需在hr_agents目录下，新建write_to_csv_agent.py脚本，脚本内容如代码11.11所示。

代码11.11 定义简历输出Agent示例

```
"""
CSV写入代理
负责将简历数据写入CSV文件
"""

from agents import Agent
from agents.extensions.handoff_prompt import prompt_with_
    handoff_instructions
from tool.tools import write_to_csv
from tool.model_client import get_model

# 创建CSV写入代理
write_to_csv_agent = Agent(
    name="write_to_csv",
    handoff_description="负责将简历概要写入CSV文件",
    instructions=prompt_with_handoff_instructions(
```

```
        """
        你是一个招聘助手，你的任务是将简历列表信息使用工具
        ` write_to_csv ` 写入 CSV 文件。

        请专注于：
        1. 确保输出格式正确
        2. 确保文件路径正确
        3. 确保文件内容正确
        4. 确保文件写入成功

        需要注意：
        1. 如果用户没有指定输出文件名称，随机生成一个文件名称。
        2. 如果文件路径不正确，需要提示用户文件路径不对。
        3. 如果文件写入成功，返回成功信息及输出的路径格式为："已成
        功写入 CSV 文件 : {output_path}"。
        4. 如果文件写入失败，返回失败信息。
        5. 如果之前的简历有经过排序，还需要在输出时告诉用户输出的内
        容已经经过了排序。
        """
    ),
    tools=[write_to_csv],
)

if get_model():
write_to_csv_agent.model = get_model()
```

这里定义一个名为write_to_csv的Agent，代码里对这个Agent的工作内容描述是将简历信息写入CSV文件，并且告诉它可以使用write_to_csv这个工具。

11.4.3 简历分析和输出 Agent 测试

接下来我们需要将简历分析智能体（resume_reader_agent）和简历输出智能体（write_to_csv_agent）进行交接，总体的流程是resume_reader_agent

解析完简历后，如果用户有提到需要将分析后的数据写入Excel文件，那么resume_reader_agent会将简历里面的关键信息输出给write_to_csv_agent，由write_to_csv_agent负责输出到CSV文件。整体流程如图11.5所示。

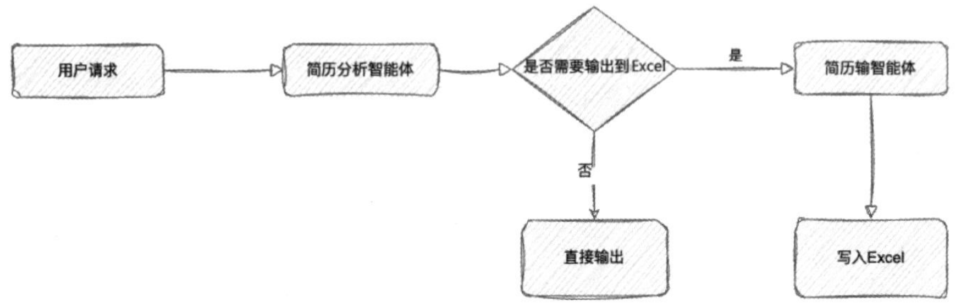

图11.5　简历写入CSV输出流程

在根目录下新增write_to_csv_agent_test.py文件，进行Agent的交接配置，文件内容如代码11.12所示。

代码11.12　Agent交接和测试简历输出Agent示例

```
# -*- coding: utf-8 -*
from agents import Runner, handoff
from hr_agents.resume_reader_agent import resume_reader_agent
from hr_agents.write_to_csv_agent import write_to_csv_agent

# 定义交接相关信息
to_write_to_csv = handoff(
    agent=write_to_csv_agent,
    tool_name_override="write_to_csv_tool",
    tool_description_override="当需要将简历概要写入CSV文件时
                                        使用此工具。",
)

# 设置交接关系，表示resume_reader_agent后面需要链接to_write_
  to_csv这个agent
resume_reader_agent.handoffs = [to_write_to_csv]

if __name__ == "__main__":
```

```
    result = Runner.run_sync(
        resume_reader_agent,
        """
        帮我分析一下 /tmp/zhangsan.txt 这份简历，并输出到 /tmp/
        jianli.csv 文件中
    """,
    )
print(result.final_output)
```

最后，运行该测试代码，效果如图 11.6 所示。打开输出的文件，如图 11.7 所示（只展示了部分数据）。

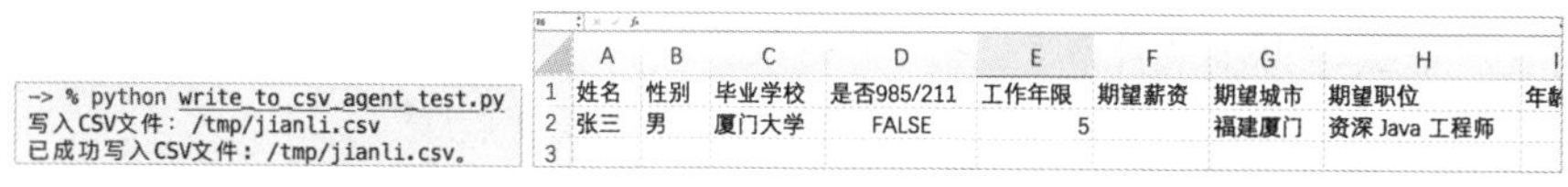

	A	B	C	D	E	F	G	H
1	姓名	性别	毕业学校	是否985/211	工作年限	期望薪资	期望城市	期望职位
2	张三	男	厦门大学	FALSE	5		福建厦门	资深 Java 工程师
3								

图 11.6　简历写入CSV运行效果

图 11.7　简历输出文件效果

11.5 实现压缩包解压自动识别简历功能

上节内容已实现简历阅读分析并输出至 Excel 的功能。然而，当待处理的简历数量较多时，逐份操作会耗费大量时间。因此，本节将开发一个能够自动解压解析压缩包的 Agent。人力资源（HR）人员只需将所有待分析的简历压缩成一个 zip 包并交由该 Agent 处理即可。

11.5.1 简历解压工具开发

同样地，为使该 Agent 具备相应功能，需为其配备一个用于 zip 包解压缩的工具。在 tool/tools.py 文件中新增 unzip_file 工具方法，其内容如代码 11.13 所示。

代码11.13 解压zip文件示例

```
@function_tool
def unzip_file(zip_path: str) -> str:
    """
    解压 zip 文件
    参数：
        zip_path: zip 文件路径
    返回：
        str: 解压后的文件列表或错误信息
    """
    try:
        # 验证文件格式
        if not zip_path.endswith(".zip"):
            return "文件格式错误，请提供 zip 文件"
        if not os.path.exists(zip_path):
            return f"文件不存在：{zip_path}"
        # 获取 tmp 目录
        tmp_dir = tempfile.gettempdir()
        # 获取 zip 文件名
        zip_name = os.path.basename(zip_path) + "_" +
                   str(int(time.time()))
        target_dir = os.path.join(tmp_dir, zip_name)
        print(f"解压到指定目录：{target_dir}")
        # 解压 zip 文件
        with zipfile.ZipFile(zip_path, "r") as zip_ref:
            # 遍历 zip 文件中的每个文件
            for info in zip_ref.infolist():
                try:
                    # 尝试使用 utf-8 编码解码文件名
                    filename = info.filename.encode("cp437").
                              decode("utf-8")
                except UnicodeDecodeError:
                    try:
                        # 若 utf-8 解码失败，尝试使用 gbk 编
                          码解码
```

```
                    filename = info.filename.encode("cp437").
                                    decode("gbk")
                except UnicodeDecodeError:
                    # 若还是失败，使用原始文件名
                    filename = info.filename
            # 解压文件
            info.filename = filename
            zip_ref.extract(info, target_dir)
        # 深度遍历，获取所有文件，且后缀必须是pdf、txt、md
        file_list = []
        for root, dirs, files in os.walk(target_dir):
            for file in files:
                if file.endswith((".pdf", ".txt", ".md")):
                    file_list.append(os.path.join(root, file))
        return f"成功解压文件，解压后的文件列表为：{file_list}"
    except Exception as e:
        return f"解压文件失败：{str(e)}"
```

上面的工具会接收一个本地的zip包文件的路径，然后将其解压到一个临时目录。解压完成之后，会递归遍历解压后的目录和文件，找出所有后缀为PDF、TXT、MD的文件，并将其路径返回。

11.5.2 简历解压Agent定义

完成工具开发后，即可着手定义相应的Agent。需在hr_agents目录下，新建unzip_agent.py脚本，脚本内容如代码11.14所示。

代码11.14 定义解压zip文件Agent示例

```
"""
解压代理
负责解压用户提供的压缩包文件
"""

from agents import Agent
```

```
from agents.extensions.handoff_prompt import prompt_with_
    handoff_instructions
from tool.tools import unzip_file
from tool.model_client import get_model

# 创建解压代理
unzip_agent = Agent(
    name="unzip_agent",
    handoff_description="负责解压用户提供的压缩包文件",
    instructions=prompt_with_handoff_instructions(
        """
        你是一个招聘助手，你的任务是解压用户提供的压缩包文件。
        请专注于：
        1. 确保文件路径正确
        2. 确保文件内容正确
        3. 确保文件解压成功
        如果文件路径不正确，需要提示用户文件路径不对。
        如果文件解压成功，将解压后的文件列表交由 `resume_reader_
        agent` 处理。
        如果文件解压失败，返回失败信息。
        """
    ),
    tools=[unzip_file],
)

if get_model():
unzip_agent.model = get_model()
```

这里定义一个名为unzip_agent的Agent，专门负责接收zip包类型的简历文件，然后将其解压并得到简历文件列表后交给resume_reader_agent处理。

11.5.3 简历解压、分析和输出 Agent 测试

接下来，将对简历解压智能体（unzip_agent）与简历分析智能体（resume_reader_agent）和简历输出智能体（write_to_csv_agent）进行交接处

理。整体流程如下：unzip_agent 接收包含简历的 zip 包后，对其进行解压操作，得到简历文件列表，随后将该列表传递给 resume_reader_agent 做进一步处理。流程如图 11.8 所示。

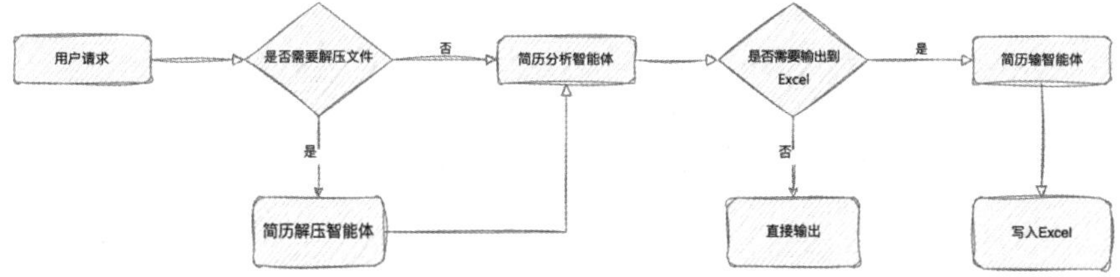

图 11.8　简历解压、分析、输出流程

为实现 Agent 之间的交接配置，需在项目根目录下新增 unzip_agent_test.py 文件，具体内容如代码 11.15 所示。之后执行这个测试代码，可以看到效果如图 11.9 所示。

代码 11.15　测试解压 Agent 示例

```
# -*- coding: utf-8 -*
from agents import Runner, handoff
from hr_agents.resume_reader_agent import resume_reader_agent
from hr_agents.write_to_csv_agent import write_to_csv_agent
from hr_agents.unzip_agent import unzip_agent

# 定义 agent 交接配置
to_write_to_csv = handoff(
    agent=write_to_csv_agent,
    tool_name_override="write_to_csv_tool",
    tool_description_override=" 当需要将简历概要写入 CSV 文件时
                                使用此工具。",
)

# 定义 agent 交接配置
to_resume_reader = handoff(
    agent=resume_reader_agent,
    tool_name_override="resume_reader_tool",
```

```
    tool_description_override="当需要分析简历时使用此工具。",
)

# 设置交接关系
unzip_agent.handoffs = [to_resume_reader]
resume_reader_agent.handoffs = [to_write_to_csv]

if __name__ == "__main__":
    result = Runner.run_sync(
        unzip_agent,
        """
        帮我分析一下 /tmp/all_resume.zip 文件中的所有简历，并输
        出到 /tmp/resume.csv 文件中
    """,
    )
print(result.final_output)
```

```
-> % python unzip_agent_test.py
解压到指定目录: /var/folders/v4/wnsf2v5d4tx3hx4vwmzv9k_80000gn/T/all_resume.zip_1742914578
写入CSV文件: /tmp/resume.csv
已成功写入CSV文件: /tmp/resume.csv
```

图 11.9 zip 简历解压输出效果

11.6 实现简历评估排序功能

本节将在上一节的基础上，新增对多份简历分析后的排序功能。

11.6.1 简历评估排序 Agent 定义

这个功能并不需要外部的工具，仅需告诉大模型提取后的所有简历信息，然后让其进行排序即可。

在hr_agents目录下，新建evaluation_agent.py 脚本，脚本内容如代码11.16所示。

代码11.16 定义简历评估排序Agent示例

```
"""
简历评估排序代理

负责对简历进行评估和排序
"""
from agents import Agent
from agents.extensions.handoff_prompt import prompt_with_
    handoff_instructions
from models.resume import ResumeList
from tool.model_client import get_model

# 创建简历评估代理
resume_evaluation_sort_agent = Agent(
   name=" evaluation_agent",
   handoff_description=" 负责对简历进行评估和排序 ",
   instructions=prompt_with_handoff_instructions(
      """
      你是一个招聘助手，你的任务是评估和排序简历。

      如果用户没有指定评估标准，可以默认按照以下标准进行评估：
      1. 和招聘要求的职业匹配度高
      2. 毕业院校（优先 985/211 高校）
      3. 就职公司（知名企业优先）
      4. 项目经验（匹配度高优先）
      5. 工作年限（匹配度高的优先）
      如果用户指定了评估标准，按照用户指定的评估标准进行评估，之
      后按照上面的顺序进行排序。

      重点注意：
      1. 当用户说明了招聘要求时，才进行排序。否则不进行排序
      2. 当用户有要求将简历概要写入 CSV 文件时，使用 "write_to_
      csv_tool" 工具将排序后的简历列表写入对应 CSV 文件。
      3. 如果用户没有要求写入 CSV 文件，直接输出排序后的简历列表。
   """
```

```
    ),
    output_type=ResumeList,
)

if get_model():
resume_evaluation_sort_agent.model = get_model()
```

这里将该Agent命名为evaluation_agent，在定义其工作内容时，告诉它仅当用户说明了此次的招聘要求，才进行简历的排序。这里还为以哪些标准进行排序定义了一套默认的标准。排序完成后，若用户有输出Excel文件的需求，便调用write_to_csv_tool工具进行输出操作 。

11.6.2 简历解压、分析、排序和输出 Agent 测试

对于简历评估排序智能体（evaluation agent），我们将其交接在简历分析智能体（resume_reader_agent）之后，一般如果用户的请求中有提到招聘要求，就认为是需要对这些简历进行评估排序的，即完成简历的关键信息提取后，再进行简历排序工作。新增简历评估排序智能体（evaluation_agent）后，具体的流程图如图11.10所示。

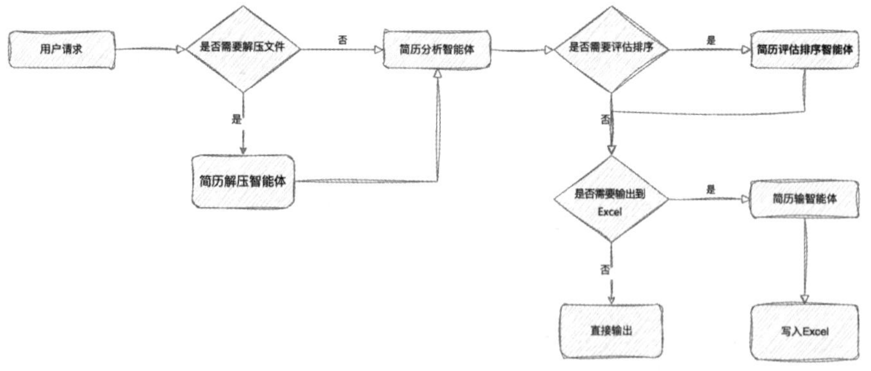

图11.10　新增简历评估排序智能体

为实现Agent之间的交接配置，需在项目根目录下新增evaluation_agent_test.py文件，具体内容如代码11.17所示。

代码11.17 测试评估排序Agent示例

```
# -*- coding: utf-8 -*
from agents import Runner, handoff
from hr_agents.resume_reader_agent import resume_reader_agent
from hr_agents.write_to_csv_agent import write_to_csv_agent
from hr_agents.unzip_agent import unzip_agent
from hr_agents.evaluation_agent import resume_evaluation_
    sort_agent

# 定义 agent 交接配置
to_write_to_csv = handoff(
    agent=write_to_csv_agent,
    tool_name_override="write_to_csv_tool",
    tool_description_override="当需要将简历概要写入 CSV 文件时
                               使用此工具。",
)

# 定义 agent 交接配置
to_resume_reader = handoff(
    agent=resume_reader_agent,
    tool_name_override="resume_reader_tool",
    tool_description_override="当需要分析简历时使用此工具。",
)

# 定义 agent 交接配置
to_resume_evaluation_sort = handoff(
    agent=resume_evaluation_sort_agent,
    tool_name_override="resume_evaluation_sort_tool",
    tool_description_override="当需要对简历进行评估和排序时使
                               用此工具。",
)
# 设置交接关系
unzip_agent.handoffs = [to_resume_reader]
resume_reader_agent.handoffs = [to_write_to_csv, to_
                                resume_evaluation_sort]
```

```
resume_evaluation_sort_agent.handoffs = [to_write_to_csv]

if __name__ == "__main__":
    result = Runner.run_sync(
        unzip_agent,
        """
        帮我分析一下 /tmp/all_resume.zip 文件中的所有简历，并输
        出到 /tmp/resume.csv 文件中
        下面是岗位的招聘要求：
        1. 技术能力
        精通 Java 语言及 JVM 原理，熟悉多线程编程、网络协议（TCP/
        IP、HTTP）及 NIO 模型；
        熟练使用 Spring 全家桶（Spring Boot/Cloud/MVC）、
        MyBatis-Plus、Dubbo 等主流框架，具备微服务架构设计经验；
        熟悉分布式技术栈（Redis 集群、Kafka、Zookeeper），掌握分
        布式锁、熔断限流等解决方案；
        熟练编写复杂 SQL 语句，具备 MySQL/Oracle 性能优化经验，熟
        悉 Elasticsearch 等 NoSQL 数据库者优先。
        2. 开发经验
        3 年以上 Java 开发经验，有电商、金融、医疗等高并发系统开发背
        景者优先；
        主导过至少 2 个中型以上项目，熟悉 DevOps 工具链（Git/
        Jenkins/Docker），具备 Linux 环境部署及 Shell 脚本编写能力。
        3. 学历与软技能
        统招本科及以上学历，计算机相关专业（优秀者可放宽至大专）；
        具备强逻辑思维与问题拆解能力，能独立完成技术调研并输出文档；
        良好的团队协作意识，适应跨部门沟通，能承受高强度工作压力。
        加分项
        熟悉云原生技术（K8s、Service Mesh）或大数据处理框架
        （Hadoop/Spark）；
        有开源项目贡献、技术博客或专利成果；
        具备 PMP 认证或团队管理经验。
    """,
    )
print(result.final_output)
```

从上面的代码可以看到，简历分析智能体（resume_reader_agent）交接给简历分析排序智能体（evaluate_agent），简历分析排序智能体（evaluate_agent）再交接给简历输出智能体（write_to_csv_agent）。简单地说，就是大模型在分析完简历后，会根据用户的要求，自动选择是直接将结果输出到Excel文件，还是先对结果进行排序后再输出到Excel文件。

之后执行这个测试代码，可以看到效果如图11.11所示，相比上一节的输出，大模型会提示已经过评估和排序。

```
-> % python evaluation_agent_test.py
解压到指定目录: /var/folders/v4/wnsf2v5d4tx3hx4vwmzv9k_80000gn/T/all_resume.zip_1742916658
写入CSV文件: /tmp/resume.csv
已成功写入CSV文件: /tmp/resume.csv。内容已经经过评估和排序。
```

图11.11　zip简历解压输出效果

11.7 功能整合与智能体集成

至此，项目所需的各项功能均已完成开发，然而，各功能模块处于松散状态，尚未实现深度整合，系统缺乏统一的访问入口，这在一定程度上影响了系统的整体性与便捷性。为解决这一问题，接下来将开展统一入口的配置工作。

11.7.1 入口 Agent 定义

首要任务是定义一个入口 Agent。入口 Agent 将承担识别用户输入，并将其精准路由至相应处理模块的关键职责。完成入口 Agent 的定义后，需对各 Agent 之间的交互关系进行全面梳理。通过绘制交互流程图、分析各 Agent 的功能定位与数据流向，配置一套高效、合理的工作流，从而实现各 Agent 之间的协同作业。

在hr_agents目录下，新建main_agent.py 脚本，脚本内容如代码11.18所示。

代码11.18 入口Agent定义示例

```
"""
主代理模块

负责接收用户请求并路由到对应处理模块
"""

# -*- coding: utf-8 -*-
from agents import (
    Agent,
    handoff,
)
from agents.extensions.handoff_prompt import prompt_with_
     handoff_instructions
from tool.model_client import get_model


main_agent = Agent(
    name="招聘助手前台",
    instructions=prompt_with_handoff_instructions(
        """
        你是招聘助手，你的任务是处理简历分析和写入CSV文件的请求。
        对于不在处理范围的问题，拒绝回答。
        1. 简历分析类问题且用户指定的文件是压缩包zip格式
        - 示例："帮我分析一下这个zip包中的简历，并写入CSV文件"
        - 操作：使用unzip_tool工具

        2. 简历分析类问题且用户指定的文件是PDF、txt、md格式
        - 示例："帮我分析一下这个PDF文件中的简历，并写入CSV文件"
        - 操作：使用resume_reader_tool工具

        3. 其他问题：
        - 示例："今天天气如何"
        - 操作：我是招聘助手，无法回答其他问题
```

```
        重要规则:
        - 请严格按照上述分类选择适当的交接工具。
        - 不要过度解读客户意图，根据客户明确表达的需求选择工具。
        - 如果不确定，先询问更多信息，而不是急于使用工具。
        """
    ),
)

if get_model():
main_agent.model = get_model()
```

我们将这个Agent命名为main_agent，不用配备其他工具方法。它的主要作用就是依靠大模型的语言理解能力，对用户的请求进行识别然后转发。

main agent是一个类似前台的角色，它会识别用户的请求，然后分发给具体的Agent执行。比如，用户可能需要解析PDF格式的简历，它就会识别到，然后交给简历分析智能体（resume_reader_agent）处理。而如果用户指定了一个zip文件的简历压缩包，那么main_agent就会交给简历解压智能体（unzip_agent）处理，由unzip_agent解压后再交给resume_reader_agent处理。而对应非招聘相关的任何问题，它都会拒绝回答，并礼貌地告诉用户它无法回答其他问题。

11.7.2 智能体集成与测试

完成入口 Agent 的定义工作后，需对各 Agent 的工作流程进行系统梳理。各 Agent 之间的工作流关系，直观呈现于图 11.11 之中。借助该图，可以清晰洞察不同 Agent 在业务流程中所扮演的角色，以及它们之间如何通过信息交互，协

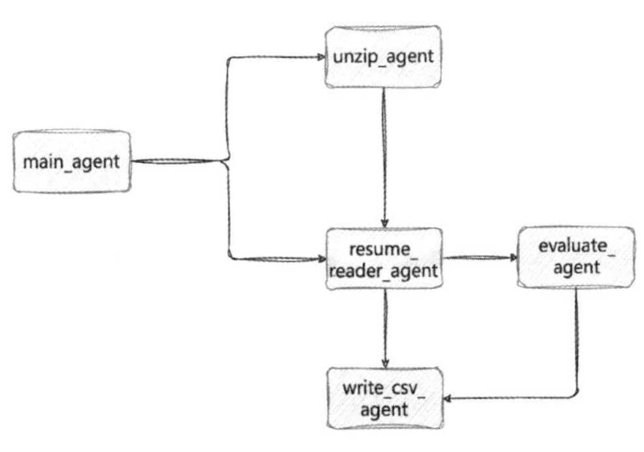

图 11.11　Agent 工作流配置

同完成各项任务。

main_agent作为入口，它的下级可能有简历分析智能体（resume_reader_agent）和简历解压智能体（unzip_agent），具体的流程如下。

（1）如果用户的文件是zip包，工作流走到unzip_agent，由unzip_agent解压后再将简历交给resume_reader_agent处理。

（2）如果用户的文件是单份简历，工作流直接走到resume_reader_agent，它需要判断用户是否说明了招聘需求。

（3）如果有对应的招聘需求，resume_reader_agent分析完简历，就会交给简历排序智能体（evaluation_agent）进行评估和排序工作

（4）如果用户没有指定招聘需求，直接根据用户的要求决定直接输出还是写入Excel文件。

（5）如果用户要求写入Excel文件，evaluation_agent完成简历排序后，会将结果传递给简历输出智能体（write_csv_agent）写入指定Excel文件，否则直接输出给用户展示。

可以看到，这些Agent好像一个个真实的代理人一样，通过彼此的协作完成了简历识别、分析、排序、输出的一整套工作。

下面开始定义这个智能体，在根目录下新建main.py脚本，脚本内容如代码11.19所示。

代码11.19 最终代码示例

```
# -*- coding: utf-8 -*
from agents import handoff, Runner
from hr_agents.write_to_csv_agent import write_to_csv_agent
from hr_agents.resume_reader_agent import resume_reader_agent
from hr_agents.unzip_agent import unzip_agent
from hr_agents.evaluation_agent import resume_evaluation_
    sort_agent
from hr_agents.main_agent import main_agent
import argparse

# 定义 agent 交接配置
```

```
to_write_to_csv = handoff(
    agent=write_to_csv_agent,
    tool_name_override="write_to_csv_tool",
    tool_description_override="当需要将简历概要写入 CSV 文件时
                                使用此工具。",
)

# 定义 agent 交接配置
to_resume_reader = handoff(
    agent=resume_reader_agent,
    tool_name_override="resume_reader_tool",
    tool_description_override="当需要分析简历时使用此工具。",
)

# 定义 agent 交接配置
to_unzip = handoff(
    agent=unzip_agent,
    tool_name_override="unzip_tool",
    tool_description_override="当需要解压文件时使用此工具。",
)

# 定义 agent 交接配置
to_resume_evaluation_sort = handoff(
    agent=resume_evaluation_sort_agent,
    tool_name_override="resume_evaluation_sort_tool",
    tool_description_override="当需要对简历进行评估和排序时使
                                用此工具。",
)

# 设置交接关系
main_agent.handoffs = [to_resume_reader, to_unzip]
unzip_agent.handoffs = [to_resume_reader]
resume_reader_agent.handoffs = [to_resume_evaluation_
                                sort, to_write_to_csv]
resume_evaluation_sort_agent.handoffs = [to_write_to_csv]
```

```
# 定义命令行参数
parser = argparse.ArgumentParser(description="请输入您的问题")
parser.add_argument(
    "prompt",
    type=str,
    help="请输入您的问题",
)
args = parser.parse_args()
result = Runner.run_sync(
    main_agent,
    args.prompt,
)
print(result.final_output)
```

执行代码后，与系统进行交互，分别提出了三个不同的问题，每个问题的具体响应情况如下。

第一个问题是询问天气情况，系统迅速识别出这并非招聘相关问题，随即明确拒绝回答，展现出其对问题类型的精准判断能力，如图11.12所示。

```
-> % python main.py 今天天气怎么样
我是招聘助手，无法回答其他问题。
```

图11.12　询问天气得到无法回答答复

第二个问题是直接要求系统阅读简历，系统准确理解指令，成功完成简历阅读任务，并且未将简历信息输出到文件，严格遵循了指令要求，体现了系统的指令执行准确性，如图11.13所示。

```
-> % python main.py 帮我分析一下/tmp/zhangsan.txt这份简历
resumes=[ResumeSummary(name='张三', sex='', school='厦门大学', is_985_211=False
, work_experience=5, expect_salary='', expect_city='', expect_job='Java开发工程
师', age=0, project_experience_details=['农资电子商城系统：设计并实现用户中心、
订单中心模块，采用JWT实现分布式鉴权，支持日均5万用户访问。基于RocketMQ异步解耦
库存扣减与订单创建流程，解决高并发下单超卖问题。通过Elasticsearch优化商品搜索功
能，响应时间从2秒缩短至200毫秒。', '东莞钜立电子综合管理系统：独立开发采购与销
售子系统，实现供应商管理、订单追踪全流程自动化，系统吞吐量提升40%。使用Quartz定
时任务调度模块，支持每日百万级数据批处理。主导数据库表结构设计，通过SQL优化与索
引调整，复杂查询效率提升60%。'], email='zhangsan@email.com', skills=['Java（精
通）', 'Shell（熟练）', 'SQL（熟练）', 'Spring全家桶', 'MyBatis', 'Dubbo', 'MyS
QL', 'Oracle', 'Redis', 'Git', 'Maven', 'Jenkins', 'Linux', 'Docker'], history_
companies=['锤子简历网络技术有限公司', '湖南龙通科技有限公司'])]
```

图11.13　要求直接解析简历并输出

第三个问题是要求系统处理 zip 包格式的简历文件，并将处理结果输出为 Excel 文件，同时附带了招聘要求。系统出色地完成了这一任务，不仅对 zip 包进行了解压和简历解析，还依据招聘要求对简历进行了分析和筛选，最终将符合要求的结果输出到 Excel 文件中，充分展示了系统的综合处理能力和灵活性，如图 11.14 所示。

```
-> % python main.py 帮我分析一下/tmp/all_resume.zip文件中的所有简历,并输出到/tm
p/resume.csv文件中,招聘要求是高级Java开发工程师
解压到指定目录: /var/folders/v4/wnsf2v5d4tx3hx4vwmzv9k_80000gn/T/all_resume.zip
_1742997001
写入CSV文件: /tmp/resume.csv
已成功写入CSV文件: /tmp/resume.csv。简历信息已经过与高级Java开发工程师的要求匹
配和排序。
```

图 11.14　要求分析多份简历并排序

通过这三个问题的测试，可以看出系统在不同场景下均能准确理解用户需求，并高效完成相应任务，具备良好的实用性和可靠性。

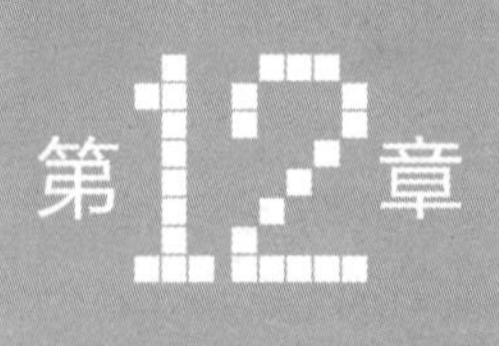

实战——AI聊天机器人

本章深入探讨了AI聊天机器人的设计与实现，涵盖设备端和服务端的完整开发方案。设备端基于ESP32开发平台，服务端采用Java语言构建。我们将系统解析其设计原理，并通过代码实例详细说明实现过程，展示如何将DeepSeek大模型技术集成到物联网硬件设备中。

12.1 小智 AI 系统架构

本节从“小智AI”介绍开始，继而深入剖析该AI聊天机器人的系统架构设计和语音处理流程，最后简单介绍AI聊天机器人在本地化部署的应用场景和实际案例。

12.1.1 小智 AI 介绍

在DeepSeek开启的AI赋能浪潮和产业革命中，AI技术与硬件的深度融合孕育出诸多创新应用，小智AI便是其中的杰出代表。它是一款开源的AI硬件项目，凭借独特技术魅力和广阔应用前景，迅速在全球范围内引发了广泛关注。

（1）从默默无闻到现象级爆火：小智AI由十方融海董事长黄冠（网名“虾哥”）作为个人兴趣项目启动。2025年2月前，它在开源社区中鲜为人知。但接入DeepSeek大模型后，整个硬件产品被赋予了新的生命力，迅速在AI硬件领域爆火，成为现象级项目。短视频平台上，搭载小智AI的简陋电路板或方盒子展现出惊人的语音交互能力，其方言腔调的语音助手反应迅速、声音逼真且个性十足，与传统语音助手相比更具灵魂。这些视频点赞量屡创新高，小智AI由此走进大众视野。

（2）开源模式下的爆发式增长：小智AI迅速崛起，得益于开源模式和低开发门槛。开源模式让全球开发者可自由获取源代码和开发文档，降低开发成本和难度。无论是电子工程师、嵌入式工程师还是AI应用工程师，都能轻松参与开发和应用。据极客公园报道，短短两个月内，接入小智AI的硬件设备数量每月翻倍，总量突破10万台，其中官方销售的“语音盒子”仅一千多台，其余由爱好者、开发者和商家自行组装。如图12.1所示，爱好者们购买喇叭、麦克风、芯片和主板等，为小智AI赋予丰富形态和应用场景。许多开发者还将组装好的成品在电商平台上销售，推动其普及。这种开源、草根驱动的模式，激发开发者创造力，为AI硬件开发和应用带来新思路，催生新市场，为未来发展提供无限可能。

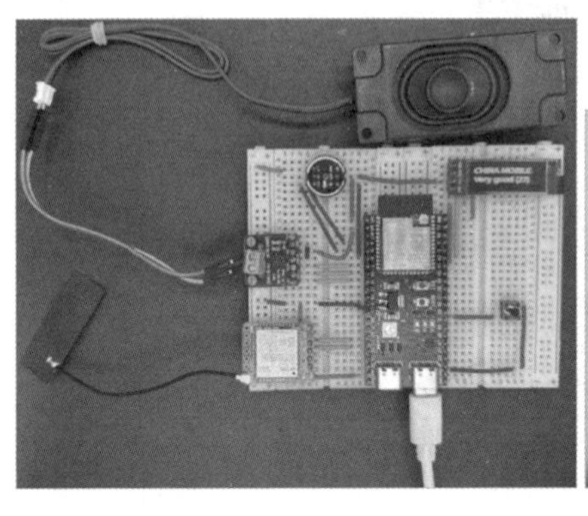
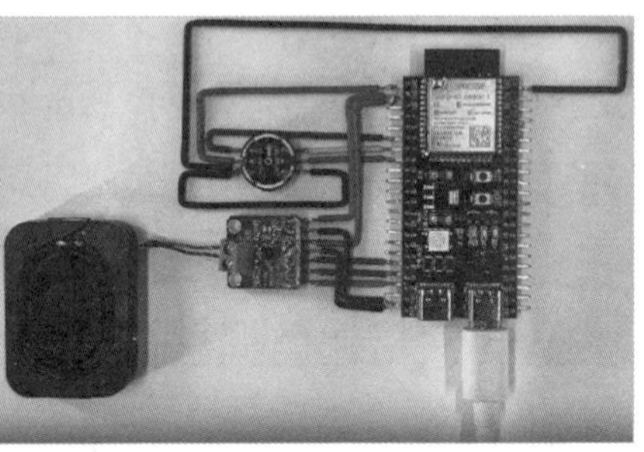

图12.1　小智AI硬件DIY

（3）功能特点与技术创新：小智AI获市场认可，源于强大技术优势。

◎ **大模型LLM：** 大语言模型，支持DeepSeek、Qwen、Doubao、OpenAI等大模型。

◎ **大模型TTS：** 文字转语音，支持EdgeTTS、火山引擎、CosyVoice等大模型。

◎ **流式语音对话：** 通过WebSocket或UDP协议实现。

◎ **多语言支持：** 支持国语、粤语、英语、日语、韩语等语言。

◎ **声纹识别：** 识别正在说话人的身份，通过3D Speaker实现。

◎ **离线唤醒：** 唤醒设备开始对话，通过ESP-SR实现，响应速度仅需0.6秒。

◎ **角色扮演：** 通过自定义提示词与音色设置，可模拟不同性格的角色。

◎ **记忆功能：** 支持短期记忆，记录对话上下文，实现连贯语音交互。

◎ **BOOT键：** 支持按键唤醒对话和按键打断对话功能，单击和长按两种触发方式。

◎ **显示屏：** 支持OLED/LCD等多种型号显屏，显示信号强弱、对话内容和图片表情。

（4）市场与用户：目前，小智AI的日活跃用户数超2万，月活超过10万。它能迅速收获大批用户，一方面说明硬件厂商在选择语音助手时有更多空间，这并非大厂专属；另一方面，也为同类语音助手创业项目提供了破局可能性。小智AI的爆火源于个体开发者和爱好者的动手实践，而非专业厂商推动。这预示着一个更加普惠和个性化的AI硬件时代正在到来，未来或许会催生出更多创新的AI硬件产品。

12.1.2 系统架构设计

本系统基于两个开源项目构建，GitHub仓库地址如下。

◎ **设备端：** https://github.com/78/xiaozhi-esp32。

◎ **服务端：** https://github.com/joey-zhou/xiaozhi-esp32-server-java。

本系统采用端-云协同架构，由ESP32设备端、管理配置平台和本地服务器三部分组成，如图12.2所示，将计算密集的LLM推理放在服务器，这种方法使ESP32这类资源受限设备也能享受大模型能力，支持本地化局域网部署和公有云互联网部署两种模式。

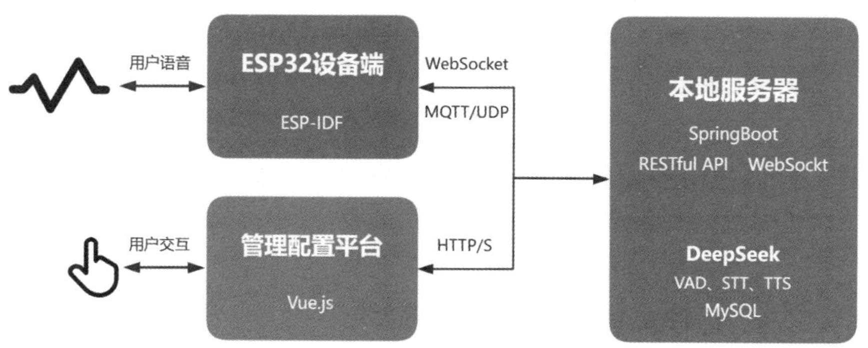

图12.2　AI聊天机器人系统架构

1. ESP32 设备端

◎ 基于乐鑫ESP32/ESP32-S3系列芯片。

◎ 基于ESP-IDF 5.3+，采用C/C++语言，遵循Google代码风格。

◎ 通过WebSocket或MQTT+UDP协议与本地服务器通信。

◎ 软件功能包含Wi-Fi配网、语音唤醒、按键唤醒/打断、显示屏驱动和音频传输等。

◎ 硬件模块包含麦克风阵列、扬声器、音频编解码模块、显示触摸屏、LED和按键等。

2. 管理配置平台

◎ 基于Vue.js的单体网页。

◎ 使用Vue Router进行页面路由管理。

◎ 通过Vuex进行状态管理。

◎ 通过axios与服务端API通信。

◎ 包含登录、设备管理、对话管理、角色管理等功能模块。

3. 本地服务器

（1）标准Spring Boot分层架构，提供RESTful API服务。

◎ **控制器层（Controller）**：处理HTTP请求。

◎ **服务层（Service）**：业务逻辑实现。

◎ **数据访问层（Dao/Mapper）**：数据库操作。

◎ **实体层（Entity）**：数据模型定义。

（2）WebSocket服务，提供实时语音通信能力。

◎ **LLM（Large Language Model）**：大语言模型，如DeepSeek。

◎ **VAD（Voice Activity Detection）**：语音活动检测。

◎ **STT（Speech-to-Text）**：语音转文字。

◎ **TTS（Text-to-Speech）**：文字转语音。

（3）公共组件模块。

◎ 全局异常处理。

◎ 认证拦截器。

◎ 各种工具类（音频处理、图像处理等）。

该AI聊天机器人系统通过边缘端硬件感知＋云端智能处理的混合架构，实现了低成本、高灵活性的智能交互方案。硬件层的灵活适配与固件层的模块化设计降低了入门门槛，服务端的Web管理平台与开放API则为企业级应用提供了扩展空间。无论是作为 AI 硬件开发入门项目，还是落地智能客服、儿童玩具、老人陪伴等场景，均展现出较强的技术可行性与商业潜力。

12.1.3 语音对话流程

AI聊天对话过程中的语音处理流程如图12.3所示，主要分如下几个阶段。

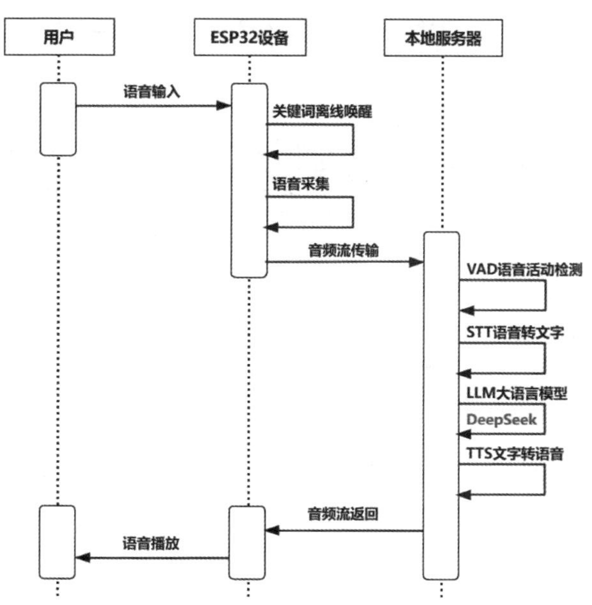

图 12.3　AI 聊天语音处理流程

（1）本地唤醒阶段。

◎ **触发条件：** 麦克风检测到预设唤醒词（如“Hi,乐鑫”“小康同学”）。

◎ **硬件响应：** LED 指示灯激活，屏幕显示“Listening...”。

◎ **协议交互：** 发送 {"type":"listen", "state":"detect"} 至服务器建立连接。

（2）音频传输阶段。

◎ **活动检测：** 语音活动检测，判断用户是否在说话，避免传输静音数据。

◎ **编码压缩：** 原始音频通过Opus编码（码率约6kbps）。

◎ **分帧传输：** 按512采样点分帧，通过WebSocket或UDP二进制流发送。

（3）服务器处理：如图12.4所示。

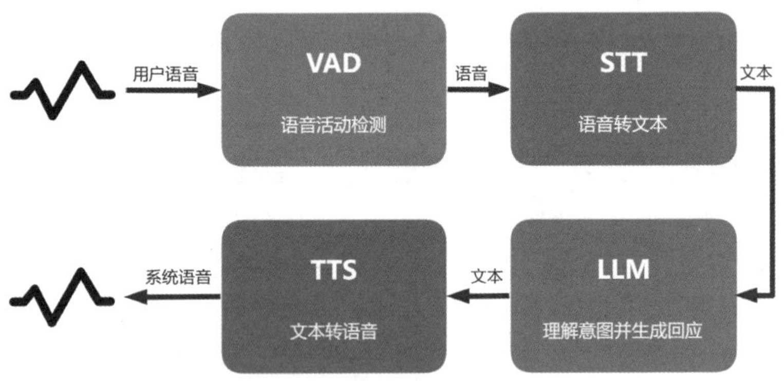

图12.4　服务器使用AI模型处理语音的流程

◎ **VAD分段：** 动态检测语音活动边界。

◎ **STT转换：** 语音实时转写为文本。

◎ **上下文管理：** 支持多轮对话记忆（通过session_id关联）。

◎ **LLM推理：** 将文本输入DeepSeek模型，生成响应内容。

◎ **TTS合成：** 文本生成语音，再传输回ESP32。

（4）音频回传阶段。

◎ **解码播放：** ESP32接收Opus音频流→解码为PCM→DAC输出。

◎ **状态更新：** 屏幕同步显示对话内容，LED随语音节奏闪烁。

12.1.4 本地应用场景

AI聊天机器人有广大的应用场景和实际案例，并且通过本地局域网部署，进一步提高安全性、稳定性和实时性，并降低长期使用成本。

1. 银行中的AI客服机器人

◎ **大堂经理：** AI机器人可以解答客户关于银行业务的常见问题，如开户、转账、贷款等，并引导客户到相应的服务区域。

◎ **个性化服务：** AI机器人可以根据客户的历史交易记录和偏好，提供个性化的理财建议和服务。

◎ **实际案例：** 建设银行上海浦东分行启用了国内首个“人形机器人银行大堂经理场景训练基地”，机器人接受业务咨询、分流、智慧柜员机操作指南等场景训练。

2. 酒店中的 AI 服务机器人

◎ **前台服务：** AI机器人可以提供多语种互动问答，帮助客人办理入住、退房手续，并推荐旅游路线。

◎ **物品递送：** 机器人可以将毛巾、洗漱用品、零食和外卖等物品送到客人房间，提升服务效率。

◎ **实际案例：** 云迹科技的机器人已覆盖30000多家酒店，完成超过5亿次服务，承担送物、清洁等工作；派宝机器人的智慧安保巡逻、智慧迎宾接待和智慧无人配送等场景，已应用于万豪、铂尔曼等国际知名酒店。

3. 工厂中的 AI 生产机器人

◎ **生产自动化：** AI机器人可以完成焊接、装配、搬运等重复性任务，提高生产效率。

◎ **质量检测：** 通过视觉识别技术，AI机器人可以实时检测产品质量，减少人工检测的误差。

◎ **实际案例：** 宁德时代智能工厂部署的200多台AMR机器人，实现电芯生产全流程自动化；宁波前湾新区实现多台人形机器人协同搬运、分拣和精密装配。

12.2 ESP32 设备端实现

AI聊天机器人设备端的硬件平台采用ESP32-S3-BOX-3应用开发套件，其核心处理器为ESP32-S3芯片，系统固件基于开源项目xiaozhi-esp32进行二次开发，其GitHub仓库地址为https://github.com/78/xiaozhi-esp32。

在本节内容中，我们将直接从项目框架和软件源码展开讲解，不再赘述ESP32开发的基础部分。

12.2.1 硬件平台（ESP32-S3-BOX-3）

如图12.5所示，乐鑫ESP32-S3-BOX-3是一款高性能的AIoT（人工智能物联网）开发套件，基于乐鑫的ESP32-S3 AI SoC设计，适用于智能家居、工业控制、语音交互、边缘计算等多种应用场景。

图12.5　ESP32-S3-BOX-3应用开发套件

以下是其主要特点和功能概述。

1. 核心硬件配置

◎ **处理器：**搭载Xtensa®32位LX7双核处理器，主频高达240MHz，支持AI加速指令集（向量指令），适用于机器学习、语音识别等任务。

◎ **内存与存储：**内置512KB SRAM，外置16MB Flash和8MB PSRAM，满足复杂AI算法运行需求。

◎ **无线连接：**支持Wi-Fi 4（2.4GHz）和蓝牙5（BLE），兼容Matter协议，可构建智能家居网关或终端设备。

◎ **外设接口：**提供45个可编程GPIO，支持电容触摸输入、USB、SPI、I2C、UART等，扩展性强。

2. AI 与语音交互能力

◎ **语音识别：**集成ESP-SR 语音识别框架，支持200多离线语音指令，可实现唤醒词检测、连续对话和打断唤醒。

◎ **AI 集成：**通过ESP-NN和ESP-DSP 库优化神经网络计算，适用于图像识别、语音处理等边缘 AI 应用。可对接DeepSeek等大模型，实现智能对话功能。

3. 开发套件生态

◎ **开发框架：**支持ESP-IDF（乐鑫官方 SDK）、Arduino、MicroPython，提供ESP-ADF（音频开发框架）和ESP-DL（深度学习库）。

◎ **丰富配件：**包含DOCK（扩展接口）、SENSOR（温湿度/雷达检测）、BREAD（面包板适配器）等，便于快速原型开发。

◎ **触控屏交互：**配备2.4 英寸电容触摸屏（320×240 分辨率），支持图形化 HMI（人机交互）设计。

◎ **音频支持：**内置麦克风、扬声器、音频编解码器（ES8311），适用于语音控制类应用。

4. 应用场景

◎ **智能家居：**作为语音中控、Matter 网关或智能设备主控。

◎ **工业IoT：**支持传感器数据采集、设备监控和低功耗边缘计算。

◎ **教育&创客：**适合 AI、物联网教学及 DIY 项目开发。

12.2.2 软件框架结构

AI聊天机器ESP32设备端按照软件框架结构分为四层：应用层、协议层、驱动层和框架层，如图 12.6所示。

◎ **应用层：**音频任务、屏幕任务、网络任务、按键任务。

◎ **协议层：**MQTT+UDP 或 WebSocket。

◎ **驱动层：**麦克风/扬声器、音频编解码、显示触摸屏、LED 和按键。

◎ **框架层：**ESP-IDF、ESP-SR、FreeRTOS。

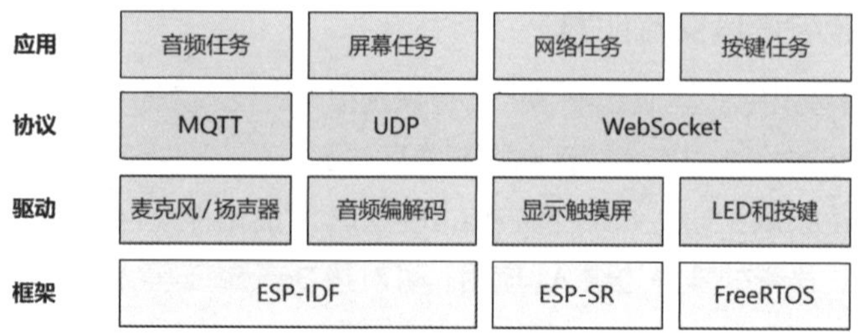

图12.6　AI聊天机器人ESP32设备端软件框架结构

按照代码文件路径则拆解成如下四个方面：核心代码目录、组件目录、系统构建和工具脚本。

1. 核心代码目录（main/）

（1）application/：主应用逻辑。

◎ **application.[h/cc]**：应用主类。

◎ **background_task.[h/cc]**：后台任务管理。

◎ **system_info.[h/cc]**：系统信息。

◎ **settings.[h/cc]**：配置管理。

（2）audio_processing/：音频处理。

◎ **audio_processor.[h/cc]**：音频流水线。

◎ **wake_word_detect.[h/cc]**：唤醒词检测。

（3）audio_codecs/：音频编解码。

◎ **es8311_audio_codec.[h/cc]**：ES8311驱动。

◎ **es8388_audio_codec.[h/cc]**：ES8388驱动。

◎ **no_audio_codec.[h/cc]**：空实现。

（4）boards/：硬件支持。

◎ 按开发板分类的子目录，每个板型包含：board_config.h、pins_config.h和CMakeLists.txt。

（5）display/：显示驱动。

◎ **lcd_display.[h/cc]**：LCD实现。

◎ **oled_display.[h/cc]**：OLED 实现。

2. 组件目录（managed_components/）

◎ ESP-IDF 标准组件库。

◎ 语音处理组件（ESP-SR）。

◎ 第三方库依赖。

3. 系统构建

◎ **CMakeLists.txt**：构建配置，包含项目版本定义、编译选项设置、组件依赖管理。

◎ **sdkconfig.defaults**：参数配置，包含功能模块开关、参数默认值、硬件特性配置。

◎ **partitions.csv**：分区表，包含 Flash 分区布局、OTA 分区配置、文件系统设置。

4. 工具脚本（scripts/）

◎ **flash.sh**：烧录脚本。

◎ **gen_lang.py**：语言生成。

◎ **release.py**：发布脚本。

◎ **Image_Converter/**：图像转换工具。

◎ **p3_tools/**：音频处理工具。

12.2.3 源码编译与固件下载

本节采用 Visual Studio Code 作为开发环境，配合 Espressif IDF 插件完成代码编辑、固件编译、下载烧录、日志调试等开发任务。具体操作步骤如下。

01 克隆源码：从 GitHub 仓库（地址 https://github.com/78/xiaozhi-esp32）克隆或下载源码到本地。

02 打开工程：打开 Visual Studio Code，选择并单击左上角 File→Open Folder...，然后选择并打开下载好的工程文件夹，如图 12.7 所示。

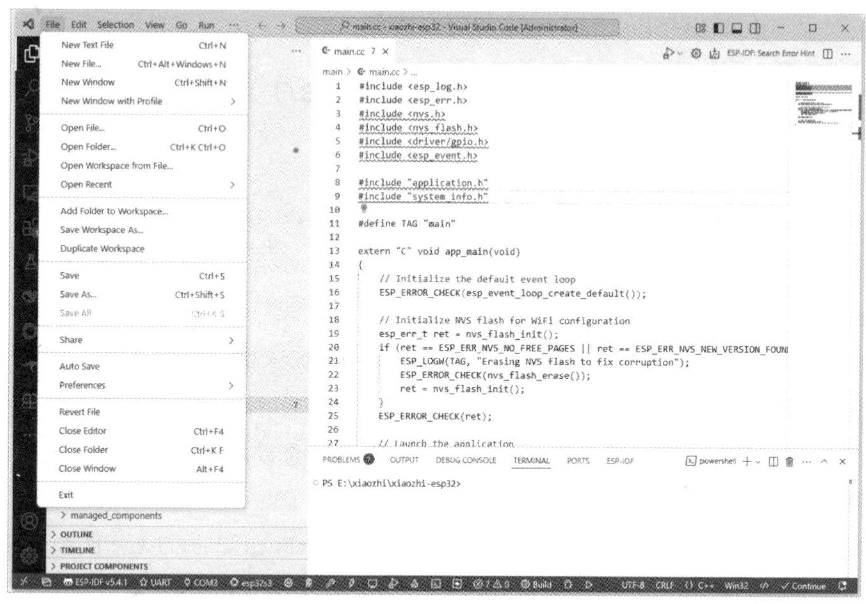

图 12.7　Visual Studio Code打开工程

03 连接串口：找到ESP32-S3-BOX-3开发套件左侧中间USB TypeC接口，USB TypeC线连接到计算机。

04 选择串口：在Visual Studio Code IDE左下角单击按钮，选择刚连接计算机的开发板的串口号。

05 选择目标芯片：在Visual Studio Code IDE左下角单击按钮，选择esp32s3。

06 SDK Configuration（menuconfig）：在Visual Studio Code IDE左下角单击按钮，进入SDK配置编辑（SDK Configuration editor）界面。

07 修改Partition Table：修改分区配置表，选择Partition Table→Custom Partition CSV file，修改成“partitions.csv”，如图12.8所示。

08 修改Board Type：修改开发板类型，选择Xiaozhi Assistant→Board Type，修改成“ESP BOX 3”，如图12.9所示。

09 修改Wake Words：修改唤醒词，选择ESP Speech Recognition→Select wake words，唤醒词可以多选，勾选“Hi，乐鑫”和“你好小智”，如图12.10所示。

图 12.8　SDK Configuration 修改 Partition Table

图 12.9　SDK Configuration 修改 Board Type

图 12.10　SDK Configuration 修改 Wake Words

10 编译源码：在 Visual Studio Code IDE 左下角单击按钮，即可编译整个工程源码，编译生成的二进制文件在当前项目文件夹路径下的 build 文件夹下，如图 12.11 所示。

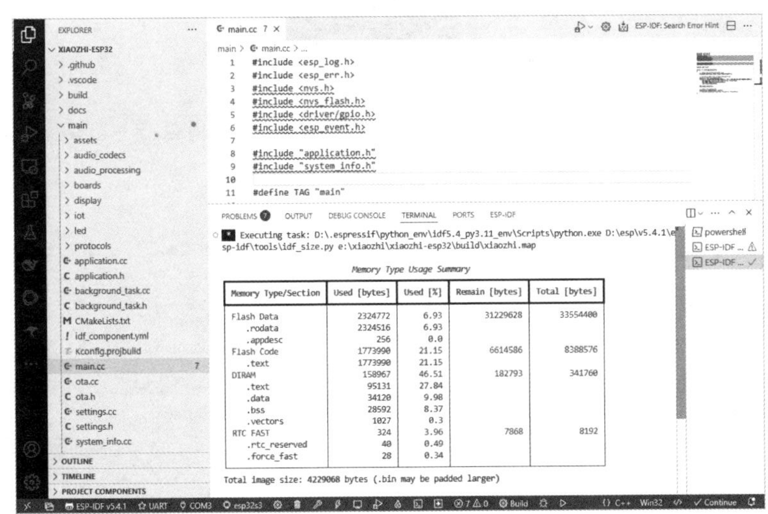

图 12.11　Visual Studio Code 编译源码

11 下载方式：在 Visual Studio Code 左下角单击按钮，选择 UART 下载方式。

12 下载固件：再单击按钮，即可将固件下载到 ESP32-S3 芯片上。

12.2.4 Wi-Fi配网功能实现

进入Wi-Fi配网模式的情况有三种：①ESP32-S3-BOX-3未配置Wi-Fi；②在ESP32-S3-BOX-3扫描Wi-Fi的过程中，按下BOOT按键；③ESP32-S3-BOX-3连接Wi-Fi超时。

ESP32-S3-BOX-3进入Wi-Fi配网模式的运行日志如图12.12所示，硬件屏幕显示如图12.13所示。

```
I (00:06:42.694) esp_netif_lwip: DHCP server started on interface WIFI_AP_DEF with IP: 192.168.4.1
I (00:06:42.694) WifiConfigurationAp: Access Point started with SSID Xiaozhi-7EB9
I (00:06:42.712) WifiConfigurationAp: Web server started
W (00:06:42.717) Application: Alert 配网模式: 手机连接热点 Xiaozhi-7EB9, 浏览器访问 http://192.168.4.1
```

图12.12 ESP32-S3-BOX-3进入Wi-Fi配网模式的运行日志

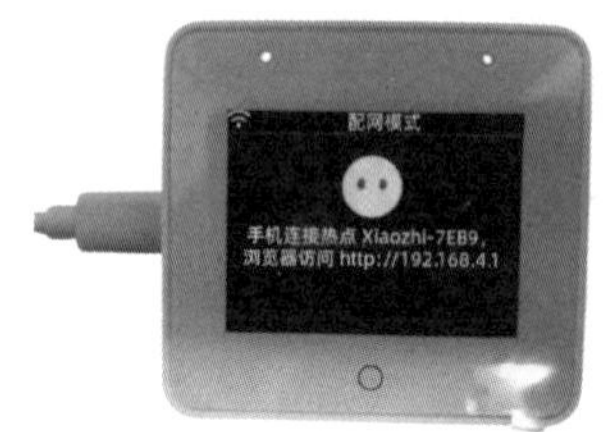

图12.13 ESP32-S3-BOX-3进入Wi-Fi配网模式

1. Wi-Fi配网

01 如图12.14所示，通过手机或电脑搜索附近Wi-Fi，选择“Xiaozhi-7EB9”并单击连接按钮。

02 如图12.15所示，通过浏览器访问“192.168.4.1”网址，进入ESP32-S3-BOX-3的Wi-Fi配置网页，输入Wi-Fi AP的SSID和密码，然后单击“连接”按钮。

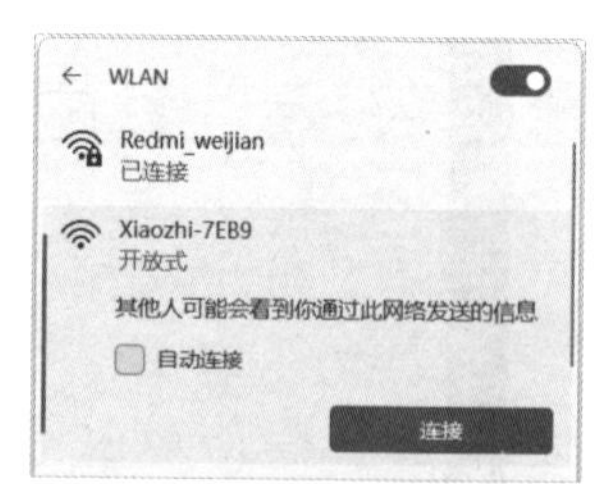

图12.14 搜索附近Wi-Fi选择并连接“Xiaozhi-7EB9”

03 ESP32-S3-BOX-3收到用户输入的Wi-Fi AP的SSID和密码后，将尝试连接该Wi-Fi AP，如果连接Wi-Fi成功后，则保存该Wi-Fi AP的SSID和密码并重启设备，退出Wi-Fi配网模式。

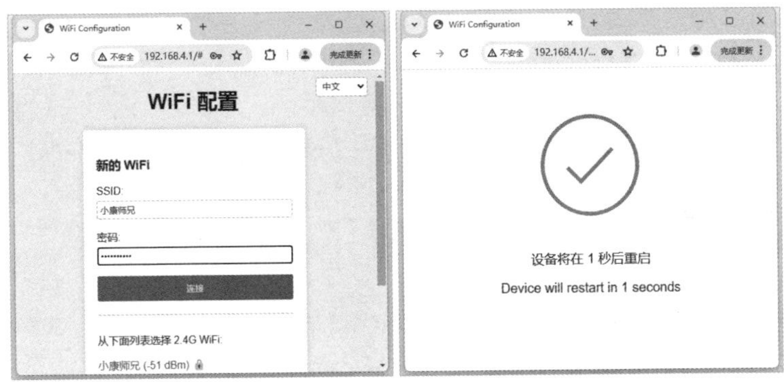

图 12.15　通过网页配置 Wi-Fi 名称和密码

2. Wi-Fi 配网的 ESP32-S3-BOX-3 运行日志

用户通过浏览器访问 Wi-Fi 配置网页时，ESP32-S3-BOX-3 会扫描附近 Wi-Fi 的名称和信号强度，并显示在 Wi-Fi 配置的网页上。该过程的运行日志如下：

```
I (00:01:48.494) WifiConfigurationAp: SSID: 小康师兄,
   RSSI: -51, Authmode: 3
I (00:01:48.496) WifiConfigurationAp: SSID: 超级卡, RSSI:
   -61, Authmode: 3
I (00:01:48.500) WifiConfigurationAp: SSID: Redmi_weijian,
   RSSI: -65, Authmode: 3
I (00:01:48.508) WifiConfigurationAp: SSID: CMCC-7uir,
   RSSI: -74, Authmode: 4
I (00:01:48.516) WifiConfigurationAp: SSID: Tenda, RSSI:
   -77, Authmode: 4
I (00:01:48.524) WifiConfigurationAp: SSID: cui, RSSI:
   -84, Authmode: 4
```

ESP32-S3-BOX-3 收到用户输入的 Wi-Fi AP 的 SSID 和密码后，将尝试连接该 Wi-Fi AP，如果连接 Wi-Fi 成功后，则保存该 Wi-Fi AP 的 SSID 和密码并重启设备，退出 Wi-Fi 配网模式。该过程的运行日志如下：

```
I (00:01:55.386) WifiConfigurationAp: Connecting to WiFi
```

```
  小康师兄
I (116833) wifi:connected with 小康师兄, aid = 3, channel 6,
  BW20, bssid = a2:d6:fe:24:bd:da
I (00:01:59.133) WifiConfigurationAp: Connected to WiFi 小
  康师兄
I (00:01:59.156) WifiConfigurationAp: Save SSID 小康师兄 12
I (00:02:02.335) WifiConfigurationAp: Rebooting...
```

ESP32-S3-BOX-3重启后，连接Wi-Fi的运行日志如下：

```
I (00:02:06.137) wifi: Found AP: 小康师兄, BSSID:
  a2:d6:fe:24:bd:da, RSSI: -52, Channel: 6, Authmode: 3
I (3733) wifi:connected with 小康师兄, aid = 5, channel 6,
  BW20, bssid = a2:d6:fe:24:bd:daI (3673) wifi:security:
  WPA2-PSK, phy: bgn, rssi: -56
I (00:02:10.702) wifi: Got IP: 192.168.43.70
I (00:02:10.703) esp_netif_handlers: sta ip:
  192.168.43.70, mask: 255.255.255.0, gw: 192.168.43.1
```

3. Wi-Fi配网的代码分析

ESP32-S3-BOX-3进入Wi-Fi配网模式，并且启动配网Web服务器的函数调用过程如图12.16所示。从ESP32-S3的入口函数app_main()开始，最终执行到组件目录（managed_components）中的WifiConfigurationAp::StartWebServer()函数，由该函数创建并启动配网Web服务器。

Wi-Fi配网过程中的核心类主要有4个，WifiBoard类、WifiConfigurationAp类、SsidManager类和WifiStation类。

◎ **WifiBoard类：**位于main/boards/common/wifi_board.cc，负责管理配网流程和网络连接等工作。

◎ **WifiConfigurationAp类：**位于managed_components/78__esp-wifi-connect/wifi_configuration_app.cc，负责创建AP热点和Web服务器等工作。

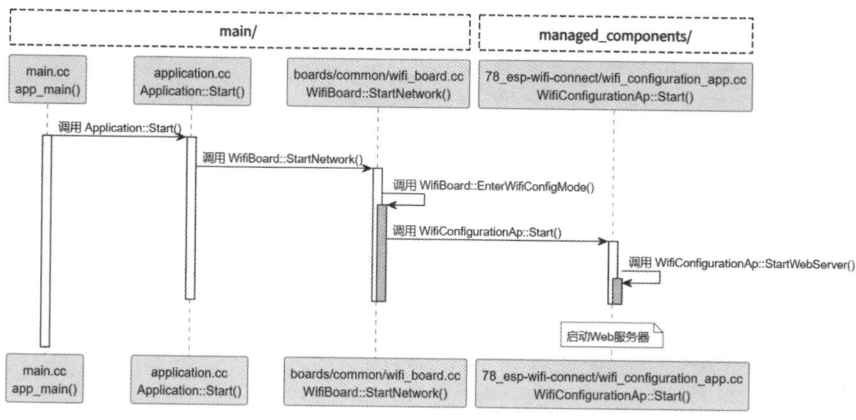

图 12.16　ESP32-S3-BOX-3 进入 Wi-Fi 配网模式并启动 Web 服务器的函数调用图

◎ **SsidManager 类：** 位于 managed_components/78__esp-wifi-connect/wifi_configuration_app.cc，负责使用 NVS 存储 Wi-Fi 配置，支持多个 SSID 和密码存储。

◎ **WifiStation 类：** 位于 managed_components/78__esp-wifi-connect/wifi_configuration_app.cc，负责扫描附近 Wi-Fi 和连接 Wi-Fi AP 等工作。

其中有两个关键函数，一个是关键转折函数 WifiBoard::StartNetwork() 函数，一个是关键核心函数 WifiConfigurationAp::StartWebServer()。

◎ **WifiBoard::StartNetwork () 函数：** 主要功能是启动网络连接，若满足特定条件则进入 Wi-Fi 配置模式。它还处理了 Wi-Fi 扫描、连接过程中的通知显示，并且在规定时间内无法连接时会尝试进入配置模式，WifiBoard::StartNetwork() 函数源码（注释说明版）如代码 12.1 所示。

◎ **WifiConfigurationAp::StartWebServer () 函数：** 主要功能是启动一个 Web 服务器，并注册多个 URI 处理程序，用于处理不同的 HTTP 请求，实现 Wi-Fi 配置相关的功能。

代码 12.1　WifiBoard::StartNetwork 函数（注释说明版）

```
// 该函数用于启动网络连接
void WifiBoard::StartNetwork() {
    // 用户在启动时可以按下 BOOT 按钮以进入 Wi-Fi 配置模式
```

```
if (wifi_config_mode_) {
    // 进入 Wi-Fi 配置模式
    EnterWifiConfigMode();
    return;
}

// 如果没有配置 Wi-Fi SSID，则进入 Wi-Fi 配置模式
// 获取 SsidManager 的单例对象
auto& ssid_manager = SsidManager::GetInstance();
// 获取 SSID 列表
auto ssid_list = ssid_manager.GetSsidList();
if (ssid_list.empty()) {
    // 标记为需要进入 Wi-Fi 配置模式
    wifi_config_mode_ = true;
    // 进入 Wi-Fi 配置模式
    EnterWifiConfigMode();
    return;
}

// 获取 WifiStation 的单例对象
auto& wifi_station = WifiStation::GetInstance();
// 当开始扫描 Wi-Fi 时，执行以下操作
wifi_station.OnScanBegin([this]() {
    // 获取显示屏对象
    auto display = Board::GetInstance().GetDisplay();
    // 显示正在扫描 Wi-Fi 的通知，持续 30000 毫秒
    display->ShowNotification(Lang::Strings::SCANNI
                NG_WIFI, 30000);
});
// 当开始连接到某个 Wi-Fi 时，执行以下操作
wifi_station.OnConnect([this](const std::string& ssid) {
    // 获取显示屏对象
    auto display = Board::GetInstance().GetDisplay();
    // 构建连接中的通知消息
    std::string notification = Lang::Strings::CONNECT_TO;
    notification += ssid;
```

```
        notification += "...";
        // 显示连接中的通知，持续 30000 毫秒
        display->ShowNotification(notification.c_str(), 30000);
    });
    // 当成功连接到某个 Wi-Fi 时，执行以下操作
    wifi_station.OnConnected([this](const std::string&
        ssid) {
        // 获取显示屏对象
        auto display = Board::GetInstance().GetDisplay();
        // 构建已连接的通知消息
        std::string notification = Lang::Strings::
            CONNECTED_TO;
        notification += ssid;
        // 显示已连接的通知，持续 30000 毫秒
        display->ShowNotification(notification.c_str(), 30000);
    });
    // 启动 Wi-Fi 连接
    wifi_station.Start();

    // 尝试在 60 秒内连接到 Wi-Fi，如果失败则启动 Wi-Fi 配置热点
    if (!wifi_station.WaitForConnected(60 * 1000)) {
        // 停止 Wi-Fi 连接
        wifi_station.Stop();
        // 标记为需要进入 Wi-Fi 配置模式
        wifi_config_mode_ = true;
        // 进入 Wi-Fi 配置模式
        EnterWifiConfigMode();
        return;
    }
}
```

12.2.5 设备激活功能实现

当ESP32-S3-BOX-3完成Wi-Fi配网并成功连接到服务器后，若该设

备此前未进行过激活操作，则会自动进入待激活状态（activating）。

此时，设备屏幕将显示一个验证码（见图12.17），同时设备会通过语音播报提示用户："请登录到控制面板添加设备，输入验证码689608"。以下是此过程的运行日志：

```
I (22:11:13.030) Application: STATE: activating
W (22:11:13.033) Application: Alert 激活设备 : xiaozhi.me
689608 [happy]
```

图12.17　ESP32-S3-BOX-3进入激活设备状态

ESP32-S3-BOX-3设备定时每分钟联网获取并刷新当前状态。如果设备仍未激活，它会重复进行语音播报提示。以下是此过程的运行日志：

```
I (22:15:34.606) Ota: Current version: 1.5.6
I (22:15:34.607) EspHttp: Opening HTTP connection to
    https://api.tenclass.net/xiaozhi/ota/
I (22:15:34.904) esp-x509-crt-bundle: Certificate
    validated
I (22:15:35.470) Ota: Current is the latest version
I (22:15:35.471) Ota: Running partition: ota_0
W (22:15:35.472) Application: Alert 激活设备 : xiaozhi.me
689608 [happy]
```

1. 设备激活的操作步骤

为了激活设备，用户可以通过打开浏览器，访问小智AI的管理配置平台（https://xiaozhi.me/console/agents），单击“添加设备”按钮，如图 12.18 所示，输入设备激活码，即可完成设备激活。

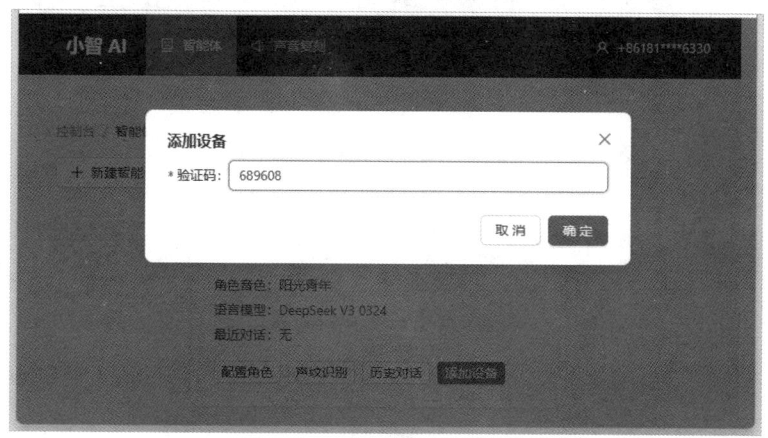

图 12.18　AI 聊天机器人的管理配置平台输入验证码激活设备

完成设备激活后，用户可以手动重启设备，或者等到定时时间到，设备自动联网获取数据并刷新设备状态，从“待激活（activating）”状态更新到“空闲（idle）”状态，运行日志如下：

```
I (22:16:40.128) Ota: Current version: 1.5.6
I (22:16:40.129) EspHttp: Opening HTTP connection to
   https://api.tenclass.net/xiaozhi/ota/
I (22:16:40.438) esp-x509-crt-bundle: Certificate
   validated
I (22:16:41.002) Ota: Current is the latest version
I (22:16:41.003) Ota: Running partition: ota_0
I (22:16:41.004) Application: STATE: idle
```

2. 设备激活的代码分析

ESP32-S3-BOX-3 通过 OTA 版本检查触发进入待激活状态，其函数调用流程如图 12.19 所示，具体流程如下。

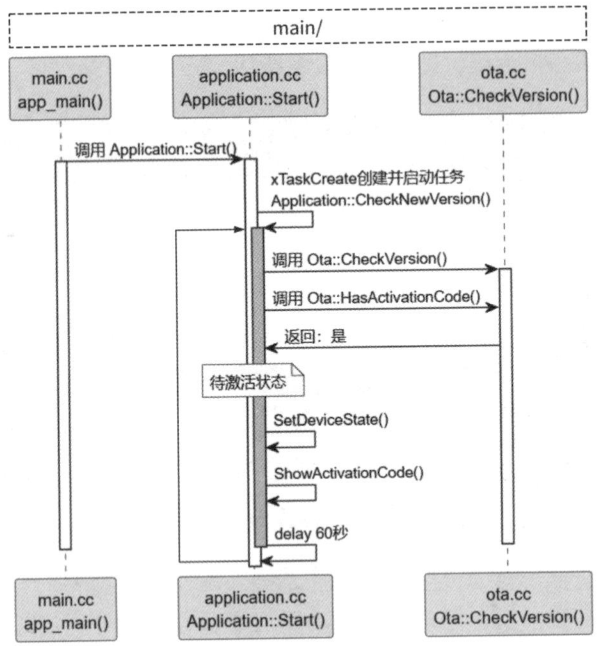

图 12.19　ESP32-S3-BOX-3进入待激活状态的函数调用

（1）初始化：从入口函数app_main()开始，在Application::Start()函数中通过xTaskCreate创建并启动任务，新任务执行Application::CheckNewVersion()函数。

（2）循环检查：Application::CheckNewVersion()函数处于一个while(true)循环中，首先调用Ota::CheckVersion()函数，从服务器获取固件信息和激活码信息。

（3）状态判断：调用Ota::HasActivationCode()函数，判断设备是否需要激活。

（4）待激活处理：如果设备需要激活，则进入以下过程。

◎ 调用Application::SetDeviceState()函数，设置当前设备状态为“待激活（activating）”。

◎ 调用ShowActivationCode()函数，同步完成激活码的界面显示与音频逐数字播报。

◎ 最后延时60秒后，进入下一个循环。

值得注意的是，设备本身不存储激活状态，相关状态由服务器统一管理，因此设备需定期联网查询当前设备状态，与服务器保持同步。

12.2.6 语音对话功能实现

语音对话是整个AI聊天机器人系统的核心，相关流程前文已经有所讲述，具体请查阅“12.1.3 语音对话流程”。

1. 语音对话的 ESP32-S3-BOX-3 运行日志

通过“小康同学”唤醒词唤醒ESP32-S3-BOX-3，然后进行一段简单的对话，该过程的运行日志如下：

```
I (22:39:15.928) WakeWordDetect: Encode wake word opus 0
   packets in 424 ms
I (22:39:15.931) Application: Wake word detected: 小康同学
I (22:39:15.932) Application: STATE: listening
I (22:39:15.984) Application: >> 小康同学
I (22:39:15.996) Application: STATE: speaking
I (22:39:18.649) Application: << 找我有啥事儿?
I (22:39:20.371) Application: STATE: listening
I (22:39:22.841) Application: >> 你是谁?
I (22:39:22.842) Application: STATE: speaking
I (22:39:23.171) Application: << 我是小康啊,你咋啦,不认识我了?
I (22:39:26.591) Application: STATE: listening
I (22:39:29.555) Application: >> 你来自哪里?
I (22:39:29.559) Application: STATE: speaking
I (22:39:29.849) Application: << 我来自福建厦门啊，你呢?
I (22:39:32.531) Application: STATE: listening
I (22:39:37.351) Application: STATE: speaking
I (22:39:37.353) Application: >> 我也是福建厦门。
I (22:39:37.717) Application: << 那咱们是老乡啊!
I (22:39:39.380) Application: << 在厦门玩得咋样?
I (22:39:41.179) Application: << 有啥新鲜事儿不?
```

```
I (22:39:43.031) Application: STATE: listening
I (22:39:46.446) Application: >> 暂时没有，拜拜。
I (22:39:46.449) Application: STATE: speaking
I (22:39:46.664) Application: STATE: listening
I (22:39:46.891) MQTT: Received goodbye message, session_
    id: 36527b83
I (44093) wifi:Set ps type: 1, coexist: 0

I (22:39:46.895) Application: STATE: idle
```

2. 语音对话的代码分析

ESP32-S3-BOX-3实现语音对话功能的函数调用流程如图12.20所示，具体流程如下。

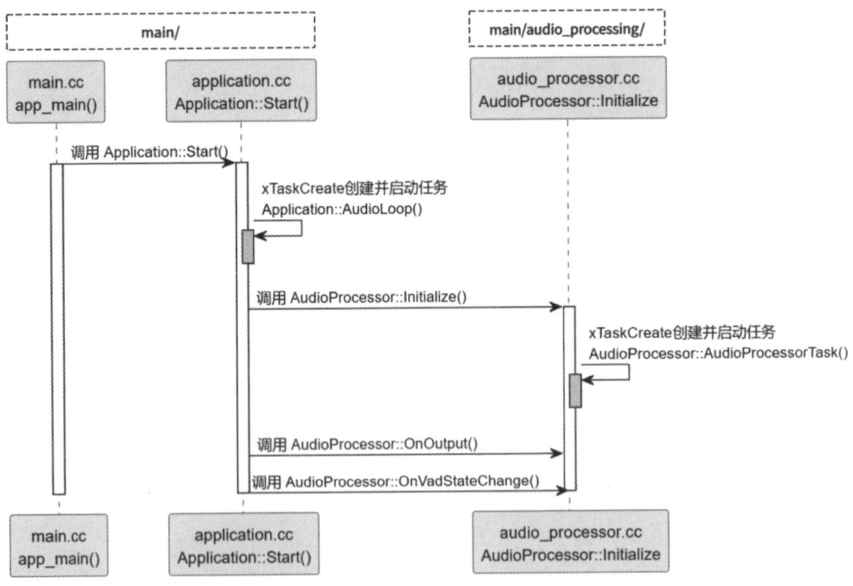

图12.20　ESP32-S3-BOX-3语音唤醒功能实现的函数调用图

（1）音频处理主任务：从入口函数app_main()开始，在Application::Start()函数通过xTaskCreate()创建并启动任务，新任务执行Application::AudioLoop()函数，该函数源码（注释说明版）如代码12.2所示，主要执行如下操作。

◎ 调用OnAudioInput ()函数采集麦克风数据，处理音频输入数据，然后通过Feed()函数传递给WakeWordDetect唤醒词侦测程序和AudioProcessor语音处理程序。

◎ 调用OnAudioOutput()函数处理音频输出数据，包括编解码和音频播放等操作。音频播放数据是通过Protocol:: OnIncomingAudio()函数从服务器获取得到的。

（2）初始化音频处理模块：从入口函数app_main()开始，在Application::Start()函数中调用AudioProcessor::Initialize()函数，该函数源码（注释说明版）如代码12.3所示。初始化唤醒词侦测模块，执行如下操作。

◎ 通过AudioCodec音频编解码模块，配置并构建音频输入通道。

◎ 调用esp_srmodel_init()函数加载语音处理模型（噪声抑制等）。

◎ 调用afe_config_init()函数初始化并配置音频前端处理参数。

◎ 通过xTaskCreate()创建并启动任务，新任务执行音频输入处理任务AudioProcessor::AudioProcessorTask()函数。

（3）注册音频输入数据处理输出回调函数：在Application::Start()函数中调用AudioProcessor::OnOutput()函数，注册音频输入数据处理输出回调函数。音频输入数据在音频处理任务中进行检测处理后，输出有效音频数据。该有效音频输出经过Opus编码压缩后，通过主线程调度上传到服务器。

（4）注册语音活动检测（VAD）回调函数：在Application::Start()函数中调用AudioProcessor::OnVadStateChange()函数，注册语音活动检测（VAD）回调函数。该回调用于实时监测语音活动状态变化，并通过主程序调度更新设备状态和LED指示。

（5）音频输入处理循环：AudioProcessor:: AudioProcessorTask ()函数处于一个while(true)循环中，执行如下操作。

◎ 调用afe_iface_->fetch_with_delay()函数获取音频处理数据，音频处理数据包含语音活动检测（VAD）状态和降噪处理后的音频数据。该函数源自ESP32官方语音识别库ESP-SR，是整个语音对话功能的核心。

◎ 通过语音活动检测（VAD）回调函数将通知传递回主程序Application。

◎ 通过音频输入数据处理输出回调函数将数据传递回主程序Application。

◎ 最后，进入下一个循环。

代码12.2 Application:: AudioLoop函数（注释说明版）

```
// 音频处理主循环：负责音频数据的输入采集和输出播放
void Application::AudioLoop() {
    auto codec = Board::GetInstance().GetAudioCodec();
                                   // 获取音频编解码器实例
    while (true) {                 // 无限循环处理音频流程
        OnAudioInput(); // 处理音频输入（采集麦克风数据）
        if (codec->output_enabled()) { // 如果输出功能已启用
            OnAudioOutput();   // 处理音频输出（播放到扬声器）
        }
    }
}
```

代码12.3 AudioProcessor:: Initialize函数（注释说明版）

```
// 音频处理器初始化函数
void AudioProcessor::Initialize(AudioCodec* codec, bool
realtime_chat) {
    // 存储编解码器指针
    codec_ = codec;
    // 计算参考通道数量（根据编解码器是否支持输入参考）
    int ref_num = codec_->input_reference() ? 1 : 0;

    // 构建输入格式字符串
    std::string input_format;
    // 主麦克风通道（M: Main）
    for (int i = 0; i < codec_->input_channels() - ref_
     num; i++) {
        input_format.push_back('M');
    }
    // 参考通道（R: Reference）
```

```
for (int i = 0; i < ref_num; i++) {
    input_format.push_back('R');
}

// 初始化语音处理模型
srmodel_list_t *models = esp_srmodel_init("model");
                                              // 加载模型目录
char* ns_model_name = esp_srmodel_filter(models, ESP_
    NSNET_PREFIX, NULL);  // 获取噪声抑制模型

// 初始化音频前端（AFE）配置
afe_config_t* afe_config = afe_config_init(
    input_format.c_str(),  // 输入通道格式（M/R 组合）
    NULL,                  // 无输出格式
    AFE_TYPE_VC,           // 语音通信类型
    AFE_MODE_HIGH_PERF     // 高性能模式
);

// 配置回声消除（AEC）
if (realtime_chat) {
    afe_config->aec_init = true;  // 启用 AEC
    afe_config->aec_mode = AEC_MODE_VOIP_LOW_COST;
// 使用 VOIP 低成本模式
} else {
    afe_config->aec_init = false;  // 禁用 AEC
}

// 配置噪声抑制（NS）
afe_config->ns_init = true; // 启用噪声抑制
afe_config->ns_model_name = ns_model_name;
                                  // 指定神经网络噪声抑制模型
afe_config->afe_ns_mode = AFE_NS_MODE_NET;
                                  // 使用网络模式噪声抑制

// 配置语音活动检测（VAD）
```

```
    if (realtime_chat) {
        afe_config->vad_init = false; // 实时通话时禁用VAD
    } else {
        afe_config->vad_init = true;  // 启用VAD
        afe_config->vad_mode = VAD_MODE_0; // 设置VAD模式
        afe_config->vad_min_noise_ms = 100;
                                // 设置最小静音持续时间（毫秒）
    }

    // 其他配置
    afe_config->afe_perferred_core = 1; // 指定运行核心
    afe_config->afe_perferred_priority = 1; // 任务优先级
    afe_config->agc_init = false; // 禁用自动增益控制
    afe_config->memory_alloc_mode = AFE_MEMORY_ALLOC_
                MORE_PSRAM;  // 优先使用PSRAM内存

    // 创建音频前端处理实例
    afe_iface_ = esp_afe_handle_from_config(afe_config);
    afe_data_ = afe_iface_->create_from_config(afe_config);

    // 创建音频处理任务（FreeRTOS任务）
    xTaskCreate([](void* arg) {
        auto this_ = (AudioProcessor*)arg;
        this_->AudioProcessorTask();  // 运行音频处理循环
        vTaskDelete(NULL);            // 任务完成后自我删除
    }, "audio_communication", 4096, this, 3, NULL);
                                  // 任务名称/堆栈大小/优先级
}
```

12.2.7 离线唤醒和对话打断功能实现

（1）核心目的：离线唤醒和对话打断功能的目的都是将设备从当前状态切换到“聆听（listening）”状态，只是触发的初始状态不一样：

◎ **离线唤醒：**设备从“空闲（idle）”状态切换至“聆听（listening）”

状态。

◎ **对话打断：**设备从“说话（speaking）”状态切换至“聆听（listening）”状态。

（2）触发方式：用户可通过以下两种方式实现离线唤醒和对话打断。

◎ **按键触发：**通过短按设备上的BOOT按键。

◎ **语音触发：**通过说出预设的唤醒词（如你好小智、小康同学等）。

1. 通过按键触发离线唤醒和对话打断

通过按键触发离线唤醒和对话打断功能的代码实现主要集中在两个关键环节。

◎ **按键初始化函数：**在按键初始化函数InitializeButtons()，通过绑定BOOT按键的单击事件，实现功能的核心逻辑。当用户按下BOOT按键时，系统会触发相应的回调函数。该函数源码（注释说明版）如代码12.4所示。

◎ **回调函数执行：**在回调函数中，程序会调用关键的状态切换函数ToggleChatState()，从而实现设备状态的切换。例如，从“空闲”状态切换到“聆听”状态，或者从“说话”状态切换到“聆听”状态。这一过程确保了用户可以通过简单的按键操作，快速唤醒设备或打断当前对话，提升交互的便捷性和响应速度。该函数源码（注释说明版）如代码12.5所示。

代码12.4 esp_box3_board.cc InitializeButtons函数（注释说明版）

```
void InitializeButtons() {
    // 初始化 BOOT 按键的单击事件处理
    boot_button_.OnClick([this]() {
        // 获取应用单例实例
        auto& app = Application::GetInstance();

        /*
         * 特殊处理逻辑：当设备处于启动状态且未连接 WiFi 时
         * 则执行 WiFi 配置重置操作
         */
        if (app.GetDeviceState() == kDeviceStateStarting
```

```
            && !WifiStation::GetInstance().IsConnected()) {
            ResetWifiConfiguration();
        }

        // 无论是否重置 WiFi 配置，最终都会切换设备聊天状态
        // 执行状态切换逻辑（空闲 / 连接中 / 说话 / 聆听等状态切换）
        app.ToggleChatState();
    });
}
```

代码12.5 Application::ToggleChatState函数（注释说明版）

```
void Application::ToggleChatState() {
    // 如果设备正在激活状态，则切换为空闲状态
    if (device_state_ == kDeviceStateActivating) {
        SetDeviceState(kDeviceStateIdle);
        return;
    }

    // 检查协议是否初始化，未初始化则报错返回
    if (!protocol_) {
        ESP_LOGE(TAG, "Protocol not initialized");
        return;
    }

    // 根据当前设备状态执行不同操作
    if (device_state_ == kDeviceStateIdle) {
        // 空闲状态下调度异步任务：连接并打开音频通道
        Schedule([this]() {
            SetDeviceState(kDeviceStateConnecting);
            if (!protocol_->OpenAudioChannel()) {
                return;  // 打开音频通道失败则返回
            }

            // 根据实时聊天标志设置监听模式
            SetListeningMode(realtime_chat_enabled_ ?
```

```
kListeningModeRealtime : kListeningModeAutoStop);
        });
    } else if (device_state_ == kDeviceStateSpeaking) {
        // 说话状态下调度异步任务：中止说话
        Schedule([this]() {
            AbortSpeaking(kAbortReasonNone);
        });
    } else if (device_state_ == kDeviceStateListening) {
        // 监听状态下调度异步任务：关闭音频通道
        Schedule([this]() {
            protocol_->CloseAudioChannel();
        });
    }
}
```

2. 通过语音触发离线唤醒和对话打断

ESP32-S3-BOX-3实现语音唤醒功能的函数调用流程如图12.21所示，具体流程如下。

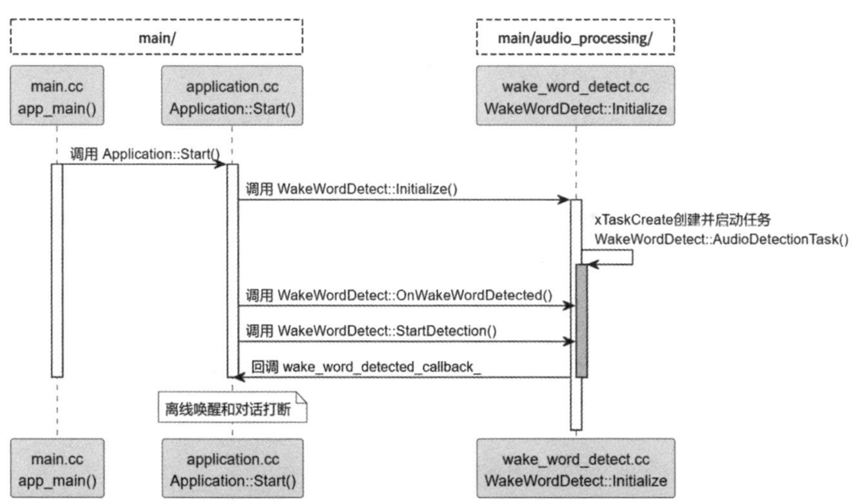

图12.21　ESP32-S3-BOX-3语音唤醒功能实现的函数调用

（1）初始化唤醒词侦测：从入口函数app_main()开始，在Application::

Start()函数中调用WakeWordDetect::Initialize()函数，该函数源码（注释说明版）如代码12.6所示。初始化唤醒词侦测模块，执行如下操作。

◎ 调用esp_srmodel_init()函数加载语音模型。

◎ 调用afe_config_init()函数初始化并配置音频前端处理参数。

◎ 通过xTaskCreate()创建并启动任务，新任务执行语音循环侦测函数WakeWordDetect::AudioDetectionTask()函数。

（2）注册唤醒词侦测回调函数：在Application::Start()函数中调用WakeWordDetect::OnWakeWordDetected()函数，注册语音唤醒词侦测回调函数，该函数源码（注释说明版）如代码12.8所示。主要执行设备状态切换操作，根据设备的当前状态（如空闲、说话、待激活）执行不同的操作。

（3）启动唤醒词侦测：在Application::Start()函数中调用WakeWordDetect::StartDetection()函数，启动唤醒词侦测。

（4）唤醒词循环侦测：WakeWordDetect::AudioDetectionTask()函数处于一个while(true)循环中，该函数源码（注释说明版）如代码12.7所示，执行如下操作：

◎ 调用afe_iface_->fetch_with_delay()函数获取音频特征数据，包含唤醒状态和唤醒词索引等。该函数源自ESP32官方语音识别库ESP-SR，是整个语音唤醒词侦测功能的核心。

◎ 调用StroeWakeWordData()函数，存储唤醒词原始数据，用于后续声纹识别。

◎ 如果唤醒状态是已侦测到，则调用StopDetection()函数停止侦测，然后调用唤醒词侦测回调函数。

◎ 最后进入下一个循环。

代码12.6 WakeWordDetect:: Initialize函数（注释说明版）

```
/**
 * @brief 初始化唤醒词检测模块（核心初始化流程）
 *
 * @param codec 音频编解码器实例指针，负责音频输入输出处理
 */
```

```
void WakeWordDetect::Initialize(AudioCodec* codec) {
    // 音频编解码器绑定
    codec_ = codec;  // 保存编解码器实例用于后续操作
    int ref_num = codec_->input_reference() ? 1 : 0;
                                   // 计算参考声道数量（用于回声消除）

    /* --- 语音模型初始化阶段 --- */
    // 从文件系统加载语音识别模型
    srmodel_list_t *models = esp_srmodel_init("model");
                                          // "model" 为模型存储目录
    // 遍历模型列表寻找唤醒词模型
    for (int i = 0; i < models->num; i++) {
        ESP_LOGI(TAG, "发现模型 %d: %s", i, models->model_
                name[i]);  // 输出模型信息日志

        // 筛选唤醒词模型（模型名称包含特定前缀）
        if (strstr(models->model_name[i], ESP_WN_PREFIX)
            != NULL) {
            wakenet_model_ = models->model_name[i];
                                              // 记录唤醒词模型名称

            // 解析模型关联的唤醒词列表（格式："词1;词2;..."）
            auto words = esp_srmodel_get_wake_words
                         (models, wakenet_model_);
            std::stringstream ss(words);
                                              // 创建字符串流用于分割
            std::string word;
            while (std::getline(ss, word, ';')) {
                                              // 按分号分割唤醒词
                wake_words_.push_back(word);
                                              // 存入唤醒词集合
            }
        }
    }
```

```
/* --- 音频前端配置阶段 --- */
// 构建输入格式字符串（M- 主声道 R- 参考声道）
std::string input_format;
// 填充主声道标识（总声道数 - 参考声道数）
for (int i = 0; i < codec_->input_channels() - ref_
    num; i++) {
    input_format.push_back('M');
}
// 填充参考声道标识（用于回声消除）
for (int i = 0; i < ref_num; i++) {
    input_format.push_back('R');
}

// 初始化音频前端配置参数
afe_config_t* afe_config = afe_config_init(
    input_format.c_str(), // 声道格式字符串（如 "MMR"）
    models,               // 语音模型列表
    AFE_TYPE_SR,          // 语音识别专用模式
    AFE_MODE_HIGH_PERF    // 高性能模式(低延迟、高资源占用)
);

// 高级配置参数设定
afe_config->aec_init = codec_->input_reference();
                                  // 是否启用回声消除
afe_config->aec_mode = AEC_MODE_SR_HIGH_PERF;
                                  // 高级别回声消除模式
afe_config->afe_perferred_core = 1;
                            // 指定运行核心（通常为协处理核心）
afe_config->afe_perferred_priority = 1;
                            // 任务优先级
afe_config->memory_alloc_mode = AFE_MEMORY_ALLOC_
            MORE_PSRAM;  // 优先使用 PSRAM 内存

// 创建音频前端实例
afe_iface_ = esp_afe_handle_from_config(afe_config);
```

```
                                                        // 获取接口句柄
    afe_data_ = afe_iface_->create_from_config(afe_config);
                                                        // 创建数据实例

    /* --- 任务创建阶段 --- */
    // 创建音频检测任务（FreeRTOS 任务）
    xTaskCreate(
        [](void* arg) {   // FreeRTOS 任务入口函数
            auto this_ = (WakeWordDetect*)arg;
                                                // 通过参数传递类实例
            this_->AudioDetectionTask();
                                                // 执行核心检测循环
            vTaskDelete(NULL);                  // 任务结束自动删除
        },
        "audio_detection",   // 任务名称（用于调试）
        4096,                // 任务堆栈大小（单位：字节）
        this,                // 传递当前类实例指针
        3,                   // 任务优先级（数字越大优先级越高）
        nullptr              // 任务句柄指针（此处不需要）
    );
}
```

初始化唤醒词侦测过程中，ESP32-S3-BOX-3 的运行日志如下：

```
I (22:39:11.371) WakeWordDetect: Model 0: wn9_
    xiaokangtongxue_tts2
MC Quantized wakenet9: wakenet9l_tts2h12_小康同学
    _3_0.636_0.640, trigger:v3, mode:0, p:0, (Feb 18 2025
    12:00:54)
I (22:39:11.508) WakeWordDetect: Audio detection task
    started, feed size: 512 fetch size: 512
I (22:39:11.518) Application: STATE: idle
```

代码 12.7　WakeWordDetect:: AudioDetectionTask 函数（注释说明版）

```
/**
```

```
 * @brief 音频检测任务主函数，持续监听并处理音频数据
 *
 * 该任务负责：
 * 1. 从音频前端接口获取音频数据块
 * 2. 存储唤醒词数据用于声纹识别
 * 3. 检测到唤醒词后触发回调函数
 */
void WakeWordDetect::AudioDetectionTask() {
    // 获取音频处理参数
    auto fetch_size = afe_iface_->get_fetch_chunksize(afe_
                     data_);    // 每次获取的音频数据块大小
    auto feed_size = afe_iface_->get_feed_chunksize(afe_
                    data_);     // 每次喂入的音频数据块大小
    ESP_LOGI(TAG, "音频检测任务已启动，feed size: %d, fetch
             size: %d", feed_size, fetch_size);

    while (true) {
        // 等待检测运行事件标志位
        xEventGroupWaitBits(event_group_,
                            DETECTION_RUNNING_EVENT,
                            pdFALSE, pdTRUE,
                            portMAX_DELAY);

        // 获取音频特征数据（带超时等待）
        // 返回值结构体包含：
        // - data：音频特征数据指针
        // - data_size：数据长度
        // - wakeup_state：唤醒状态码
        // - wake_word_index：唤醒词索引
        auto res = afe_iface_->fetch_with_delay(afe_data_,
                                portMAX_DELAY);
        if (res == nullptr || res->ret_value == ESP_FAIL) {
            continue;  // 获取失败则跳过本次循环
        }
```

```
            // 存储唤醒词原始数据，用于后续声纹识别等处理
            // 参数说明：
            // - (uint16_t*)res->data: 音频数据指针
            // - res->data_size / sizeof(uint16_t): 音频数据长
               度（采样点数）
            StoreWakeWordData((uint16_t*)res->data, res->data_
                                 size / sizeof(uint16_t));

            // 检测到唤醒词时的处理
            if (res->wakeup_state == WAKENET_DETECTED) {
                StopDetection();    // 停止当前检测流程
                last_detected_wake_word_ = wake_words_[res-
                    >wake_word_index - 1];
                                    // 记录最后检测到的唤醒词

                // 如果注册了回调函数，则执行唤醒词检测回调
                if (wake_word_detected_callback_) {
                    wake_word_detected_callback_(
                        last_detected_wake_word_);
                }
            }
        }
}
```

代码 12.8 注册唤醒词检测回调函数（注释说明版）

```
// 注册唤醒词检测回调（核心事件处理入口）
wake_word_detect_.OnWakeWordDetected([this](const
    std::string& wake_word) {
    // 将处理逻辑加入异步任务队列（确保线程安全）
    Schedule([this, &wake_word]() {
        /* 状态机处理：根据当前设备状态执行不同操作 */

        // 场景 1：设备处于空闲状态（触发正常唤醒流程）
        if (device_state_ == kDeviceStateIdle) {
            SetDeviceState(kDeviceStateConnecting);
```

```
                                                // 进入连接准备状态

        // 阶段 1：编码唤醒词音频数据
        wake_word_detect_.EncodeWakeWordData();
                                        // 将原始 PCM 数据转为 Opus 格式

        // 阶段 2：建立音频通道
        if (!protocol_->OpenAudioChannel()) {
                                                // 连接服务器失败处理
            wake_word_detect_.StartDetection();
                                                // 重启唤醒词检测
            return;
        }

        // 阶段 3：传输唤醒词数据
        std::vector<uint8_t> opus;  // Opus 编码缓冲区
        // 循环获取编码后的唤醒词数据块并发送
        while (wake_word_detect_.
               GetWakeWordOpus(opus)) {
            protocol_->SendAudio(opus);
                                                // 发送到云端服务
        }

        // 阶段 4：通知服务端唤醒完成
        protocol_->SendWakeWordDetected(wake_word);
                                                // 发送唤醒词文本
        ESP_LOGI(TAG, "检测到唤醒词：%s", wake_word.c_
                 str());  // 记录日志

        // 设置监听模式（实时模式 / 自动停止模式）
        SetListeningMode(realtime_chat_enabled_ ?
                         kListeningModeRealtime :
                         kListeningModeAutoStop);

    // 场景 2：设备处于说话状态（触发对话打断）
    } else if (device_state_ == kDeviceStateSpeaking) {
```

```
        AbortSpeaking(kAbortReasonWakeWordDetected);
                                        // 终止当前语音播报

    // 场景 3：设备处于激活状态（异常状态恢复）
    } else if (device_state_ ==
                kDeviceStateActivating) {
        SetDeviceState(kDeviceStateIdle);
                                        // 重置为初始状态

    }
  });
});
```

语音触发唤醒词“小康师兄”过程中，ESP32-S3-BOX-3的运行日志如下：

```
I (23:10:53.919) WakeWordDetect: Encode wake word opus 0
   packets in 413 ms
I (23:10:53.922) Application: Wake word detected: 小康同学
I (23:10:53.923) Application: STATE: listening
```

12.3 本地服务器实现

AI聊天机器人的本地服务器基于前后端分离架构，后端服务基于Java语言，采用Spring Boot框架。前端服务（管理配置平台）基于JavaScript语言，采用Vue.js框架，搭配Ant Design样式库。项目代码已托管至 GitHub，仓库地址为https://github.com/joey-zhou/xiaozhi-esp32-server-java。

12.3.1 软件框架结构

本项目采用前后端分离架构，后端基于Spring Boot分层设计，集成WebSocket和多种AI能力（STT/TTS/LLM）。前端为Vue.js单页应用，使用Vue Router和Vuex管理路由与状态。系统支持RESTful API和WebSocket

双协议，配备完整用户权限管理，兼具高效性与安全性。

1. 后端 Spring Boot（src/main/）

（1）resources/：资源配置文件。

◎ **application.properties：** Spring Boot核心配置、数据库连接配置和文件存储等。

（2）java/com/xiaozhi/：后端服务源码。

◎ **XiaozhiApplication.java：** Spring Boot主启动类。

◎ **controller/：** REST API接口层，包含设备管理、消息管理和用户管理等接口。

◎ **service/：** 业务服务层，包含系统配置、设备信息、聊天记录、系统角色等的实现。

◎ **dao/：** 数据访问层接口。

◎ **mapper/：** MyBatis映射文件。

◎ **common/：** 公共基础模块，包含Web配置、Web通用组件、拦截器、全局异常处理等模块。

◎ **security/：** 安全认证模块。

◎ **utils/：** 工具类（音频处理和Opus编解码等）。

◎ **entity/：** 数据库实体类。

（3）java/com/xiaozhi/websocket/：WebSocket核心模块。

◎ **config/：** WebSocket配置。

◎ **handler/：** WebSocket处理器。

◎ **llm/：** 大语言模型交互。

◎ **stt/：** 语音识别服务。

◎ **tts/：** 文本转语音服务。

◎ **service/：** WebSocket服务层。

◎ **vad/：** 语音活动检测。

2. 前端 Vue（web/）

（1）src/：前端源码。

◎ App.vue：根组件。

◎ main.js：入口文件。

◎ components/：公共组件。

◎ router/：路由配置。

◎ store/：Vuex状态管理。

◎ services/：API服务。

◎ utils/：工具类。

◎ views/：页面视图。

（2）package.json：前端依赖配置。

3. 资源配置文件

（1）pom.xml：Maven项目配置。

（2）models/：模型文件。

（3）db/：SQL脚本。

（4）docs/：文档和图片资源。

12.3.2 本地环境准备

本地服务器系统要求必须安装的环境如下：

◎ Java JDK 8及以上版本。

◎ MySQL数据库5.7及以上版本（用于存储数据）。

◎ FFmpeg（用于音频处理）。

本节将介绍如何安装这些依赖软件，软件安装的方式有很多种，下面只是介绍了其中的一种，读者也可以选择不同的方式进行安装。如果读者系统已经安装好这些软件，可以跳过安装步骤。

1. 安装 Scoop（非必需）

Scoop 是一款专门为 Windows 系统打造的轻量级包管理工具。借助 Scoop，用户能够以简洁高效的命令行操作，快速完成各类软件的安装与配置。因此，对于本项目而言，尽管Scoop并非不可或缺，但使用 Scoop 处理软件安装事务，不仅能大幅简化操作流程，还能显著节省时间成本，让软件管理变得轻松又便捷。

打开PowerShell，输入以下命令进行安装，安装效果如图12.22所示。

```
Set-ExecutionPolicy -ExecutionPolicy RemoteSigned -Scope
    CurrentUser
irm get.scoop.sh | iex
```

```
PS C:\Users\kongt> Set-ExecutionPolicy -ExecutionPolicy RemoteSigned -Scope CurrentUser
>> irm get.scoop.sh | iex

执行策略更改
执行策略可帮助你防止执行不信任的脚本。更改执行策略可能会产生安全风险，如 https:/go.microsoft.com/fwlink/?LinkID=135170
中的 about_Execution_Policies 帮助主题所述。是否要更改执行策略?
[Y] 是(Y)  [A] 全是(A)  [N] 否(N)  [L] 全否(L)  [S] 暂停(S)  [?] 帮助 (默认值为“N”): A
Initializing...
Downloading...
Creating shim...
Adding ~\scoop\shims to your path.
Scoop was installed successfully!
Type 'scoop help' for instructions.
```

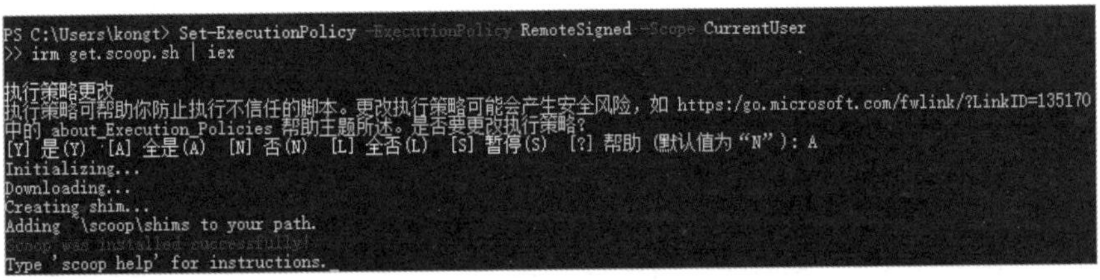

图12.22　Scoop安装的第一种方式

该方式有可能安装失败，如果遇到报错中断安装，则可以选择使用另一种方式。输入以下命令进行安装，安装效果如图12.23所示。

```
irm get.scoop.sh -outfile install.ps1
.\install.ps1 -RunAsAdmin
```

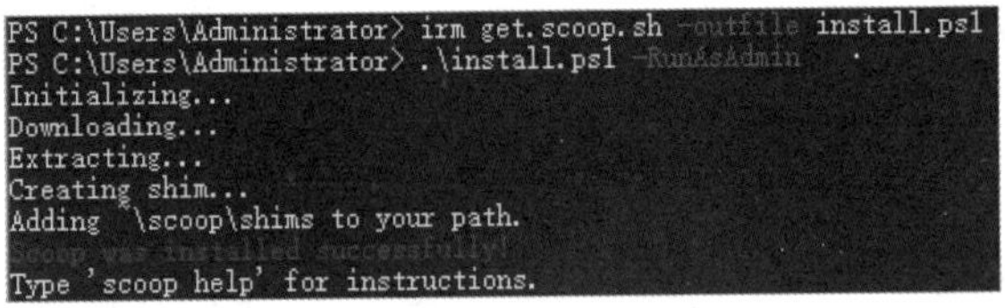

```
PS C:\Users\Administrator> irm get.scoop.sh -outfile install.ps1
PS C:\Users\Administrator> .\install.ps1 -RunAsAdmin
Initializing...
Downloading...
Extracting...
Creating shim...
Adding ~\scoop\shims to your path.
Scoop was installed successfully!
Type 'scoop help' for instructions.
```

图12.23　Scoop安装的第二种方式

Scoop安装成功后，输入以下命令进行查验，如图12.24所示。

```
scoop -version
```

```
PS C:\Users\Administrator> scoop --version
Current Scoop version:
v0.5.2 - Released at 2024-07-26
```

图12.24　查看Scoop版本

2. 安装 FFmpeg（必需）

使用Scoop安装FFmpeg，打开PowerShell，输入以下命令进行安装，如图12.25所示。

```
scoop install ffmpeg
```

```
PS C:\Users\Administrator> scoop install ffmpeg
Installing '7zip' (24.09) [64bit] from 'main' bucket
7z2409-x64.msi (1.9 MB) [==================================================] 100%
Checking hash of 7z2409-x64.msi ... ok.
Extracting 7z2409-x64.msi ... done.
Linking ~\scoop\apps\7zip\current => ~\scoop\apps\7zip\24.09
Creating shim for '7z'.
Creating shim for '7zFM'.
Making C:\Users\Administrator\scoop\shims\7zfm.exe a GUI binary.
Creating shim for '7zG'.
Making C:\Users\Administrator\scoop\shims\7zg.exe a GUI binary.
Creating shortcut for 7-Zip (7zFM.exe)
Persisting Codecs
Persisting Formats
Running post_install script...done.
'7zip' (24.09) was installed successfully!
Notes
-----
Add 7-Zip as a context menu option by running: "C:\Users\Administrator\scoop\apps\7zip\current\install-context.reg"
Installing 'ffmpeg' (7.1.1) [64bit] from 'main' bucket
ffmpeg-7.1.1-full_build.7z (51.7 MB) [=====================================] 100%
Checking hash of ffmpeg-7.1.1-full_build.7z ... ok.
Extracting ffmpeg-7.1.1-full_build.7z ... done.
Linking ~\scoop\apps\ffmpeg\current => ~\scoop\apps\ffmpeg\7.1.1
Creating shim for 'ffmpeg'.
Creating shim for 'ffplay'.
Creating shim for 'ffprobe'.
Persisting fonts
'ffmpeg' (7.1.1) was installed successfully!
```

图 12.25　Scoop 安装 FFmpeg

3. 安装 maven（非必需）

使用Scoop安装maven，打开PowerShell，输入以下命令进行安装，如图12.26所示。

```
scoop install maven
```

```
PS C:\Users\Administrator> scoop install maven
Installing 'maven' (3.9.9) [64bit] from 'main' bucket
apache-maven-3.9.9-bin.zip (8.8 MB) [======================================] 100%
Checking hash of apache-maven-3.9.9-bin.zip ... ok.
Extracting apache-maven-3.9.9-bin.zip ... done.
Linking ~\scoop\apps\maven\current => ~\scoop\apps\maven\3.9.9
Adding ~\scoop\apps\maven\current\bin to your path.
Persisting conf
Persisting lib\ext
'maven' (3.9.9) was installed successfully!
'maven' suggests installing 'java/openjdk'.
```

图 12.26　Scoop 安装 maven

4. 安装 Java（必需）

这里推荐安装JDK17，因为JDK 17 是长期支持版本，能提供长时间的安全更新与维护。它有性能优化、安全增强等特点，还引入密封类等新特性，并且与Java生态兼容性更好，有助于提升开发效率与系统稳定性。

打开浏览器，访问oracle官网（https://www.oracle.com/java/technologies/downloads/#java17-windows），选择Windows页签，如图12.27所示，下载JDK 17安装包。

JDK 17安装包下载到本地后，双击安装包开始安装，在安装页面选择安装的目录，如图12.28所示。最后一路单击Next直到安装完成。

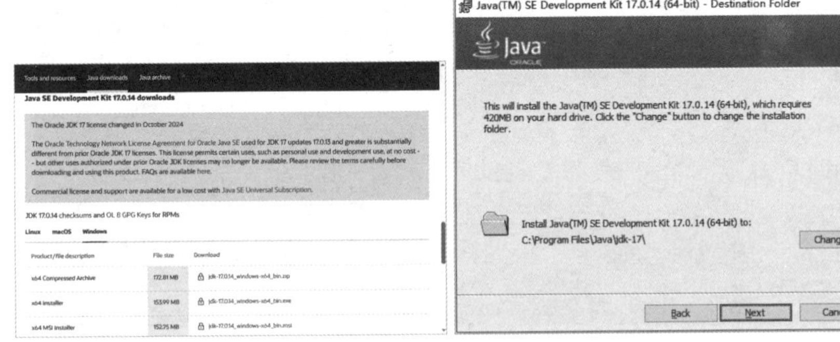

图12.27　JDK17下载页面　　　　图12.28　选择JDK安装目录

JDK 17安装完成后，打开PowerShell，输入以下命令查看安装是否成功。命令会输出当前java版本为17，如图12.29所示。

```
java -version
```

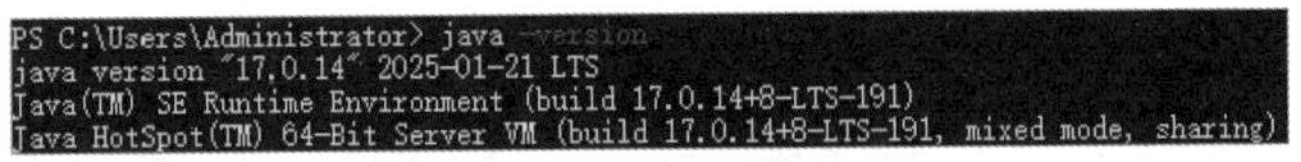

图12.29　查看JDK版本

5. 安装MySQL（必需）

打开浏览器，访问MySQL官网（https://dev.mysql.com/downloads/mysql/），选择对应的版本进行下载，笔者这里选择了8.0.41版本，如图12.30所示，下载MySQL安装包。

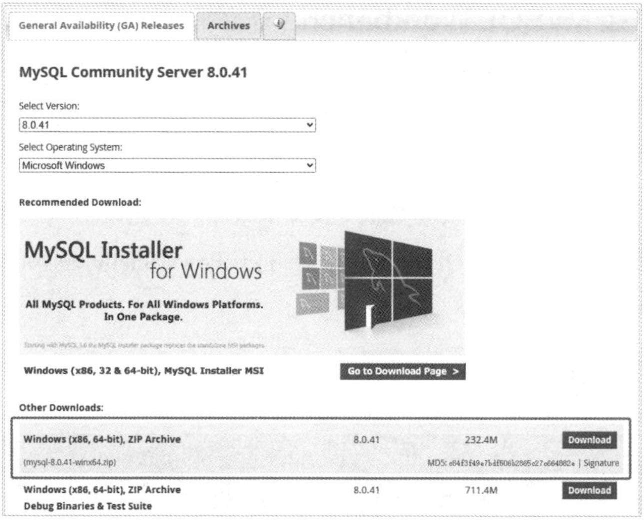

图 12.30　下载 MySQL 安装包

MySQL 安装包下载到本地后，首先进行解压，然后打开 PowerShell，进入解压后的目录，执行如下命令进行 MySQL 初始化，如图 12.31 所示。

注意：启动后默认的用户是 root，密码为空。

```
# 进入安装包解压后的目录
cd e:\mysql-8.0.41-winx64\bin
# 初始化 MySQL
.\mysqld.exe --initialize-insecure --user=mysql -console
# 启动 MySQL 实例
.\mysqld.exe --console
```

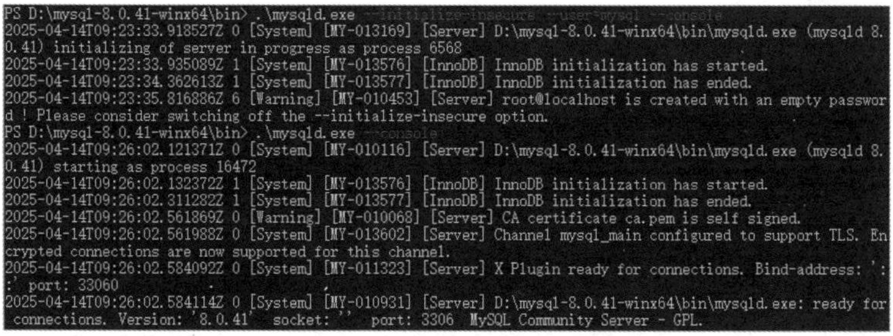

图 12.31　初始化并启动 MySQL

6. 安装 MySQL Workbench（非必需）

为了高效便捷地管理MySQL数据库，我们需要一款功能强大的MySQL客户端工具。MySQL Workbench凭借其用户友好的可视化界面，成为理想的选择。它不仅操作简单，还具备丰富的功能，能够满足我们对数据库管理的各种需求，极大地提升了数据库操作的效率和便捷性。

使用Scoop安装MySQL Workbench，打开PowerShell，输入以下命令进行安装，如图12.32所示。

```
scoop install mysql-workbench
```

```
PS C:\Users\Administrator> scoop install mysql-workbench
Installing 'mysql-workbench' (8.0.41) [64bit] from 'main' bucket
mysql-workbench-community-8.0.41-winx64.msi (42.0 MB) [=====================================] 100%
Checking hash of mysql-workbench-community-8.0.41-winx64.msi ... ok.
Extracting mysql-workbench-community-8.0.41-winx64.msi ... done.
Linking ~\scoop\apps\mysql-workbench\current => ~\scoop\apps\mysql-workbench\8.0.41
Creating shim for 'MySQLWorkbench'.
Making C:\Users\Administrator\scoop\shims\mysqlworkbench.exe a GUI binary.
Creating shim for 'mysql'.
Creating shim for 'mysqldump'.
Creating shortcut for MySQLWorkbench (MySQLWorkbench.exe)
```

图12.32　安装MySQL Workbench

MySQLWorkbench安装完成之后，单击打开MySQL Workbench，新建MySQL连接，如图12.33所示。

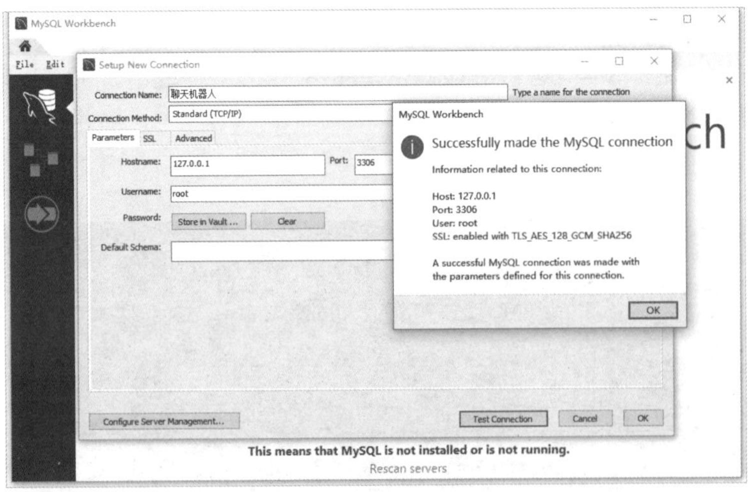

图12.33　新建MySQL连接

7. 下载项目到本地（必需）

使用git命令拉取项目（xiaozhi-esp32-server-java）到本地，如图12.34所示。

```
PS E:\> git clone https://github.com/joey-zhou/xiaozhi-esp32-server-java.git
Cloning into 'xiaozhi-esp32-server-java'...
remote: Enumerating objects: 2485, done.
remote: Counting objects: 100% (149/149), done.
remote: Compressing objects: 100% (48/48), done.
remote: Total 2485 (delta 114), reused 109 (delta 101), pack-reused 2336 (from 2)
Receiving objects: 100% (2485/2485), 4.43 MiB | 4.44 MiB/s, done.
Resolving deltas: 100% (1224/1224), done.
```

图12.34　克隆代码到本地

12.3.3 本地后端服务运行

环境准备完成之后，首先开始后端服务的初始化和运行。

1. 数据库初始化

使用MySQL Worrkbench连接MySQL数据库，打开xiaozhi-esp32-server-java/db/init.sql文件，单击雷电图标，即可执行全部SQL，执行结果如图12.35所示。

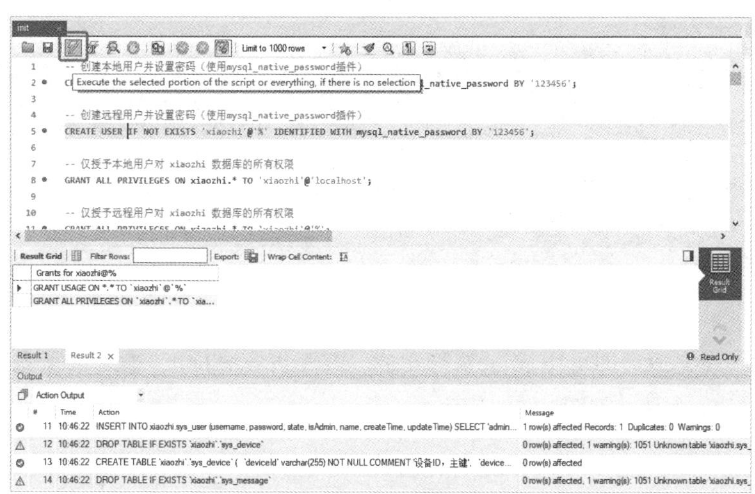

图12.35　初始化MySQL数据库

2. 下载Vosk语音识别模型

因为项目使用Vosk进行语音识别且Vosk语音识别模型较大，所以需要手动下载模型文件。

打开浏览器，访问Vosk官方网站（https://alphacephei.com/vosk/models）。选择并下载vosk-model-cn-0.22中文模型，如图12.36所示。最后，解压vosk-model-cn-0.22.zip，将解压后的模型文件夹放置在项目的“xiaozhi-esp32-server-java\models\vosk-model”目录下即可。

Chinese		
vosk-model-small-cn-0.22	42M	23.54 (SpeechIO-02) 38.29 (SpeechIO-06) 17.15 (THCHS)
vosk-model-cn-0.22	1.3G	13.98 (SpeechIO-02) 27.30 (SpeechIO-06) 7.43 (THCHS)

图12.36　Vosk模型

3. 使用命令行编译和运行

使用maven进行代码编译，打开PowerShell，输入以下命令进行编译，如图12.37所示。

```
mvn clean package -DskipTests
```

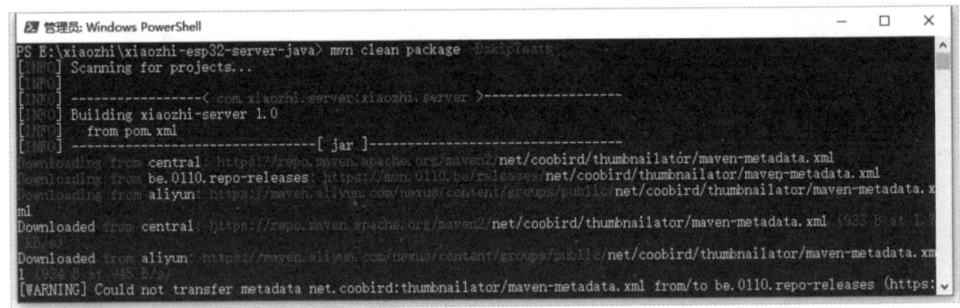

图12.37　mvn编译代码

编译完成后即可生成jar执行文件。打开PowerShell，输入以下命令进行运行Jar文件，如图12.38所示。

```
java -jar target/xiaozhi.server-1.0.jar
```

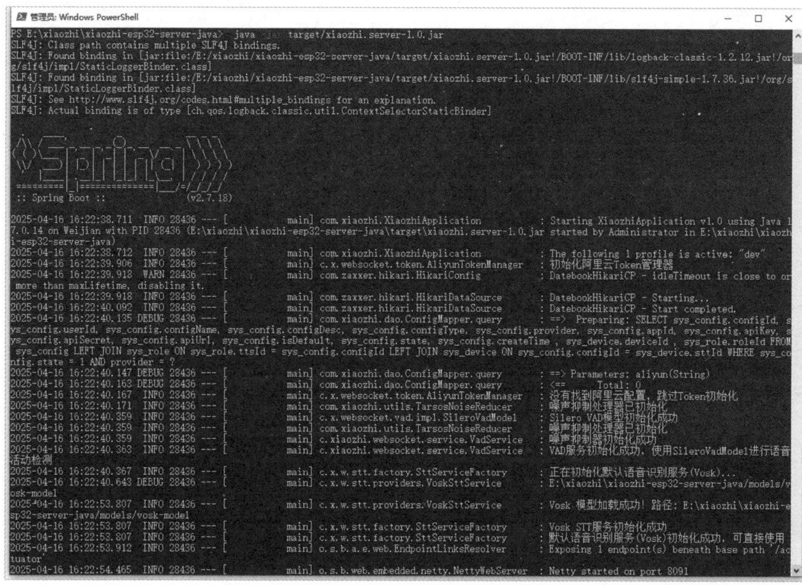

图 12.38　运行 Jar 文件

4. 使用 IDEA 编译和运行

使用IDEA进行代码编译和运行，如图12.39所示。

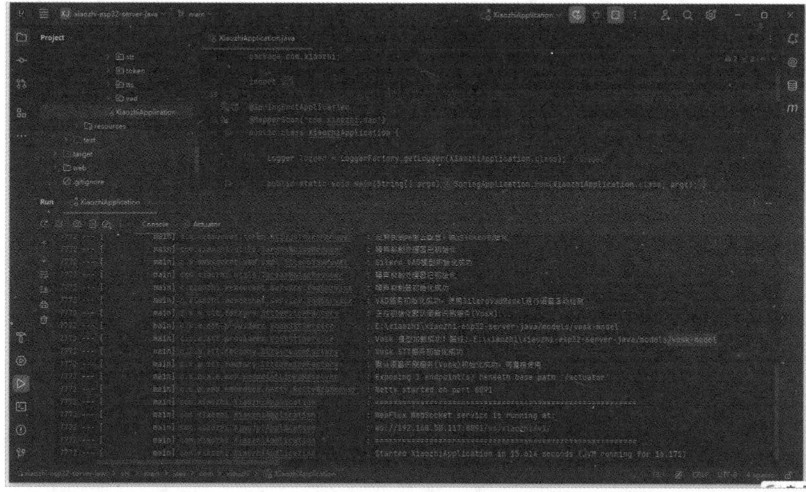

图 12.39　IDEA运行

12.3.4 本地前端服务运行

前端基于Node.js和npm构建，具体操作步骤如下。

01 打开浏览器，访问 Node.js 官方网站：https://nodejs.org/ 。如图12.40所示，单击“下载Node.js(LTS)”按钮，即可下载适合你系统的安装包。

02 双击运行下载好的安装包（如node-v22.14.0-x64.msi），在弹出的安装向导中，单击“Next”开始安装。安装完成后，单击“Finish”退出安装向导。

03 打开命令提示符（按下 Win + R 组合键，输入 cmd 并回车），如图12.41所示，在命令提示符中，分别输入以下命令来验证 Node.js 和 npm 是否安装成功：

```
node -v
npm -v
```

图 12.40 Node.js官方网站

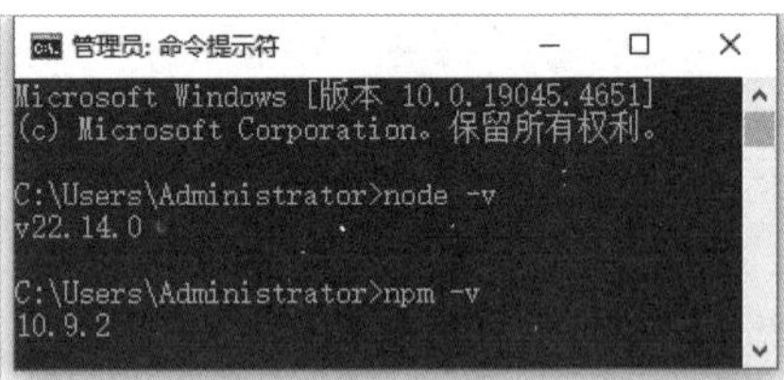

图 12.41 验证Node.js安装是否成功

04 打开PowerShell，输入以下命令安装npm依赖，并运行前端项目，如图12.42所示。

```
# 进入 web 目录
cd web
# 使用 npm 进行依赖安装
npm install
```

```
# 启动项目
npm run dev
```

```
PS E:\xiaozhi-esp32-server-java\web> npm run dev

> dama321-web-vue@1.0.0 dev
> webpack-dev-server --inline --progress --config build/webpack.dev.conf.js

(node:6576) [DEP0111] DeprecationWarning: Access to process.binding('http_parser') is deprecated.
(Use `node --trace-deprecation ...` to show where the warning was created)
 13% building modules 32/38 modules 6 active ...zhi-esp32-server-java\web\src\App.vue{ parser: "babylon" } is deprecated; we now treat it as
 95% emitting

 DONE  Compiled successfully in 12269ms                                                              22:05:20

  Your application is running here: http://0.0.0.0:8084
```

图 12.42　前端项目启动日志

05 前端服务启动后，使用浏览器访问“http://localhost:8084”，即可访问系统，默认用户名为“admin”，密码为“123456”，如图 12.43 所示。

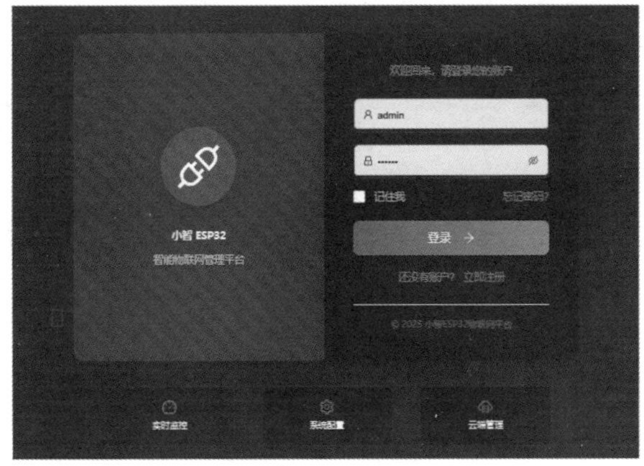

图 12.43　用户登录界面

12.3.5 服务器配置管理

本地服务器首次运行，需要配置一些关键参数和模型。首先需要登录管理配置平台（127.0.0.1:8084），具体操作步骤如下。

1. 角色配置

01 在管理配置平台，选择并打开左侧栏的“角色管理”，打开“角色配置”页面。

02 在“角色配置”页面，单击打开“创建角色”页签，如图12.44所示。

03 在创建角色页签，分别选择“语音提供商”“TTS配置”“语音性别”和“语音名称”，并输入角色提示词。

04 最后，单击左下角“创建角色”按钮，即可完成角色创建。

图12.44　管理配置平台—角色配置

2. 模型配置

01 在管理配置平台，选择并打开左侧栏的“配置管理”→“模型配置”，打开模型配置页面。

02 在模型配置页面，单击打开“创建模型”页签，如图12.45所示，分别做如下操作。

◎ 模型类别：选择Ollama。

◎ 模型名称：DeepSeek:1.5b（根据下载到本地的DeepSeek模型）。

◎ API URL：http://127.0.0.1:114343。

◎ 最后，单击左下角“创建模型”按钮，即可完成模型创建。

图 12.45　管理配置平台—模型配置

3. 语音识别配置（非必需）

01 在管理配置平台，选择并打开左侧栏的“配置管理”→“语音识别配置”，打开语音识别配置页面。

02 在语音识别配置页面，单击打开“创建语音识别”页签，如图 12.46 所示，选择语音识别类别，输入语音识别名称、APP Key、Access Key Id 和 Access key Secret 等信息。最后，单击左下角“创建语音识别”按钮，即可完成语音识别创建。

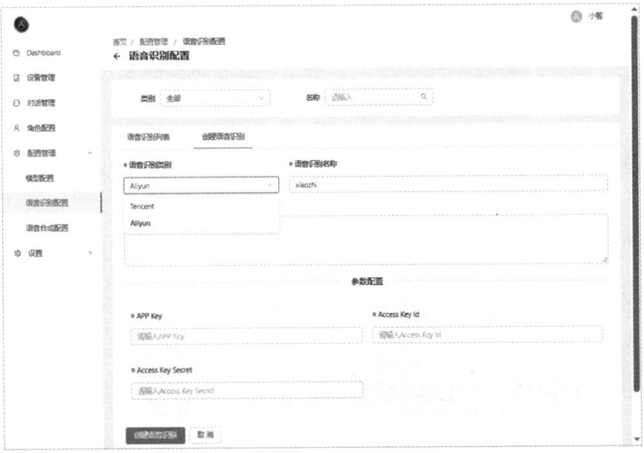

图 12.46　管理配置平台—语音识别配置

4. 语音合成配置（非必需）

01 在管理配置平台，选择并打开左侧栏的“配置管理”→“语音合成配置”，打开语音合成配置页面。

02 在语音合成配置页面，单击打开“创建语音合成”页签，如图12.47所示，选择语音合成类别，输入语音合成名称、APP Key、Access Key Id和Access key Secret等信息。最后，单击左下角“创建语音合成”按钮，即可完成语音合成创建。

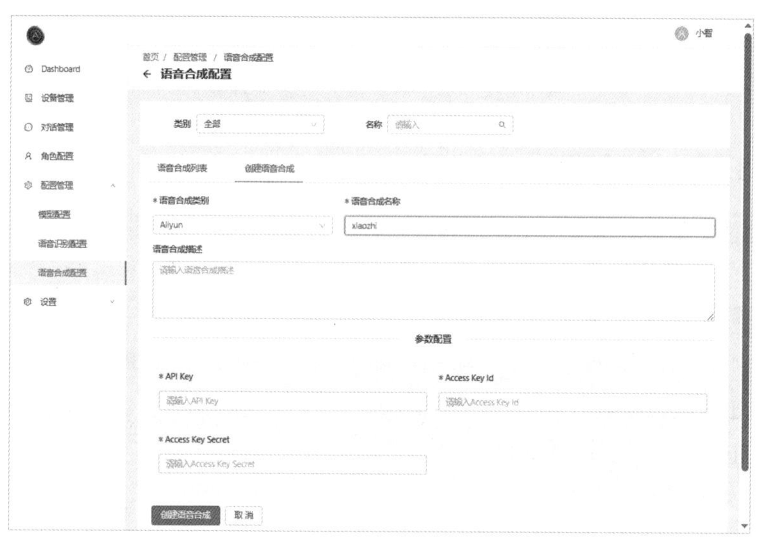

图12.47 管理配置平台—语音合成配置

12.3.6 ESP32连接服务器

在“12.2 ESP32设备端实现”一节中，ESP32-S3-BOX-3连接的是小智AI提供的云端服务器。本节需要将ESP32-S3-BOX-3切换至本地服务器，因此需修改设备固件，具体步骤如下。

01 保证ESP32-S3-BOX和本地服务器处于同一个局域网。

02 启动本地服务器，并确认其IP地址。如图12.48所示，在本次实践中，本地服务器的IP地址为192.168.43.63。

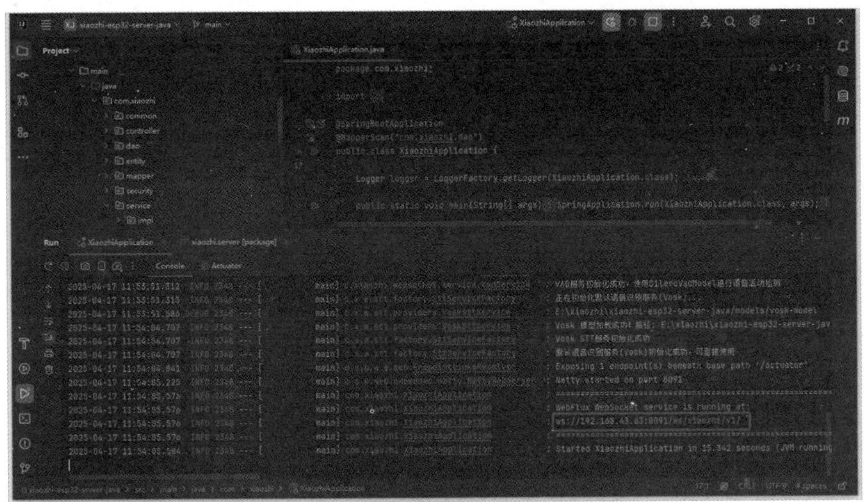

图 12.48　本地服务器启动并确认 IP 地址

03 Visual Studio Code打开工程，在Visual Studio Code IDE左下角，单击按钮，进入SDK配置编辑（SDK Configuration editor）界面，如图12.49所示。

04 在SDK配置编辑界面，选择Xiaozhi Assistant→OTA Version URL，修改成“http://{本地服务器的IP}:8091/api/device/ota”。

05 在SDK配置编辑界面，选择Xiaozhi Assistant→Websocket URL，修改成“ws://{本地服务器的IP}:8091/ws/xiaozhi/v1”。

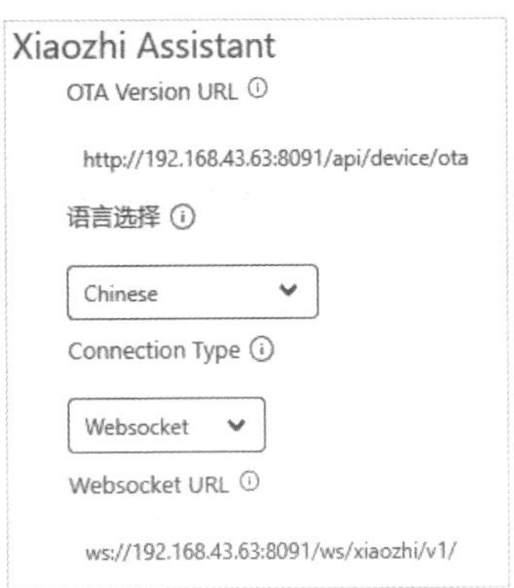

图 12.49　SDK Configuration editor修改Xiaozhi Assistant

06 在Visual Studio Code IDE左下角，单击按钮，即可一键进行源码编译和固件下载，将固件下载到ESP32-S3芯片上。

07 在管理配置平台，选择并打开左侧栏的“设备管理”，输入设备码，单击“添加设备”按钮即可添加设备到平台。

08 在设备管理界面，单击"操作"→"编辑"按钮，即可进入设备编辑模式，如图12.50所示，可以修改"设备名称"，可以切换"设备角色""模型""语音识别"等信息。最后，单击"操作"→"保存"按钮，即可完成设备信息修改操作。

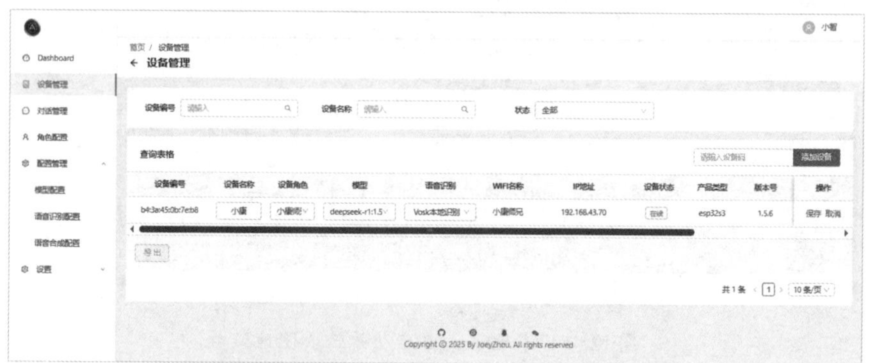

图12.50 管理配置平台—设备管理

12.3.7 DeepSeek调用流程

大语言模型DeepSeek的使用是本地服务器的核心。ESP32-S3-BOX-3实现语音对话功能的函数调用流程如图12.51所示，具体流程如下。

1. 服务初始化阶段

（1）DialogueService调用LlmManager.chatStreamBySentence()发起带句子分割的流式请求，LlmManager的调用链为chatStreamBySentence() → chatStream() → getLlmService()。

（2）LlmManager调用getLlmService()，再调用LlmServiceFactory.createLlmService()，LlmServiceFactory通过配置信息获取LLM服务实例。

（3）LlmServiceFactory工厂模式根据配置信息创建LLM服务实例，比如OllamaService。

（4）OllamaService初始化时创建Ollama API连接，连接本地化部署好的DeepSeek大模型。

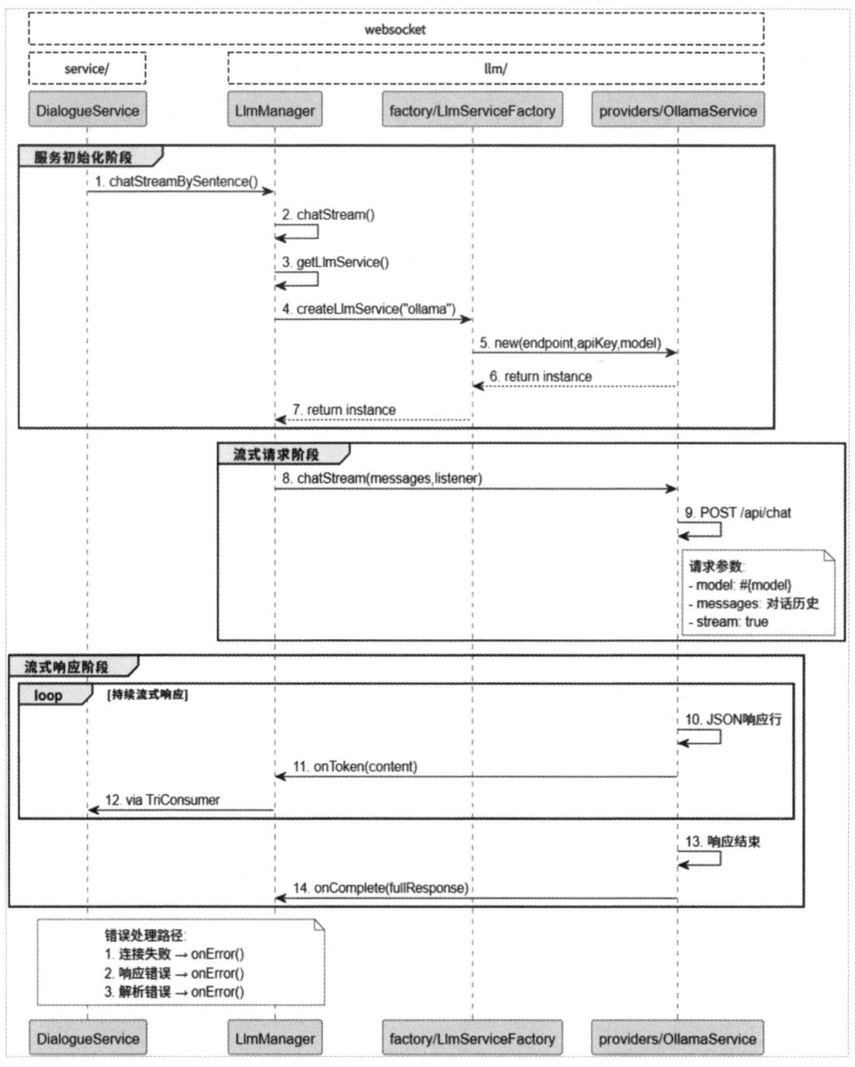

图 12.51　AI 聊天服务器调用本地大模型流程图

2. 流式请求 - 响应阶段

（1）LlmManager 调用 chatStream() 流式请求，OllamaService 实现 chatStream() 方法，使用 Ollama API 的流式接口发送请求，通过 StreamResponseListener 实现 token-by-token 回调。

（2）LlmManager进行句子分割后通过TriConsumer返回，流式响应阶段循环处理。

关于调用DeepSeek的相关操作，主要在OllamaService.java内借助Ollama API接口来完成。而语音对话服务的实现则主要集中于DialogueService中，该服务集成了语音活动检测（VAD）、语音识别（STT）、大语言模型（LLM）及语音合成（TTS）等多个模块，具体代码可参考代码12.9。

代码12.9 DialogueService核心组件和依赖（注释说明版）

```
// 自动注入大语言模型 (LLM) 管理服务，用于处理对话生成和文本回复
@Autowired
private LlmManager llmManager;

// 自动注入音频服务，负责音频数据的发送、停止等操作
@Autowired
private AudioService audioService;

// 自动注入语音合成 (TTS) 服务工厂，根据配置创建对应的 TTS 服务实例
@Autowired
private TtsServiceFactory ttsService;

// 自动注入语音识别 (STT) 服务工厂，根据配置创建对应的 STT 服务实例
@Autowired
private SttServiceFactory sttServiceFactory;

// 自动注入消息服务，用于向 WebSocket 客户端发送各类消息（如识别结果、
   状态等）
@Autowired
private MessageService messageService;

// 自动注入语音活动检测 (VAD) 服务，用于检测音频流中的语音起止点
@Autowired
private VadService vadService;
```

```
// 自动注入会话管理器，维护 WebSocket 会话状态、设备配置和音频流管道
@Autowired
private SessionManager sessionManager;
```

DialogueService主要实现处理音频数据流程、处理语音唤醒流程两个流程。

1. 处理音频数据流程：processAudioData()

（1）VAD检测：vadService.processAudio()。

◎ 判断语音状态（开始/继续/结束），丢弃静音数据包，降低无效处理。

◎ 语音开始时，记录STT起始时间，初始化流式识别。

◎ 语音结束时，关闭音频流并触发LLM处理。

（2）STT流式语音识别：initializeStreamingRecognition()。

◎ 调用sttServiceFactory.getSttService()根据配置信息创建对应的STT服务实例。

◎ 调用streamRecognition()启动流式识别。

◎ 中间识别结果实时推送至前端，最终结果触发LLM生成回复。

（3）语言模型回复（LLM）：llmManager.chatStreamBySentence()。

◎ 将回复拆分为多个句子，记录句子序号，累加完整回复内容。

◎ 每个句子通过回调处理（TriConsumer回调），记录首句生成时间，拼接完整回复。

（4）语音合成（TTS）与发送：processSentenceWithRateLimit()。

◎ 使用信号量（Semaphore）限制TTS请求顺序执行，限流控制。

◎ 调用ttsService.getTtsService()根据配置信息创建对应的TTS服务。

◎ 每个句子独立生成语音，记录TTS处理时间，通过audioService sendAudioMessage()发送音频。

2. 唤醒词处理：handleWakeWord()

（1）直接触发LLM生成回复：跳过STT步骤，直接将唤醒词作为输入

触发LLM生成回复。

（2）流程与语音处理后半段一致：后续处理（LLM生成回复、TTS语音合成、发送音频）与语音处理流程的后半段一致。

12.4 总结

由于本书篇幅有限，无法对xiaozhi-esp32和xiaozhi-esp32-java项目的所有源码进行全面剖析，只能精选其中的关键部分进行深入分析。读者可以自行查阅完整代码，也可以借助DeepSeek进行源码分析。本项目作为融合ESP32智能硬件开发与DeepSeek人工智能技术的开源项目，涵盖物联网与大模型的协同开发，具有极高的学习和研究价值。

关于借助 DeepSeek 分析源码的具体操作，如图12.52所示，图中展示了通过 VS Code 插件连接 DeepSeek 大模型，进而辅助进行代码分析与开发的工具。前文已对该工具进行了简要介绍，若想了解更多详细信息，可查阅“7.3.6 使用 Cline 插件”的相关内容。

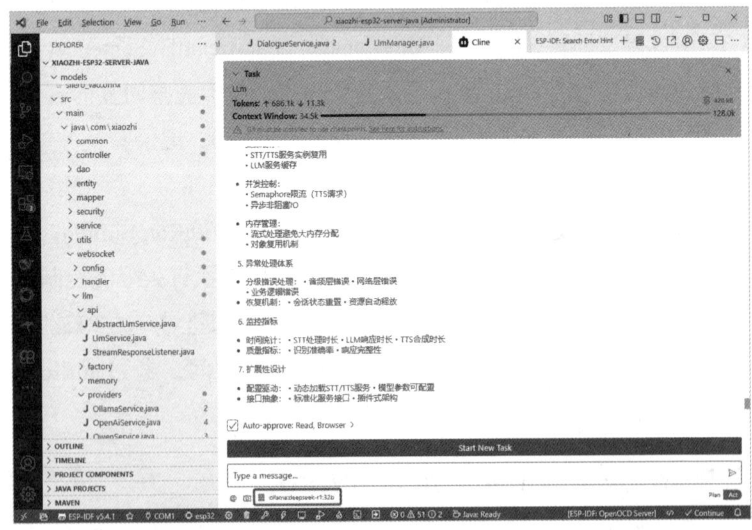

图12.52　VS Code插件Cline借助DeepSeek分析代码并辅助开发